新バイオテクノロジーテキストシリーズ

生化学［第2版］

NPO法人 **日本バイオ技術教育学会** 監修

小野寺一清・蕪山由己人 著

講談社

はじめに

　「現代の科学　II」(中央公論新社)に掲載されている最後の論文は「生物学と人間の未来」と題するJ. レダーバーク(微生物遺伝学者)の論文である．彼は1958年，遺伝子組換え及び細菌の遺伝物質に関する研究で，ノーベル生理学医学賞を受賞している．DNAに関する研究でノーベル賞を受賞したクリック，ワトソン，ウイルキンソンの4年前の出来事である．彼の論文は分子生物学の誕生を高らかに告げ，「遺伝子のからくりが明らかにされるにいたっている．地球上の生命の主要な特徴は実験的化学の手の中にあるということができる」と述べている．

　しかし，それ以前のノーベル賞の受賞者はセントジョルジュ(1937年，生物学的燃焼，特にビタミンCおよびフマル酸の接触作用に関する発見でノーベル賞を受賞)をはじめ多くの生化学者が名を連ねていた．

　生化学は，このように20世紀前半を風靡した学問分野である．「生化学」の教科書にはすぐれたものが多くある．このような時にあえて刊行するためには，教科書としての視点を決めなければならなかった．共著者の蕪山由己人先生と相談した結果，読者に化学に親しんでいただくことを重視した．バイオ技術というと生物学をイメージする学生さんが多勢おられるが，実は重要な実験的技術は生化学である．化学記号に抵抗をもつ人も多いようである．しかし生化学の基礎がないと将来研究者として発展することができないと思い，イラストを多用して生化学の基礎事項がもれなくわかるように配慮することを心がけた．

　本書は，バイオテクノロジーを学ぶ学生が初歩的な知識を得るために，良い教科書となるのに適したものができたと感じている．なお，中級バイオ技術者認定試験対策として，キーワードを本文中で青字で示したので役立てて頂きたい．

　最後に，本シリーズの編集を担当した㈱講談社サイエンティフィクの三浦洋一郎氏に感謝を捧げたい．

2014年2月
NPO法人日本バイオ技術教育学会
理事長　小野寺一清

目次

はじめに ……………………………………………………………………… iii

第1章 細胞 蕪山由己人 1

1.1 原核細胞と真核細胞 1
1.2 真核細胞の構造 3
- A 細胞質ゾル ……………………………………………… 3
- B 核の構造と機能 ………………………………………… 3
- C リボソーム ……………………………………………… 4
- D 小胞体の構造と機能 …………………………………… 4
- E ゴルジ体の構造と機能 ………………………………… 5
- F ミトコンドリア・葉緑体の構造と機能 ……………… 5
- G その他の細胞内小器官 ………………………………… 7
- H 細胞壁 …………………………………………………… 7

まとめ …………………………………………………………… 8

第2章 水 蕪山由己人 9

2.1 水の基本的な性質 9
- A 水の構造,極性 ………………………………………… 9
- B 水の特性と生体の恒常性 ……………………………… 10
- C 溶媒としての水 ………………………………………… 11
- D 物質が水に溶けるとはどういう現象か? ……………… 11
- E 細胞を構成する化合物の水への溶解性 ……………… 12
- F 水のイオン化とpH …………………………………… 13

2.2 酸と塩基 13
- A 電離度 …………………………………………………… 15
- B 水素イオン濃度(pH) ………………………………… 15

2.3 緩衝液 16
- A 生化学実験を行うために必要な緩衝液 ……………… 17
- B K_a と pK_a ……………………………………………… 18

2.4 溶液の濃度 19

2.5 コロイド溶液 20
- A 半透膜と透析 …………………………………………… 21
- B 浸透圧 …………………………………………………… 22

まとめ …………………………………………………………… 24

第3章 生物を構成する主要有機化合物
―構造・機能と代謝の概略―　　蕪山由己人　　25

3.1 有機化合物　25
- A 官能基 …… 26
- B 生物を構成する主要な有機化合物の規則性 …… 26
- C 生物を構成する主要な4種類の有機化合物 …… 27
- D 栄養素，食品に含まれる成分としての主要有機化合物の特性 …… 29

3.2 代謝概略　31
まとめ …… 32

第4章 糖質　　蕪山由己人　　33

4.1 単糖の構造と機能　34
- A 単糖の分類と種類 …… 34
- B 単糖の構造と化学的な性質 …… 35

4.2 オリゴ糖の構造と機能　38

4.3 多糖の構造と機能　39
- A 多糖の分類と種類 …… 39
- B ホモ多糖の構造と化学的な性質，生理学的な機能 …… 40
- C 複合多糖の構造と機能 …… 42

まとめ …… 44

第5章 タンパク質とアミノ酸　45

5.1 タンパク質を構成するアミノ酸　　蕪山由己人　　46
- A アミノ酸の基本構造 …… 46
- B アミノ酸の化学的な性質と種類 …… 48

5.2 タンパク質の基本構造　　蕪山由己人　　48
- A ペプチド結合 …… 48
- B タンパク質の立体構造 …… 49

5.3 ヘモグロビンの構造と機能　　小野寺一清　　53
- A ヘム …… 53
- B 酸素の結合 …… 54
- C 酸素結合と2,3-BPG …… 55
- D 鎌状赤血球におけるヘモグロビンの異常 …… 56

まとめ …… 59

第6章 脂質　　小野寺一清　　61

6.1 脂質の一般的性質と分類　61

	A	脂肪酸	63
	B	トリアシルグリセロール	64
	C	スフィンゴ脂質	64
	D	コレステロール	66

6-2 生体膜　67

	A	グリセロリン脂質（ホスホグリセリド）	67
	B	脂質結合タンパク質	68

まとめ　71

第7章　核酸　　蕪山由己人　73

7-1 DNA, RNAとは　73

7-2 核酸の基本構造　74

	A	塩基	75
	B	ヌクレオチドの機能	76
	C	DNAとRNAの構造	77

まとめ　80

第8章　ビタミン, 補酵素, ミネラル　　蕪山由己人　81

8-1 ビタミンの種類と機能　81

8-2 水溶性ビタミンの構造と機能　83

	A	ビタミン B_1	83
	B	ビタミン B_2	84
	C	ビタミン B_6	85
	D	ビタミン B_{12}	85
	E	ナイアシン	85
	F	パントテン酸	87
	G	ビオチン	87
	H	葉酸	88
	I	ビタミンC	88

8-3 脂溶性ビタミン　88

	A	ビタミンA	88
	B	ビタミンD	89
	C	ビタミンE	90
	D	ビタミンK	91

8-4 ミネラル　91

	A	細胞内部, 細胞外部に存在するミネラルの比率	92

まとめ　95

第9章 ホルモン　　蕪山由己人　　97

9.1 ホルモンの種類と作用メカニズム　　98
- A 視床下部—下垂体ホルモン　　100
- B すい臓ホルモン　　100
- C 副腎皮質ホルモン　　101
- D 副腎髄質ホルモン　　101
- E 性腺ホルモン　　101
- F 甲状腺ホルモン　　102

9.2 ホルモンが標的細胞に到達してから機能制御が行われるまで　　102
まとめ　　104

第10章 酵素　　蕪山由己人　　105

10.1 化学反応と生命現象　　105
10.2 化学反応と活性化エネルギー　　105
10.3 酵素の機能　　106
10.4 酵素の特性　　108
- A 補酵素，金属酵素　　108
- B タンパク質としての性質　　108
- C 反応特異性と基質特異性　　108
- D アイソザイム　　109

10.5 酵素の分類　　109
- A 酸化還元酵素（オキシドレダクターゼ）　　110
- B 転移酵素（トランスフェラーゼ）　　110
- C 加水分解酵素（ヒドロラーゼ）　　110
- D 脱離酵素（リアーゼ）　　111
- E 異性化酵素（イソメラーゼ）　　111
- F 結合酵素（リガーゼ）　　112

10.6 酵素反応　　112
- A 反応速度　　112
- B 基質濃度と反応速度の関係　　113
- C ミカエリス・メンテンの式　　114
- D ラインウィーバー・バークの二重逆数プロット　　115
- E 酵素反応の阻害　　116
- F 酵素活性の単位　　118

まとめ　　119

第11章 生体エネルギーと代謝概論　　蕪山由己人　　121

11.1 生体エネルギー概論 —栄養素のもつエネルギーとその取り出し方— 122
- A 複雑な構造をした化合物がもつエネルギー ……………………… 122
- B 生命活動とエネルギー状態 ……………………………………… 123
- C 代謝・同化・異化 ………………………………………………… 123
- D 生体エネルギーの通貨として機能するATP …………………… 123

11.2 栄養成分からエネルギーを獲得するための基本的な2種類の方法 126
- A 脱水素反応を基盤とした，酸化的リン酸化反応 ……………… 126
- B 高エネルギー化合物による，基質レベルのリン酸化 ………… 129
- C エネルギーを取り出す反応と代謝過程全体の関係 …………… 132

11.3 生体内の主要栄養素の異化代謝概略 132
- A 好気的な代謝経路の全体像 ……………………………………… 132
- B 嫌気的な代謝経路の全体像 ……………………………………… 134

11.4 生体内の主要栄養素の同化代謝概略 135
- A 糖新生 ……………………………………………………………… 136
- B グリコーゲン合成 ………………………………………………… 136
- C 脂肪酸合成系 ……………………………………………………… 137
- D コレステロール合成系 …………………………………………… 138
- E アミノ酸合成系 …………………………………………………… 138

まとめ …………………………………………………………………… 141

第12章 代謝各論　　143

12.1 呼吸代謝　　小野寺一清　　143
- A 解糖系 ……………………………………………………………… 143
- B クエン酸回路（TCA回路） ……………………………………… 148
- C 酸化的リン酸化 …………………………………………………… 151
- D 嫌気性生物と好気性生物のエネルギー効率 …………………… 152

12.2 糖質（炭水化物）の分解系　　小野寺一清　　153
- A 多糖の分解 ………………………………………………………… 153
- B デンプンの分解 …………………………………………………… 153
- C グリコーゲンの分解 ……………………………………………… 154

12.3 糖質の生合成系　　蕪山由己人　　155
- A ペントースリン酸経路 …………………………………………… 155
- B スクロースの生合成 ……………………………………………… 156
- C デンプンの生合成 ………………………………………………… 157
- D グリコーゲンの生合成 …………………………………………… 157
- E グリコーゲンの代謝とその調節 ………………………………… 158

12.4 脂質代謝　　蕪山由己人　159
- A　エネルギー源としての脂肪酸の体内動態 …… 159
- B　脂肪酸分解系（β酸化） …… 161
- C　β酸化に付随したケトン体の産生 …… 163
- D　脂肪酸合成系 …… 164

12.5 タンパク質・アミノ酸代謝　　蕪山由己人　166
- A　タンパク質とアミノ酸の体内動態概略 …… 166
- B　アミノ酸の機能 …… 168
- C　アミノ酸の異化代謝 …… 168
- D　尿素回路 …… 170
- E　アミノ酸合成 …… 171

12.6 核酸代謝　　蕪山由己人　172
- A　リボヌクレオチド，デオキシリボヌクレオチドの構造と代謝概略 …… 173
- B　リボヌクレオチド（RNA）の合成 …… 174
- C　デオキシリボヌクレオチド（DNA）の合成 …… 176
- D　ヌクレオチドの新生経路と再利用経路 …… 177
- E　ヌクレオチドの分解 …… 177

まとめ …… 179

第13章　植物の生化学　　小野寺一清　181

13.1 光合成　181
- A　葉緑体（クロロプラスト） …… 182
- B　光合成反応 …… 182
- C　光呼吸 …… 184
- D　光合成のしくみ …… 184
- E　光合成の全景 …… 186
- F　C_4光合成 …… 187

13.2 窒素固定　188

まとめ …… 192

索引 …… 194

第1章 細胞

　生物に共通する特徴の1つとして，外部から栄養源となる物質を摂取することがあげられる．これを利用して運動を行うためのエネルギーを獲得し，生物を構成する物質を合成したり，子孫を残すなどの生命活動を行う．このような特徴を示し，生物の形態上で最小かつ基本的な単位は細胞である．本章では，細胞の構造上の特徴や，その機能について解説する．とくに我々ヒトを構成する真核細胞の大きな特徴である，細胞内小器官の構造と機能について詳しく解説する．

1-1 原核細胞と真核細胞

　すべての生物は細胞から構成されている．光学顕微鏡下で観察される微生物など1個の細胞だけからできている単細胞生物から，われわれヒトをはじめとした動物や植物などの多細胞生物に至るまで，すべての生物の機能や構造の基本単位は細胞であるといってよい．すべての細胞に共通する特徴として，細胞膜（形質膜）という構造によって囲まれており，外界と自らを区分していることがあげられる．また，細胞の多くの生命活動を決定する遺伝物質DNAを有し，この遺伝情報が細胞レベルで子孫に伝わってゆく点も大きな共通点である．これら細胞には2つの主要な種類がある．1つは原核細胞であり，もう1つは真核細胞である．前者は細胞の中に核とよばれる構造が存在しない細胞で，細菌やラン藻が代表例である．後者は核構造が存在してその内部にDNAを格納している．動物や植物を含む多くの生物がこの真核細胞によって構成されている．顕微鏡で確認されるサイズとしてみた場合，原核細胞は，通常数 µm 程度の大きさであるのに対し，一般に真核細胞はその10〜100倍程度の大きさである（図1.1）．

　細胞がこのサイズをとるのは，物理的に有利であるためと理解されている．細胞は外界からさまざまな物質を取り込み，不要物を放出する．また，取り込んだ物質をなるべく迅速に細胞内で移動させ細胞全域にゆきわたらせる必要もある．したがって，細胞の表面積や容積，細胞内の物質拡散速度から，現在の原核細胞程度の大きさが選択されてきたと考えられている．

　原核細胞は小さく，比較的単純な構造をしているが，細胞の中は一様ではなく，DNAが密に集まった部分や微細な粒子が局在している．細胞膜の外側には強固な細胞壁があり，細胞の形を維持することで外部環境から細胞を保護する役割がある．この構造は，多くが多細胞生物とならず，個々の細胞が独立した個体として生存する原核細胞生物にとっては極めて重要な構造である．抗生物質として有名なペニシリンは，この細胞壁の合成を阻害する活性を有するため，投与した際に細胞壁の強度が落ち，標的の細胞が破壊される．

　真核細胞は体積として原核細胞の1000倍程度になる．このため，細胞内部での，あるいは外部環境との間で効率的に物質輸送や情報伝達を行うために，細胞内部に特殊な構造体

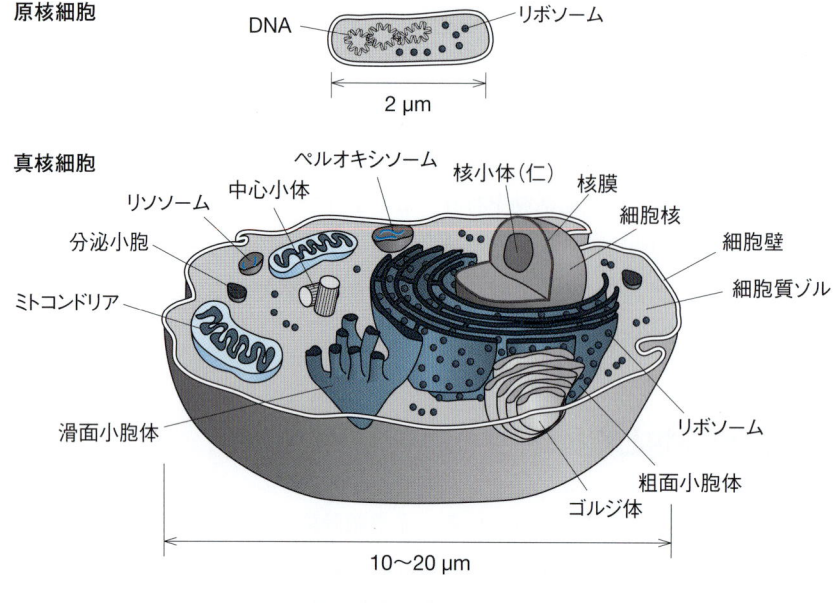

図1.1 原核細胞と真核細胞

を形成している．これらは細胞内小器官（オルガネラ）とよばれ，原核細胞には見られない構造体である．これらの小器官は膜で包まれた構造をしており，それぞれ特有の機能を果たしている．生化学でこれから学ぶさまざまな化学反応系は，それぞれ特有の細胞内小器官の中で行われる場合が多く，機能分担している（表1.1）．細胞の中の物質輸送も拡散によるものだけではなく，特定の輸送システムが存在しており，この点をとっても原核細胞に比べてはるかに複雑な生命活動を行っている．

表1.1 原核細胞と真核細胞の特徴

	原核細胞	真核細胞 動物	真核細胞 植物	主な機能
平均的な細胞の大きさ	1 μm	20 μm	20 μm	—
核	×	○	○	遺伝情報の発現，伝達，保持
細胞壁	○	×	○	細胞の保持
細胞膜	○	○	○	細胞の保持，各種化学物質の通り道
リボソーム	○	○	○	タンパク質合成の場
ミトコンドリア	×	○	○	エネルギー産生
葉緑体	×	×	○	光合成
ゴルジ体	×	○	○	糖鎖の付加
リソソーム	×	○	○	細胞内物質の分解
ペルオキシソーム	×	○	○	長鎖脂肪酸の分解

1-2 真核細胞の構造

　真核細胞は，動物，植物，原生動物，菌類等を問わず，細胞内の構造という意味では共通の部分が多い．すなわち，基本的に共通の機能を発揮する細胞内小器官を有している．核と細胞膜の間の細胞の全領域を細胞質という．真核細胞の細胞質は膜構造で囲まれた細胞内小器官とそれ以外の溶液相から構成される．この溶液相は細胞質ゾルとよばれる．以下に真核細胞の構造物について詳しく説明する．

A　細胞質ゾル

　細胞内部において，細胞内小器官以外の溶液相を細胞質ゾルとよぶ．一見，細胞内小器官を浮遊させているだけの溶液相にも見えるが，実際には生体分子が高密度に組織化されて存在していると考えられている．また，細胞質ゾルには細胞骨格とよばれる繊維状タンパク質がはりめぐらされており，細胞の形を決定し，細胞運動を制御する．また，細胞骨格は，細胞内小器官を適切な場所に配置する機能をもつ．代表的な細胞骨格成分として，アクチンフィラメント，微小管，中間径フィラメントがあげられる．

B　核の構造と機能

　細胞内小器官の中で最も際立ったものは核（nucleus）で，細胞のDNAのほとんどを格納し保護している．核は，核膜とよばれる二重膜（外膜と内膜）に包まれており，およそ4〜6 μmほどの大きさである（図1.2）．核膜には核膜孔とよばれる穴が存在し，核内と外部の間の物質の通り道となっている．DNA自体はタンパク質であるヒストンと結合した安定な繊維状の構造物（クロマチン）として核内に存在している（図7.9参照）．核内にはこの他にもタンパク質合成にかかわるリボソーム（後述）の構成分子を合成する核小体とよばれる構造も存在する．

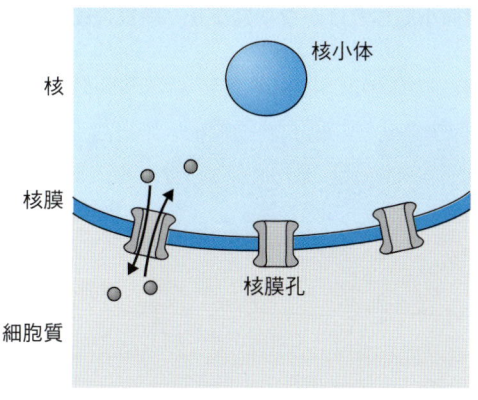

図1.2　核の構造

C リボソーム

核の近傍に認められる粒子状の構造体で，実際には核内で合成された rRNA とタンパク質で構成されている．核の中で合成された mRNA を鋳型として tRNA に結合したアミノ酸を原料としてアミノ酸の重合反応を行い，細胞質内のタンパク質の合成（翻訳）を行う．

D 小胞体の構造と機能

小胞体は，核の外膜につながって存在し，さらに細胞質側に対して管状の袋構造として複雑な形で伸張している膜構造体である．完全に閉じた膜構造であり，その内側（内腔）は細胞質から隔離された状態にある．この小胞体はその形態から，粗面小胞体と滑面小胞体とよばれる2つの部分に分かれ（図1.3，図1.1も参照），その機能も異なるが物理的にはつながった構造体である．

粗面小胞体はその名称通り，小胞体膜の外側に粒子状に観察されるリボソームが付着した構造をしている．前述のようにリボソームはタンパク質の合成装置であるが，粗面小胞体に結合したリボソームでは，膜タンパク質や細胞外に分泌されるタンパク質がつくられる．膜タンパク質は粗面小胞体の膜に埋め込まれ，分泌型のタンパク質は完全に小胞体内腔に放出される．これらのタンパク質は小胞体内で立体構造の組み替えや修飾を受けた後，粗面小胞体より出芽して生じる膜小胞によってほかの部位へ輸送される．このように，粗面小胞体の主な機能は，膜タンパク質や分泌型タンパク質を合成し，細胞内の決められた場所へ選別輸送することである．

リボソームが付着していない部位は滑面小胞体とよばれる．網目状の細管構造をとり，中性脂肪やリン脂質，コレステロール等，脂質の合成酵素に富み，細胞膜成分を合成したり，さまざまなステロイドホルモンの合成に重要な役割を果たしたりする．事実，性ホルモンの合成が盛んな卵巣や精巣の細胞には滑面小胞体が多く観察される．このほか，肝臓細胞の滑面小胞体には薬物代謝酵素が多く存在することが知られている．抗生物質など摂取した薬剤が，体内に長時間滞留しないように代謝し無毒化する役割をもつ．このように，滑面小胞体の主な機能は粗面小胞体とはかなり異なり，脂質合成と薬物代謝が中心となる．

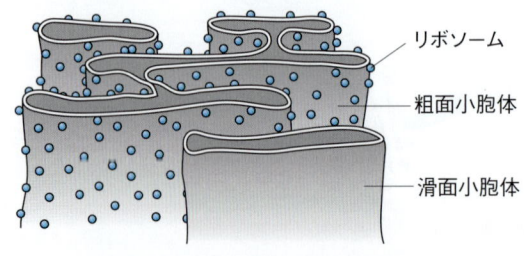

図1.3　粗面小胞体と滑面小胞体

E　ゴルジ体の構造と機能

　ゴルジ体は，小胞体の近傍に存在する扁平上の膜構造が層状に積み重なったような構造をしている．小胞体と密接に連携して機能する小器官であり，最も小胞体に近接する膜部分で，小胞体から出芽して移動してきた膜小胞と融合する（図1.4）．これにより，小胞体で合成されたタンパク質はゴルジ体に輸送された後，層状の各ゴルジ体膜の間を順番に通過する．この間にタンパク質は化学的な修飾（糖鎖付加やリン酸化等）を受け，最後に一番外側の膜部分より膜小胞の形で出芽し，他の細胞内小器官や細胞膜に輸送される．糖鎖等による修飾は，目的の小器官へ移動するための目印として利用されたり，タンパク質の機能発現に必須の役割を果たす場合もある．

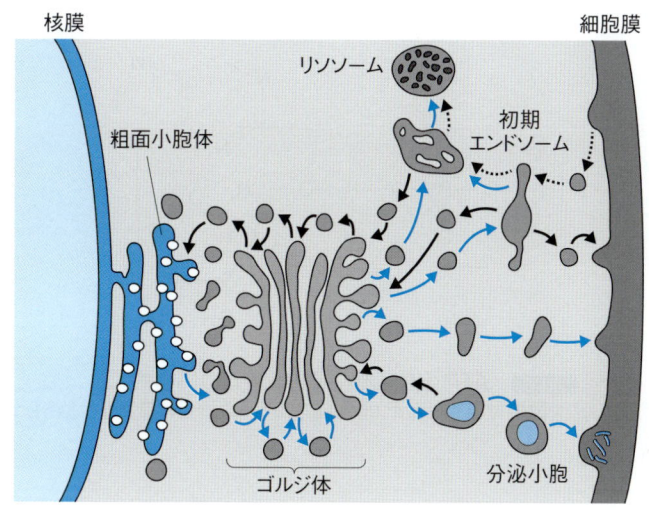

図1.4　ゴルジ体とタンパク質輸送
各細胞内小器官では，相互に小胞輸送が行われている．

F　ミトコンドリア・葉緑体の構造と機能

　ミトコンドリアは内膜と外膜をもつ構造体である（図1.5）．内膜は高度に折りたたまれた構造をとり，表面積は外膜の数倍となる．内膜は，イオンや多くの化合物を容易に通過させない特性をもつ．内膜に囲まれた内腔側に存在する濃厚な溶液相をマトリックスという．この内膜とマトリックスには細胞のエネルギー代謝に関与する酵素が多く含まれており，有機酸や脂肪酸，アミノ酸の酸化的代謝が行われている．内膜には電子伝達系とATP合成酵素が存在し，酸化的な代謝によって放出されたエネルギーを高エネルギー物質であるATP（アデノシン三リン酸，図1.6）に変換する．生化学では，糖などの主要な栄養素が細胞内でどのような化学的な変化を受け，エネルギーを得ているかを学ぶ．このエネルギー代謝反応の多くがミトコンドリア内部で行われており，その意味で最も重要な小器官

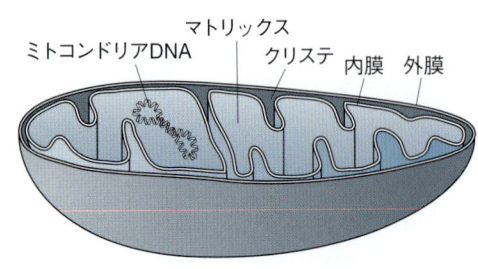 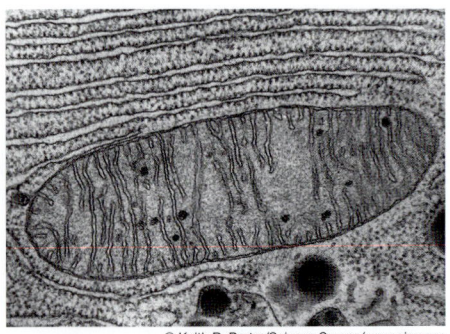

図1.5 ミトコンドリアの構造（左），ミトコンドリアの透過型電子顕微鏡写真（右）

図1.6 ATP（アデノシン三リン酸）の構造式
青色で示されたリン酸の付加や脱離が，化学エネルギーの授受に重要な役割をもつ．

の1つであるといえる．

　光合成を行う植物細胞には，葉緑体が存在する．葉緑体には，ミトコンドリアと同じように，外膜と内膜から構成される二重の膜構造が存在するが，さらに内膜の内腔（ストロマ）にチラコイド膜とよばれる扁平な膜構造が層状になって存在している（図1.7）．このチラコイド膜にクロロフィル等の色素が存在し，太陽光の光エネルギーを補足する．このエネルギーを利用して，二酸化炭素と水から糖質を合成する．

　細胞の基本的なエネルギー源となる糖質の合成を行う葉緑体と，糖質をはじめとしたエネルギー源から高エネルギー化合物であるATPを合成し，細胞の生命活動を支えるミトコンドリアは，エネルギー代謝の面から表と裏の関係にあるといってよい．構造上も複数の膜構造を有するなどの共通点があるが，これ以外にも，DNAを小器官内に保有するという他には見られない特徴がある．このDNA配列がプロテオバクテリアやシアノバクテリアに由来することより，ミトコンドリアや葉緑体は，原始真核細胞に取り込まれて共生関係となった細菌が起源であると考えられている．

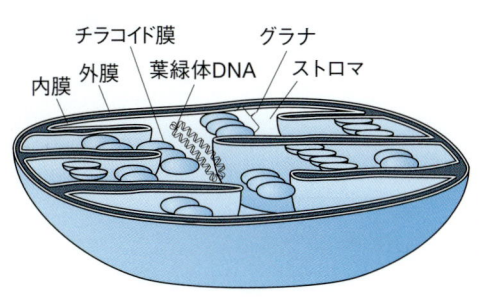
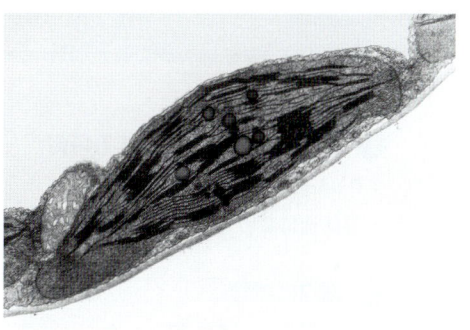

© Science Source/Science Source/amanaimages

図1.7 葉緑体の構造（左），トマトの葉緑体の透過型電子顕微鏡写真（右）

G その他の細胞内小器官

　リソソームは主に動物細胞に認められる小器官で，内部は強い酸性である．タンパク質，多糖，核酸などの高分子化合物を分解する機能がある．この他にも損傷し役目を終えた細胞内小器官を取り込み消化し，新たな細胞小器官の材料を供給する役目もある．白血球細胞は，生体防御のために細菌などを捕食し排除するが，その際にも取り込んだ細菌はリソソームに運ばれ分解される．このように，リソソームはさまざまな生体物質を分解する酵素に富み，さまざまな生体物質を分解することが主要な機能だが，膜構造に囲まれた区画に閉じ込められており，中性のpHでは分解活性が低いため細胞自体を分解することはない．

　液胞は主に植物細胞や原生生物に見られる小器官で，内部は液体で満たされている．成熟した植物細胞では細胞の体積の90%を占めることもある．栄養分，老廃物，色素などの貯蔵庫として機能する．液胞中の溶質濃度が高いため，浸透圧で水を吸収し，細胞を増大させることで植物細胞の成長に寄与している．

H 細胞壁

　植物細胞には細胞膜を囲む細胞壁がある．繊維状の多糖であるセルロースによって構成されており，植物細胞の形を維持し細胞を保護し，細胞が水を吸収しすぎて破裂することのないように保っている．

まとめ

❶ すべての細胞に共通する特徴
・DNA を有する
・膜構造により外界と自らを区分する

❷ 細胞の種類
・原核細胞：小さく核をもたない．細胞内の構造が単純．
・真核細胞：大きく核をもつ．細胞内小器官が発達している．

❸ 細胞内小器官
・細胞質：細胞の中の小器官以外の無構造部分．様々な代謝酵素を含む．
・核：遺伝情報を有する DNA を格納する小器官．核膜孔を介して細胞質と物質のやりとりをする．
・リボソーム：細胞質中に存在する遊離型のリボソームと，小胞体に結合しているリボソームの2種類が存在する．いずれもタンパク質の合成装置として機能する．
・小胞体：粗面小胞体は，リボソームが結合しており，分泌型タンパク質や，膜タンパク質の合成に関与する．滑面小胞体には，脂質の代謝に関与する酵素や，薬物代謝に関与する酵素が局在する．
・ゴルジ体：小胞体より輸送されてきた分泌型タンパク質や膜タンパク質の糖鎖修飾に機能する．
・ミトコンドリア：内膜と外膜の二層構造．クエン酸回路や電子伝達系など，エネルギー代謝の中心となる代謝系が局在する．
・葉緑体：植物細胞に存在し，光合成を行う小器官．光エネルギーを集める機能と，糖を合成する機能を果たす．

第2章 水

真核細胞，原核細胞を問わず，細胞を構成する物質を見てみると，水が最も多い（図2.1）．実に重量比として約7割を水が占める．生化学で学習する生体物質の多くは，水と強く相互作用することで水によく溶解する．また，脂質などの化合物は，水を避けるために互いに会合して存在する．すなわち，水は生体を構成する化合物に対して溶媒として機能しており，生体物質の構造や機能を決定的に左右する．ここでは，生物を構成する主要な化合物である水の基本的な性質を学ぶ．また生化学実験では，生体を構成する分子の構造や機能を化学的に解析することになる．一般に水に溶解あるいは懸濁した状態で解析を行うことが多いので，実験を行うのに必要な基本的なパラメーターについても学ぶ．

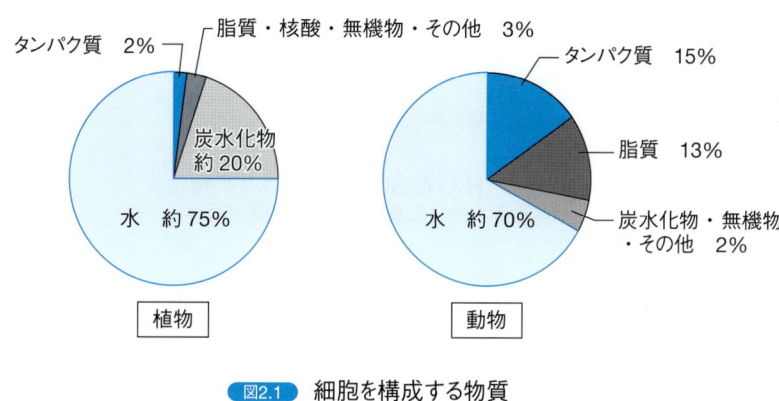

図2.1 細胞を構成する物質

2-1 水の基本的な性質

A 水の構造, 極性

水分子（H_2O）は水素と酸素からなる単純な化合物であるが，構造的に大きな特徴がある．分子構造を平面的に見ると二等辺三角形の頂点に酸素と水素原子を配置した形をとり，2つのO—H結合間の角度が104.5°をとる（図2.2）．高校で学んだように，酸素原子は水素原子より電気陰性度が高い．この結果，O—H結合間では酸素原子と水素原子で電子対は共有しているものの，電子自体は酸素原子側に引きつけられる．このように電子分布の偏りがある2つのO—H結合が曲がって存在するため，分子全体として酸素原子側にマイナス，水素原子側にプラスの偏りが生じ，極性をもつこととなる（図2.3）．分子としての極性は，共有結合の極性と分子の構造の両方に依存する．したがって，電気陰性度の高い原子である酸素などを含む分子が必ずしも極性を有するわけではない．たとえば二酸化炭素の場合，酸素原子の側に電子が引き寄せられているが，2つのC＝O結合が直線状の構

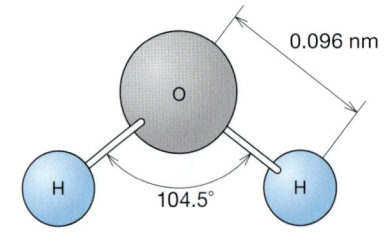

図2.2 H$_2$O 分子の構造

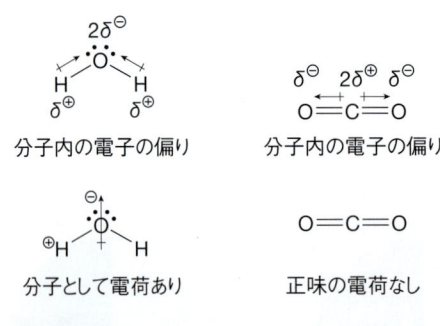

図2.3 H$_2$O と CO$_2$ の分子としての極性
δは電子1個分に満たない電荷の偏りを示す．

造をとり，かつ電子の偏りが逆向きとなるため，分子としての正味の極性はない（図2.3）．

B 水の特性と生体の恒常性

　水分子が極性を有することは，水が我々の体を構成する最も多い成分であることと非常に大きな関連がある．水分子は，自身がもつ極性のために他の水分子とお互いに引き合うことになる．弱くプラスに荷電した水素原子は，別の分子中で弱くマイナスに荷電した酸素原子との間で，水素結合とよばれる結合を形成する．水分子は折れ曲がった構造をしているため，結局1つの水分子は最大4つの水分子と水素結合を形成することになる（図2.4）．水分子間に形成される水素結合の強さは典型的な共有結合の強さの5％以下であり，決して強固な結合ではない．しかし，溶液状に存在する水分子の運動エネルギーを上昇させるためには，多くの水素結合を切断する必要があるため，結果として水の温度を上げるにはかなり多量の熱が必要となる．このような特性をもつ水分子が細胞や組織に多量に存在するため，細胞の温度の変化は最小に抑えられる．そのため，温度変化に敏感であるさまざまな生化学反応が外部環境の影響を受けづらく，速やかに進行することになる．当然，水分子が蒸散する際にも大きな熱が必要となるため，発汗は体温を下げるために有効な手段となる．このように，水素結合を有する水を大量に含むことで，生物はある一定の範囲内に自らの体温を維持することができる．このような体温調節を含め，生物が内部環境を

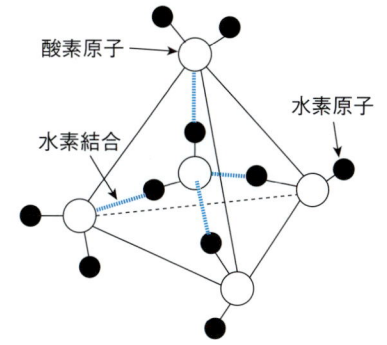

図2.4 水分子どうしの水素結合による結合

一定に保つことを恒常性の維持という．

C 溶媒としての水

　水は細胞で最も多く含まれる成分であり，細胞の基本的な構成成分である．さまざまな有機化合物の性質・機能は，すべて水との相互作用で発現する．たとえば，ある種のタンパク質は水分子と強く相互作用し，水によく溶ける．一方で脂質のように水に溶けづらい分子は，水を避け互いに会合する．このような"水に溶ける，溶けない"という性質は，生体構成分子の立体構造を左右し生理的な機能を決定づける．ここでは，物質が液体に溶けるという現象と関連する用語，単位について解説する．生化学的な実験の多くは，生理的な条件を模した形で行う．したがって，水が豊富にある環境下で生体分子がどのような挙動を示すか理解することは，実験化学の側面からもきわめて重要である．

D 物質が水に溶けるとはどういう現象か？

　たとえば，水に食塩を加えて撹拌すると，食塩の結晶は見えなくなり食塩水ができる．液体中に他の物質が拡散して均一な液体混合物になることを，物質が溶解したという．水のように他の物質を溶かす液体のことを溶媒，食塩（塩化ナトリウム）のように溶解した物質を溶質という．このようにして生じた均一な液体混合物を溶液という．
　なぜ，食塩は水に溶けるのだろうか？　食塩は塩化ナトリウム（NaCl）の結晶である．電子を1個失い陽性荷電を帯びたナトリウムイオン（Na^+）と，電子を1個得て陰性荷電を帯びた塩化物イオン（Cl^-）が，静電的に引き合い強く結合する（イオン結合）．静電力には方向性がないため，ナトリウムイオンの周囲には立体配置として許される限り多くの塩化物イオンが配置し，結果として両イオンが三次元的に規則的に配置し，立方体型の結晶が形成されている．これまでに見てきたように，水分子は極性をもつ．食塩の結晶を水中に入れると，結晶表面に存在する陽電荷を帯びたナトリウムイオンには，水分子中で弱く負電荷を帯びている酸素原子側の部位が静電力によって引きつけられる（図2.5）．水分子が他の水分子と形成していた水素結合が切断され，ナトリウムイオンの周りで安定にな

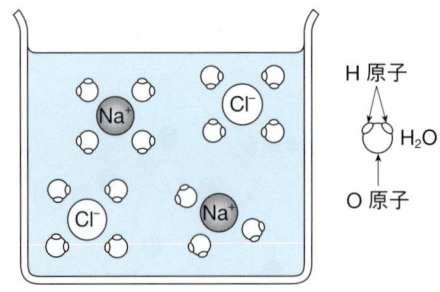

図2.5 水溶液中のNaCl

るように配置し直す．同様に塩化物イオンには，水分子中の水素原子側の部位が引きつけられる．このようにして，塩化ナトリウムの結晶を構成するイオンが水分子に取り込まれることで，結晶を構成しているナトリウムイオンと塩化物イオン間の結合力が弱められる．最終的に結晶構造が崩れ，結晶を構成していた各イオンは水分子に周囲を取り囲まれ安定な構造体となる．このようにイオンが水分子に取り囲まれる現象を水和という．また形成された構造体を水和イオンとよぶ．水和イオンは水中で自由に拡散し，全体として均一な液状となる．塩化ナトリウムのように，水に溶解した際に，正・負のイオンに解離（電離）する物質を電解質という．

E 細胞を構成する化合物の水への溶解性

以上解説したように，物質が水に溶ける原理は，"似たものは，似たものをよく溶かす"といって差しつかえない．一般に，物質が溶媒に溶解する度合い（溶解度）は，その物質どうしの相互作用より溶媒分子（たとえば水分子）との相互作用が強くなることで上昇する．この原理は，いわゆる電解質以外の物質にも適用される．たとえば，水分子と水素結合を形成できる物質は水に溶けやすい．水分子どうしは水素結合により結びついているわけであるから，"似た結合を形成できるものは，よく溶ける"というわけである．電荷をもたない極性分子がこのケースに当たる．たとえば，分子内で電気陰性度の高い窒素，酸素原子と水素原子が共有結合している有機化合物の多くでは，窒素，酸素原子側に電子が引き寄せられ，弱い負電荷を帯びる．一方，水素原子側は弱い正電荷を帯びる．このため，これらの原子に極性をもった水分子が水素結合することになる（図2.6）．この例として，

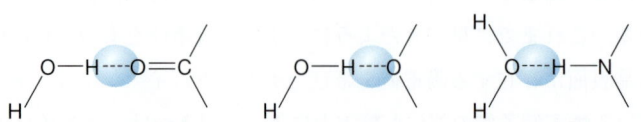

図2.6 有機化合物中の官能基と水分子との間に形成される水素結合

ヒドロキシ基（—OH），カルボキシ基（—COOH），アミノ基（—NH$_2$），カルボニル基（＞C＝O）などがあげられる．これらの構造（官能基とよぶ）を有する化合物は水と水素結合を形成するので，水に溶けやすい性質をもつ．アミノ酸，タンパク質（アミノ酸の重合体），ヌクレオチド，低分子の糖類などは，このような官能基が多いため，水に溶けるものが多い．一方，極性のない非電解質，炭化水素などは水にほとんど溶けない．脂質なども水には基本的に溶けないが，たとえばリン脂質は分子内に極性部位と非極性部位を含むため，水中では特殊な挙動を示す．すなわち，非極性部位が水分子から遠ざかる形で互いに寄り集まり，極性部位を外側に配置した形で分子集合体を形成する．このような構造体が生体膜構造を形成する基盤となる（第6章参照）．

F 水のイオン化とpH

水の大きな特徴の1つとして，ごくわずかではあるが，水分子が水素イオン（H$^+$）と水酸化物イオン（OH$^-$）に解離していることがある．すなわち，水は弱電解質である．これは高度に蒸留された水においても，微弱な電流が流れることによって確認された．その際の電気の伝わり方（電気伝導度）より，標準状態（25℃，1気圧）で，H$^+$イオンとOH$^-$イオンがそれぞれ1×10^{-7} mol/Lの濃度で水中に存在することがわかっている．これらのイオンは水分子との間で平衡状態にあり，H$_2$O $\rightleftharpoons$ H$^+$ + OH$^-$と表される．常に同じ分子が解離し続けているわけではなく，一定の割合で水分子がイオンに解離している．その平衡定数K_{eq}（水分子に対する各イオンの割合を示した定数）は，下の式で表される．

$$K_{eq} = \frac{[H^+][OH^-]}{[H_2O]}$$

ここで水の解離はきわめて少ない（実際には，水分子数億個につきの1個程度である）ため，水の濃度 [H$_2$O] は一定値と見なせる．そこで，平衡定数と水の濃度をまとめた値であるK_{eq}[H$_2$O] を新たな定数K_wと定義すると，下の式で表される．

$$K_w = K_{eq}[H_2O] = [H^+][OH^-] = 1.0\times10^{-14} \,(mol/L)^2$$

このK_wを水のイオン積とよび，温度が25℃で一定ならば常にこの値となる．この式は，水溶液中では水素イオンと水酸化物イオンは反比例することを示している．つまり，水素イオンが上昇すれば，水酸化物イオンはそれに応じて減少する．

2-2 酸と塩基

我々の身近には，酸や塩基とよばれる物質が存在しており，日常生活のレベルでもよく使用される．代表的な酸として酢酸，塩基として虫刺されの塗り薬に配合してあるアンモニアなどがある．このような物質は化学的にどのような特徴をもっているのだろう？

水に溶けて解離し，水素イオンを生じるものが酸と定義される．水溶液中に水素イオンが多く含まれることになり，たとえば金属と反応して水素を発生するなどの特徴がある．

塩酸，硫酸などは，ほとんどすべての分子が解離し多くの水素イオンを生じるため強酸である．一方，酢酸や体中に存在する有機酸はごく一部が解離するため，生じる水素イオンの量が少なく弱酸となる．つまり，水素イオンを多く供給できる酸が強い性質を示すわけである（図 2.7）．

では実際に水に酸を加えた際，水溶液中では水素イオンはどのような挙動を示すのだろう．ここで，前述の水のイオン積が重要となってくる．酸が水溶液中で解離して生ずる水素イオンと，当初の水中に存在していた水素イオン，水酸化物イオンがすべてそのまま存在すると，

$$[H^+][OH^-] > 1.0 \times 10^{-14} \, (mol/L)^2$$

となる．

実際には，通常実験レベルで使用する濃度の酸は希薄水溶液であるので，水分子の量が圧倒的に多く，水の電離自体はイオン積を一定に保つ形で維持される．すなわち，一部の水素イオンが水酸化物イオンと結合し水分子ができる．水電離の平衡が水分子生成の方向にシフトし，

$$[H^+][OH^-] = 1.0 \times 10^{-14} \, (mol/L)^2$$

となる状態になるまで水分子が生成する．結果として，水素イオン量が水酸化物イオン量より大きい状態で水のイオン積が保たれた形となる．これにより，水素イオン過剰となり酸性の溶液となる．

酸とは逆に水素イオンを減少させるもの，あるいは水酸化物イオンを生じるものが塩基と定義される．たとえば，アンモニア（NH_3）は水に溶解すると，水素イオンを引きつけてアンモニウムイオン（NH_4^+）となり，水中の水素イオンが減少する．この結果，平衡が水分子解離の方向にシフトし，イオン積を維持する形で水酸化物イオンが増加する．別の例として，代表的な塩基である水酸化ナトリウムが水に溶解した場合には，ナトリウムイオンと水酸化物イオンに解離する．この場合も，水のイオン積を維持する形で，結果として水素イオンが減少する．

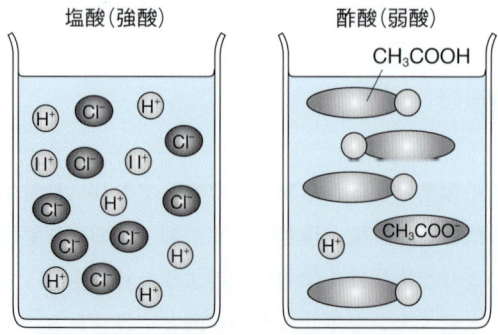

図2.7　H^+を多く供給できる酸が強い酸性を示す

A　電離度

　以上，物質が水に溶解した際には，水素イオンと水酸化物イオンの濃度の積は必ず一定になるように保たれる．その結果，水素イオン濃度が水酸化物イオン濃度を上回れば，溶液は酸性を示す．逆の場合は塩基性を示す．両イオンの濃度が同じ場合は中性であるという．一般に酸や塩基を溶解した際にすべての分子が解離することはなく，解離前の分子と解離後のイオンの間で平衡状態が成り立つ．この割合は電離度と定義され，以下の式で表される．

$$電離度 = \frac{電離した電解質の物質量}{溶解した電解質の物質量}$$

塩酸や硝酸のようないわゆる強酸は電離度が高く，1に近い．すなわち多くの水素イオンが生じている．一方，酢酸のような弱酸は電離度が低く，0に近い値を示す．塩基についても同様に，強塩基では電離度は1に近づき，弱塩基では0に近い値となる．

B　水素イオン濃度（pH）

　これまで解説してきたように，水溶液中の水素イオンは水分子自体の濃度（実際には約 55.5 mol/L）に比べればごくわずかな量しか存在しない．しかし，その濃度の範囲はきわめて広く，$1 \sim 10^{-14}$ mol/L の範囲で変化し得る．また，酸性や塩基性といった重要な溶液の性質を決定している．そこで，溶液中の水素イオン濃度を表す尺度として，pHとよばれる対数値を使用する．pHは水素イオン濃度 $[H^+]$ の対数にマイナスをつけたものと定義される．

$$pH = -\log_{10}[H^+] = \log_{10}\frac{1}{[H^+]}$$

純水では，水素イオンと水酸化物イオンの濃度は等しく，水は中性である．

$$K_w = 1.0 \times 10^{-14} \, (mol/L)^2$$

であるので，水素イオン濃度と水酸化物イオン濃度は

$$[H^+] = [OH^-] = 1.0 \times 10^{-7} \, (mol/L)$$

となる．したがって，水のような中性の溶液のpHは7となる．酸性の溶液ではpHは7より低くなり，塩基性の溶液では7よりも高くなる．たとえば，0.01 mol/Lの塩酸溶液では，ほぼすべての塩酸分子が電離し，水素イオン濃度は

$$1 \times 10^{-2} \, (mol/L)$$

となる．したがって，計算上pHは2となる．人間の体の多くの部分は中性〜弱塩基性の状態にあり，およそのpHは7.5付近にあることが多い．たとえばヒトの正常な血液のpHは7.4であり，糖尿病や過呼吸時にはpHが変化し，生命活動に大きな影響を与える場合もある．

2.3 緩衝液

ヒトの血液のpHは前述のように7.4付近であり，7以下になると昏睡に陥る．また7.7以上になると痙攣が起き，いずれも心停止を招く．一方で呼吸活動により各細胞から発生する二酸化炭素は血液に溶け込んで輸送されるため，血液のpHは酸性に傾いてしまう可能性があるが，実際にはそうならない．また，歯はpHが5.5以下の酸性になるとエナメル質が溶解し虫歯の原因となる．したがって，酸性の飲食物や口内細菌の発生する酸により容易に虫歯が発生しそうであるがそうはならない．すなわち血液や唾液といった生体内の細胞外液にはpHをある一定の範囲内にとどめる機能が備わっている．いったいどのようなメカニズムによってpHが維持されているのだろうか？

少量の強酸や強塩基を加えてもpHがほとんど変化しない溶液を緩衝液とよぶ．たとえば，弱酸の代表例である酢酸（CH_3COOH）の水溶液は緩衝液となる．

酢酸は下に示すように，水素イオンと酢酸イオンに解離する．

$$CH_3COOH \rightleftharpoons H^+ + CH_3COO^- \tag{1}$$

先に説明したように，弱酸の解離の度合いは低い．したがって，平衡のバランスは酢酸分子側（式(1)では左側）に傾いており，水溶液中には多くの酢酸分子が存在する一方で，水素イオンや酢酸イオンが少ない状態となる．たとえば，ここに酸（実際には水素イオン，H^+）を加えた場合を想定する．この場合，酸は解離し，水素イオン（H^+）が供給される．その一部が酢酸イオンと結合し，酢酸分子となり平衡が左に移る．つまり投入された水素イオン量がそのまま反映して溶液の水素イオン濃度の上昇につながらなくなる．逆に塩基を加えた場合は溶液中の水素イオンが失われるが，酢酸分子の解離が進む．結果として酢酸の解離平衡が右に移るため，加えた塩基分の効果が出ない．以上は弱酸に特有の性質となる．すなわち，酢酸分子そのものが解離しづらく分子として溶液状に存在していること．さらに，酢酸イオンが水素イオンと結合しやすく酢酸分子に戻りやすいこと．これらの性質が加えた酸や塩基の効果を弱めるために必要な条件となる．

以上の解説は原理を簡易に説明するために弱酸のみからなる溶液を例とした．実際に緩衝液を作製する際には，酢酸のような弱酸と，酢酸ナトリウムのような弱酸の塩を混合する．この場合，以下に示すように，酢酸ナトリウムの溶液はほぼ完全に解離するため，多量の酢酸イオンが供給される．

$$CH_3COONa \rightleftharpoons Na^+ + CH_3COO^- \tag{2}$$

そのため，酢酸イオンが共通イオン（式(1)と(2)の両方に存在するイオン）となり，酢酸自体の平衡が酢酸分子形成の方向にさらに大きく傾くことになる．結果として，酢酸分子と酢酸イオンが多く存在する混合溶液ができる．この状態で酸や塩基を加えても，酢酸イオンからの酢酸分子形成，酢酸分子の解離によって，水素イオン濃度変化はきわめて少なくなり，強い緩衝効果が認められる（図2.8）．

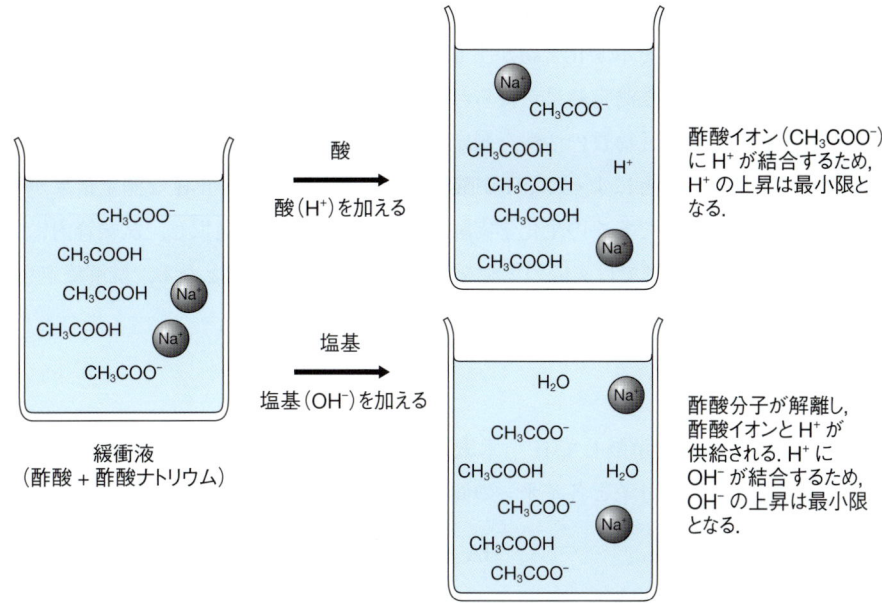

図2.8　酢酸と酢酸ナトリウムによる緩衝効果

　このような緩衝効果は，弱塩基の水溶液においても成立する．しかし，強酸や強塩基の水溶液では，分子の解離平衡が著しくイオン形成の方向に傾いており，分子形成の方向には進み得ない．したがってこれらの水溶液においては緩衝効果は認められない．

　先に説明したように，このような pH の緩衝効果は体液において非常に重要な役割を果たしている．具体的な例として，血液では，細胞の呼吸によって生じた CO_2 が血液に溶解し，弱酸である炭酸（H_2CO_3）を生じている．

$$CO_2 + H_2O \rightleftharpoons H_2CO_3$$

血液中の炭酸は水素イオンと炭酸水素イオンに解離する．

$$H_2CO_3 \rightleftharpoons H^+ + HCO_3^-$$

炭酸を含む血液に対して，さまざまな細胞の代謝活動によって生じた酸が加わっても，緩衝効果により pH は一定に保たれる．またこの反応で，炭酸分子量が増加するが，結局肺において二酸化炭素として排出される．結果として全体の炭酸と炭酸水素イオンの比は維持され，pH は維持され続ける．

A　生化学実験を行うために必要な緩衝液

　生化学領域の大部分の実験は，細胞の中で行われている化学反応を試験管内で行う形で実施される．これまでに説明してきたように，実際の細胞内，体内の pH は一定の範囲内で維持されている．当然，解析対象となる生体分子は pH の影響を受けやすい傾向がある

ので，実験中の試験管内の pH をある一定の範囲内で維持する必要がある．たとえば，生化学反応の結果，酸性を示す化合物が生じた場合，反応自体が pH の変化による影響を受けてしまっては，正確な測定結果が得られないこととなる．あるいは，細胞の抽出液を調製し，含まれる生理活性物質の活性を測定する際に，強い酸性を示す細胞内小器官であるリソソームが壊れることによって pH が酸性に傾いてしまえば，正確な測定結果が得られないことになる．そこで多くの生化学実験では適切な緩衝液を選択し，試験管内に加えることが重要となる．ここでは実際の実験を行うために必要な知識となる，酸解離定数，pK_a について解説する．

B　K_a と pK_a

弱酸（HA）が水中で解離して H$^+$（水素イオン）と A$^-$（共役塩基という）に解離した場合を想定すると，弱酸分子と各イオンの間に以下の平衡状態が成立する．

$$HA \rightleftharpoons H^+ + A^-$$

この解離の平衡定数 K_a として，以下が定義される．

$$K_a = \frac{[H^+][A^-]}{[HA]}$$

K_a の値が大きいほど，水素イオン濃度が高くなるので強い酸となる．すなわち K_a は酸の強さを表す指標となる．p.15 で解説したように，溶液の pH は以下で定義される．

$$pH = -\log_{10}[H^+] = \log_{10}\frac{1}{[H^+]}$$

以上の式を合わせて書き直すと以下となる．

$$pH = \log_{10}\frac{1}{[H^+]} = \log_{10}\frac{1}{K_a} \cdot \frac{[A^-]}{[HA]} = \log_{10}\frac{1}{K_a} + \log_{10}\frac{[A^-]}{[HA]}$$

ここで，新たに酸の強さを表す指標として，以下のように pK_a を定義する．

$$pK_a = \log_{10}\frac{1}{K_a}$$

最終的に，水素イオン濃度の指標である pH と酸の強さを表す pK_a の関係は，

$$pH = pK_a + \log_{10}\frac{[A^-]}{[HA]}$$

この式はヘンダーソン・ハッセルバルヒの式として知られている．

この式をみると，酸の強さを示している pK_a（値が小さいほど強い酸となる）と水素イオン濃度の指標である pH（値が強いほど強い酸性となる）の関係がよくわかる．[HA]＝[A$^-$] の時（$\log_{10}\frac{[A^-]}{[HA]} = 0$），すなわち酸が半分解離した時の pH が pK_a となる．逆にいうと，弱酸が含まれる溶液で pH が pK_a に一致している状況があれば，半分の酸が解離していることになる．このように，溶液の pH が酸の pK_a と一致しているときは，HA も A$^-$ も分子数としては溶液中に多く含まれているので，酸や塩基を溶液中に加えても水素イオン濃度の

変化はわずかとなる．一方で，平衡がどちらかによっている場合は酸や塩基の添加によるpH変動が急激となる．たとえば，酢酸のpK_aは約4.7であるが，0.1 mol/Lの酢酸溶液を調製するとpHは約3である．このときは，酢酸分子に比べて酢酸イオンや水素イオンは圧倒的に数が少ない状態である．この状態で塩基を加えると，水素イオン濃度の変化が大きくなる．酢酸溶液に水酸化ナトリウム溶液を添加していった際のpHの変動をグラフ化したものを見ると，pK_a付近でのpH変動が極めて緩やかなのがわかる（図2.9）．

一般に，pH変化に対して弱酸が最も強い緩衝効果をもつのは，その酸のpK_a近辺である．したがって，実験を行う際には，自分が必要としているpHに近いpK_aを示す緩衝液を用いればよい．

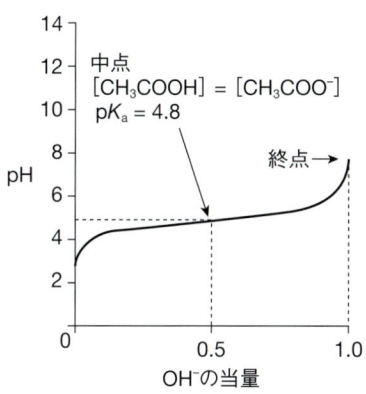

図2.9 緩衝液ではpK_a付近でのpH変動が緩やかになる

2-4 溶液の濃度

生化学の実験を行う際には，さまざまな溶質を溶媒に溶解して用いる．溶液中に存在する溶質の量を濃度という．常に一定の条件で実験を行い，再現性のある結果を得るためには正確な濃度の溶液を毎回用いる必要がある．ここでは，実験でよく用いられるさまざまな濃度の定義を紹介する．

a 質量百分率（質量パーセント濃度）

溶液に溶けている溶質の割合を百分率で表したもの．単位は％である．溶質 x g を溶媒 y g に溶かした溶液の重量百分率は $\frac{x}{x+y} \times 100$（％）である．

b 質量対容量百分率

溶液 100 mL に溶けている溶質の質量を百分率で表したもの．単位は％である．溶質 x g を溶かして y mL の溶液をつくった場合の質量対容量百分率は $\frac{x}{y} \times 100$（％）である．

c 体積百分率

液体同士の混合の際に用いられる濃度である．混合前の溶媒と溶質の体積の和に対する溶質の体積の割合を百分率で示したもの．単位は％である．x mL の溶質と y mL の溶媒を混合して溶液をつくった場合の体積百分率は $\frac{x}{x+y} \times 100$（％）である．

d モル濃度

溶液 1 L 中に溶けている溶質の物質量（mol）で濃度として表したもの．単位は mol/L である．物質量 x mol の溶質を溶媒に溶かして y L となった場合のモル濃度は $\frac{x}{y}$ mol/L である．単位記号としては，mol/L の代わりに M を用いることも多い．この単位は生化学実験でよく使われる単位でもある．

2.5 コロイド溶液

これまで水の基本的な性質を解説してきた．また比較的低分子の化合物が水に溶解した溶液の基本的な性質について学んだ．水は細胞や個体を構成する成分として最も多量に存在する物質である．したがって，細胞や個体を構成する他の物質に対して溶媒として機能する．しかし，生体を構成する水以外の多くの分子は高分子（たとえば，多糖やタンパク質）であり，低分子が溶けた溶液とは化学的な性質が異なる．このような溶液をコロイド溶液とよぶ．ここでは，高分子化合物の水中で挙動・特性を解説する．生化学実験では生体物質の解析を行うため，コロイド溶液の特性を利用した実験手法がよく用いられる．

たとえば，食品に含まれるデンプンや石けんを水に溶いた液体を考えてみる．これらの水溶液は溶質分子と溶媒分子が均一に分散しているが，透明度に欠き濁っていたり，粘性があるなど，無機塩類を溶解した溶液と特性が異なる．この濁りの成分は，濾紙をすり抜けられるが，セロハン膜などの半透膜とよばれる膜をすり抜けることができない．このような溶液をコロイド溶液とよぶ．溶質のサイズは 1 nm から 100 nm 程度であり，コロイド粒子とよばれ，この粒子が溶媒中に均一に分散している（図 2.10）．溶質のサイズがこの程度の大きさになると，溶液に光を通した場合に散乱が起きる．これが溶液が濁って見え

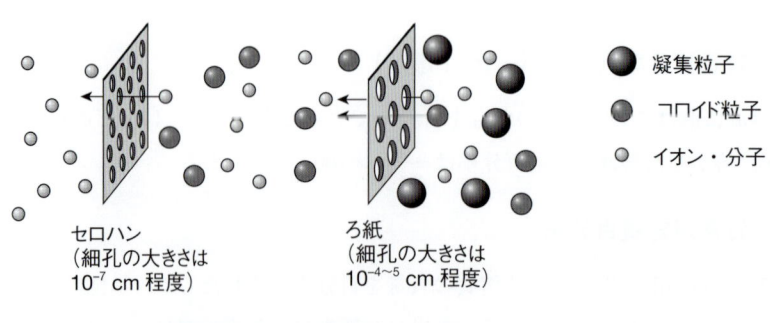

図 2.10 コロイド粒子の大きさ比較

る原因となる.

A 半透膜と透析

　溶媒分子や無機塩類等低分子化合物を通過させることはできるが，大きな溶質分子は通過させることができない膜を半透膜という．代表的な半透膜として，セロハン膜，膀胱の膜，細胞膜などがある．それぞれの膜には固有の特性があり，通過できる溶質の種類は異なる．

　セロハン膜には，口径3 nm程度の細孔があり，デンプン分子やタンパク質分子は通さない．一方で水分子や無機塩類のイオン（たとえば塩化ナトリウムの場合，ナトリウムイオンや塩化物イオン）を通す性質をもつ．この性質を用いて，セロハン膜を生体分子の精製に用いることがある．たとえば，塩化ナトリウムを含んだ水溶液中にタンパク質が溶解しているコロイド溶液から塩化ナトリウムを除去したい場合などに利用される．タンパク質のコロイド溶液をセロハン膜でつくられた袋に入れ，この袋を純水につけておく．袋の中のタンパク質はセロハン膜を通過できないので袋の中に留まる．一方で，塩化物イオンやナトリウムイオンはセロハン膜を通過し純水中に拡散する（図2.11）．純水を入れかえる作業をくり返すことにより，純粋なタンパク質コロイド溶液をセロハン膜中に回収することができる．このように，半透膜を利用してコロイド溶液中に含まれる低分子化合物を除く操作を透析とよぶ．

　透析というと，医療現場で行われている人工透析がよく知られている．この場合，セルロースアセテート膜を用いて透析を行う．具体的には，透析膜でつくられた細い管に血液を通し，外側に糖や体に必要な金属などを含んだ透析液を循環させる．セルロースアセテート膜は血液中の不要成分（尿素など）を通し，透析液側に拡散して除かれる．同様に体に必要な低分子化合物も膜を通過するが，透析液側にも同じ成分が含まれるので，管を通過した後の血液にはこれらの成分は維持される．このようにして半透膜を用いることで，不要な成分のみを除いて血液の浄化を行うのが人工透析である．

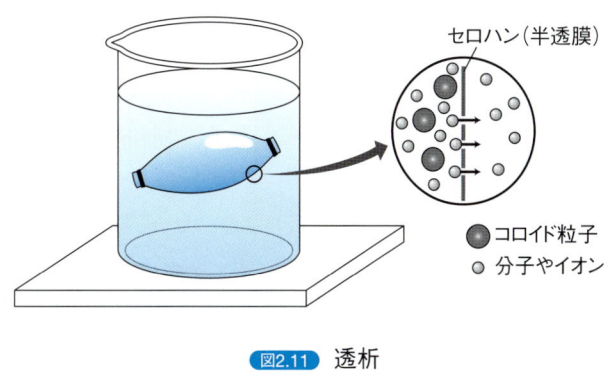

図2.11　透析

B 浸透圧

　溶質の濃度が異なる2種類の溶液が半透膜によって仕切られている時，溶媒分子が溶質濃度の低い溶液から高い溶液へ拡散する．これは，分子の拡散運動が，2つの溶液の濃度を均一にする方向に働くために起こる浸透とよばれる現象であり，細胞の構造や細胞膜の機能を理解する上で非常に重要である．

　ここで，コロイド溶液と純粋な溶媒が半透膜で仕切られている場合を想定する．純粋な同一の溶媒が半透膜によって仕切られている場合には，双方から等しい数の溶媒分子が半透膜を通過する．しかし，片方がコロイド溶液の場合には，コロイド粒子が存在している分，溶媒分子の濃度が減少し，純水溶媒側からの溶媒分子の通過が優位となりコロイド溶液側に溶媒が流入する（図2.12）．結果として，コロイド溶液の濃度を薄めて全体が均一になろうとする．

　実際にU字管にコロイド溶液と純水溶媒を半透膜で仕切る形で設置すると，純水溶媒側から溶媒が流入することで，コロイド溶液側の液面が上昇する．溶媒の浸透を押さえ込み，液面差が生じないようにするにはコロイド溶液側に上部から圧力をかける必要がある．この力を浸透圧とよぶ（図2.13）．浸透圧は細胞がその形状を維持するために必須の役割を

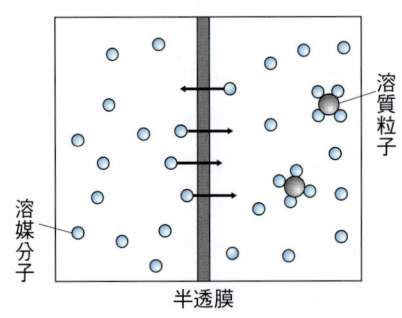

図2.12　浸透現象

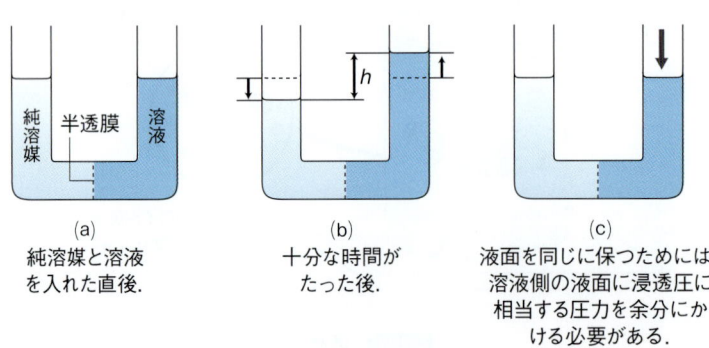

図2.13　浸透圧の作用

している．

　細胞の一番外側には細胞膜が存在することはすでに解説した．細胞膜にはさまざまな物質を透過させるための装置が存在しており，選択的に分子を通過させる構造をしている．細胞膜は半透膜に近い性質を有しており，細胞外液との溶質の濃度差により，細胞膜を介した水分子の移動が起きる．一方で，タンパク質などの高分子化合物は細胞膜に存在する特定の輸送タンパク質が機能しないかぎり，細胞膜を容易に通過しない．一般に，細胞内部の溶液の組成は細胞外部とかなり異なっており，一部の溶質の濃度はかなり高い傾向にある．そのため，細胞中に水分子が流入して濃度を薄めようとする．結果として細胞の体積が膨張するが，細胞膜がもつ耐圧力によってある程度膨張は妨げられる．しかし，たとえば純水中に細胞を入れると細胞は内部に生じる圧力によって破裂してしまう．ナメクジに塩をかけると縮んでしまうのはこの例である．このようなことが起きないように，生物はいくつかの工夫をしている．たとえば，血液中には血球細胞と血漿（血液の液体成分）が存在する．血球細胞は縮んだり，破裂することなく一定の形状を保って機能している．これは，血漿中にさまざまな塩類等が存在することで，細胞の内部・外部の浸透圧とつり合いがとれており，水分子の流入や流出が起きないためである（図 2.14）．点滴により栄養補給や投薬を行うことがあるが，点滴液の塩分組成は血漿に可能な限り近づけてある．これは，浸透圧のバランスをとり血液細胞に損傷を与えないためでもある．

　生化学実験では，溶液をつくる際に純水を用いることが多い．さまざまな方法によって純水が製造されているが，水分子の浸透現象を用いて作成される場合がある．不純物（主に塩類）を含んだ水と純粋な水を半透膜でしきり，不純物を含んだ液側に半透膜の耐えうるだけの圧力をかける．本来純水側から水が拡散するが，圧力をかけるため，不純物を含んだ溶液側から純水側に水分子のみが移動する．これによって塩類を含まない溶液を生産する．この方法を逆浸透とよび，作製された水を逆浸透水（RO 水）とよぶ．

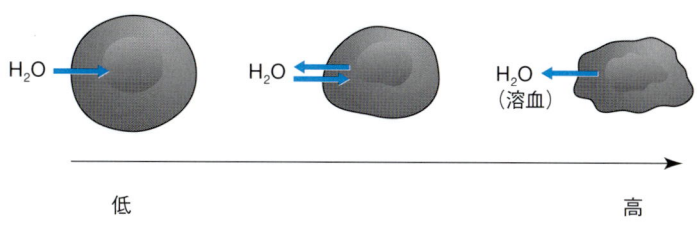

図2.14　塩濃度による赤血球構造の変化

まとめ

① 細胞内物質を構成する

② 水分子の立体構造
- 分子全体として極性をもつ
- 水素結合により水分子どうしが結合する → 水特有の物性が発揮される

③ 溶媒としての水
- 溶解現象の基本
- 生体構成分子の溶解性
- 官能基の有無と水への溶解性

④ 水のイオン化, 水のイオン積
- 水の解離率は非常に低く, 水分子との間で平衡状態にある
- 水溶液中の水素イオン濃度と水酸化物イオン濃度を掛け合わせた値を水のイオン積とよび, この値は一定である

$$K_w = K_{eq}[H_2O] = [H_2O][OH^-] = 1.0 \times 10^{-14} \, (mol/L)^2$$

⑤ pH
- 溶液中の水素イオン濃度を表す尺度

$$pH = -\log_{10}[H^+] = \log_{10}\frac{1}{[H^+]}$$

⑥ 酸と塩基
- 溶媒に溶けて解離し, 水素イオンを生じるものが酸
- 溶媒に溶けて解離し, 水素イオンを減少させるもの, 水酸化物イオンを生じるものが塩基

⑦ 緩衝液
- pHの変化が一定の範囲内に抑えられる効果をもつ溶液
- 生体における緩衝液の生理的な意義
- K_a の定義:

$$K_a = \frac{[H^+][A^-]}{[HA]}$$

- 緩衝液は pK_a 付近での緩衝効果が高い

⑧ 溶液の濃度
- 重量百分率, 質量体容量百分率, 体積百分率, モル濃度

⑨ コロイド溶液
- 溶媒中に拡散している溶質分子の大きさが 1 nm から 100 nm 程度の溶液
- 半透膜, 浸透圧, 透析の原理

第3章 生物を構成する主要有機化合物
―構造・機能と代謝の概略―

　生物・細胞を構成する物質は，水を除くとそのほとんどが有機化合物である．生化学では，生物を構成する主要な有機化合物の構造や機能を学ぶことが1つの目的である．また，それらの有機化合物が体内でどのように合成・分解されるのかを学ぶことも大きな目的となる．各論として各有機化合物を学ぶ前に，それらの構造や機能，合成や分解に関して概略を説明する．

3-1 有機化合物

　炭素を含む化合物を有機化合物という．基本的に生物がつくり出す化合物である．炭素原子は6個の電子を有し，そのうち2個はK殻，4個は最外殻となるL殻に存在する．最外殻であるL殻には8個の電子が入ることが可能であり，1個の炭素原子あたり，4本の共有結合を形成することができる（図3.1）．この時，主として他の炭素原子，水素原子，酸素原子，窒素原子と電子を共有することで最外殻を満たして安定な化合物をつくることが多い．メタンの例を図示すると，炭素原子を中心として正四面体の頂点の位置に水素原子が配置される．このように，有機化合物は炭素を骨格として立体的に精巧な形状をとる．多くの有機化合物では，炭素どうしが結合して基本骨格を形成するため，非常に複雑な立体構造となる．

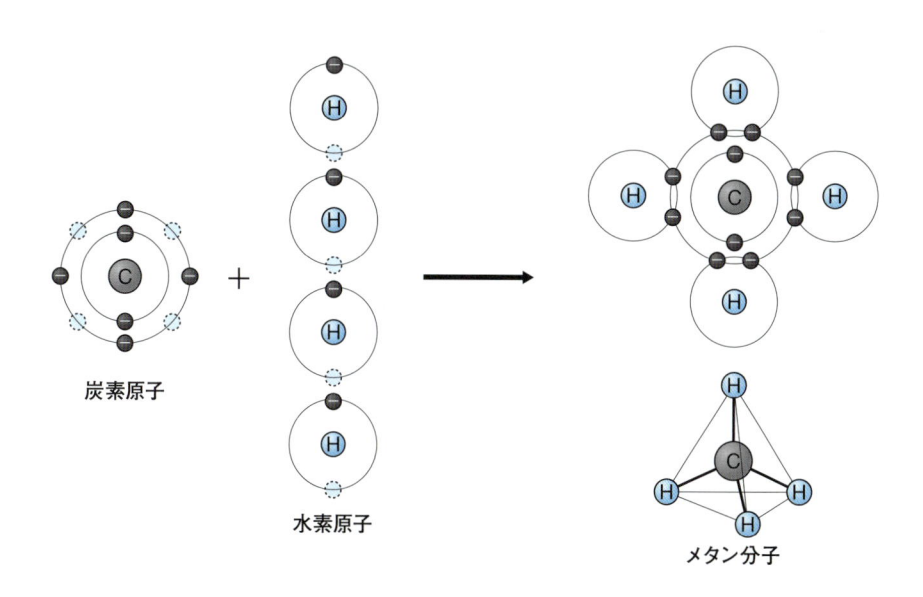

図3.1 共有結合により形成されるメタン分子の構造

A 官能基

有機化合物を形成する炭素骨格には，しばしば官能基とよばれる，一定の原子集団（原子団）よりなる構造が結合している．これらの官能基は反応性を有しており，生体内の化学反応や，有機化合物の構造や機能に決定的な役割を果たしている．図3.2 に代表的な官能基を示した．電気陰性度の高い酸素原子や非共有電子対を有する窒素原子を含む場合が多く，官能基内の電子分布（の偏り）が官能基の機能を特徴付ける．たとえば，カルボキシ基は電気陰性度の高い酸素原子側に電子が強く引き寄せられるため，水素イオンを遊離しやすく酸性を示す．水酸基では，電気陰性度の高い酸素原子側に電子が引き寄せられるため，水酸基内で分極する．この結果，水分子と水和して水への溶解性が高くなる．また他の有機化合物との間で，水酸基を介して水素結合を形成することも多い．

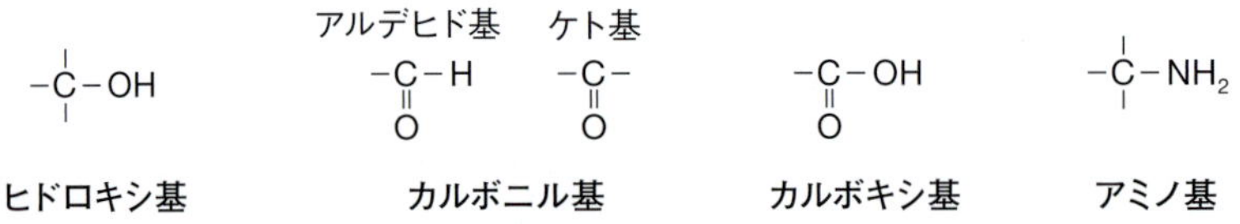

図3.2　主な官能基

B 生物を構成する主要な有機化合物の規則性

有機化合物は1千万種類以上存在するといわれており，構造や機能も多岐にわたる．しかし，その中で生体を構成する主要な有機化合物は4種類であり，構造上明確な規則性があるため理解しやすい．これら，生物を構成する主要な有機化合物は糖質，タンパク質，核酸と脂質である．このうち，脂質以外の3種類の生体物質は，すべて分子量が大きい高分子であるという特徴がある．極端な例では，細菌のサイズに至る分子も存在する（糖タンパク質の一種であるプロテオグリカンなど）．これらの高分子有機化合物はサイズは大きいが，すべて単量体（モノマー）とよばれる低分子の有機化合物がつながることによってつくられる多量体（ポリマー）であるため，構造は理解しやすい．具体的には，糖質は単糖，タンパク質はアミノ酸，核酸はヌクレオチドがつながった多量体である（図3.3）．モノマーとポリマーの関係は，多数の珠（たま）がつながった数珠（じゅず）をイメージするとわかりやすい．

モノマーである単糖，アミノ酸，ヌクレオチドは構造も機能も異なるが，ポリマー化する際の化学反応の様式はすべて同じである．すなわちモノマー間で水を除去する脱水反応を行い結合する（脱水縮合）．さらに，これらの高分子は同じ様式でモノマーに分離する．すなわち，モノマー間の結合を水を加える形で切断する（加水分解）．たとえば食品として摂取した糖質やタンパク質は加水分解されてモノマーである単糖やアミノ酸となり吸収される．脂質は高分子化合物とはいえないが，代表的な脂質である中性脂肪は，やはり脂肪

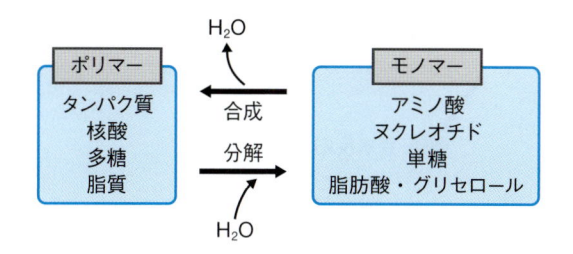

図3.3 生体を構成する有機化合物の階層性

酸とグリセロールが脱水縮合した構造をしており，他の高分子と同じルールが適用されている．このように，生物は，多様かつ複雑な構造をした有機化合物より形成されるが，背景はかなり統一された規則性がある．さらにその規則性に生体の溶媒である水が深く関与している点も重要である．

C 生物を構成する主要な4種類の有機化合物

a 糖質

炭水化物ともよぶ．単糖を基本単位とし，これが重合したもの（多糖）などが糖質と定義される*（図3.4）．多糖の代表的なものとして，デンプンやセルロースがある．機能は多岐にわたるが，動物では食餌から摂取する主要なエネルギー源として，植物では植物体の大部分を構成する構造体としての機能が有名である．

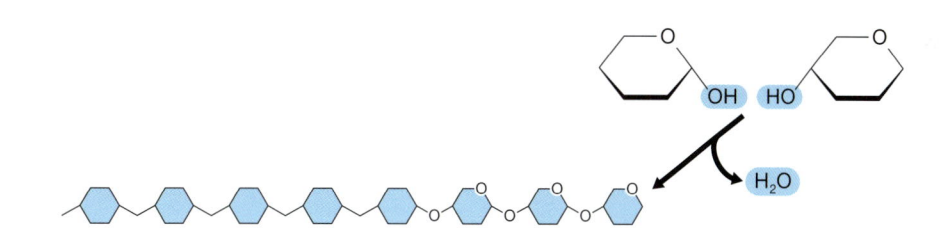

図3.4 多糖は単糖が複数重合したものである

b 脂質

生体中に存在し，水に溶解しない（しづらい）化合物を総称して脂質という．脂質の代表的なものとして，リン脂質や中性脂肪がある．リン脂質は，細胞膜や細胞内小器官の膜の主要構成物質であり，細胞の構造を形成するのに重要な役割をはたしている．中性脂肪

> **用語** 血液中の糖の大部分は，単糖のグルコースである．単糖自体で機能する場合も多く，これも糖質と定義される．

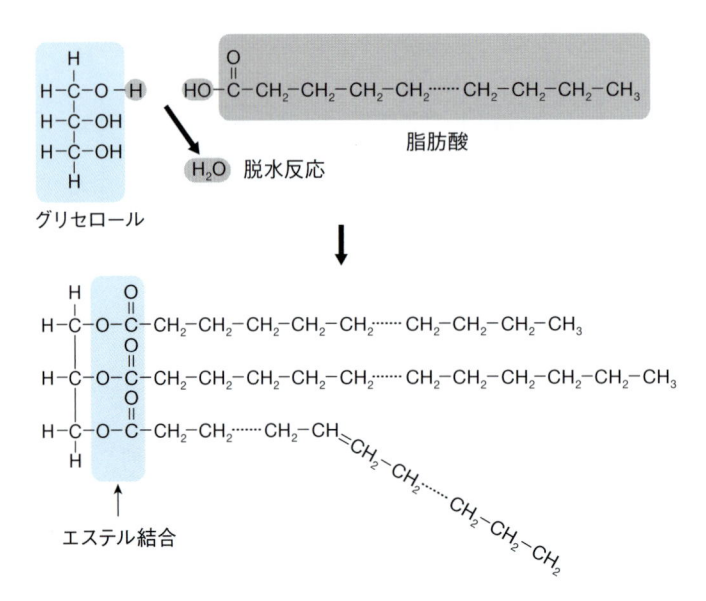

図3.5 中性脂肪の構造
中性脂肪は3つの脂肪酸がグリセロールに結合した構造をしている．そのうち1つは二重結合を有する不飽和脂肪酸であることが多い（二重結合部で約30°折れ曲がる）．

はエネルギーの効率的な格納物質として機能している（図3.5）．共有結合を介した大きなポリマー形成を行わないため，主要な4つの有機化合物の中で唯一高分子化合物として分類されないが，脂質どうしが会合して膜構造や脂肪滴などを形成するため，結果として巨大な構造体を形成するのも大きな特徴である．

c タンパク質

20種類のアミノ酸がポリマー化して形成される高分子である（図3.6．アミノ酸の構造は図5.3を参照）．アミノ酸の並び方（配列）の違いや重合度によって，構造・機能上多様

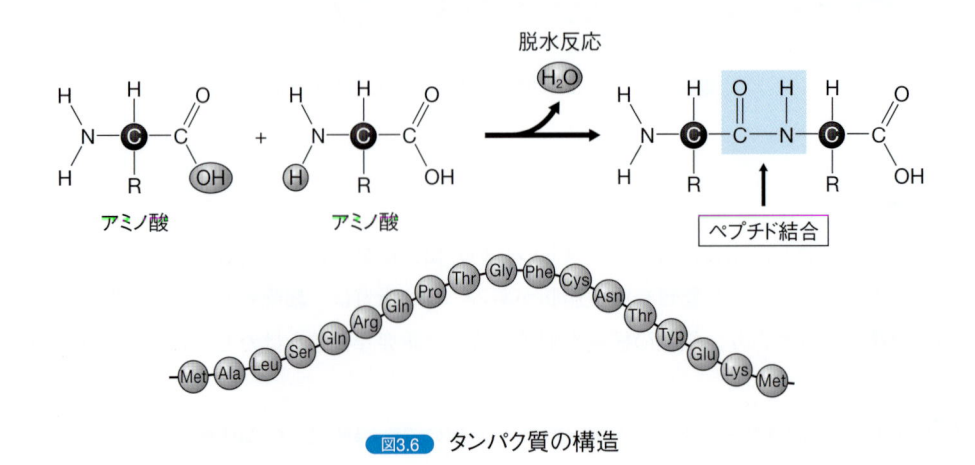

図3.6 タンパク質の構造

化しており，1つの細胞の中でも数万から数十万以上の種類が発現していると考えられている．多くのタンパク質が酵素として生体内のさまざまな化学反応の触媒として機能することが大きな特徴である．これらの酵素により，生体内の化学反応は，非常に迅速かつ性格に実行され，統制のとれた生命活動が維持できるといってもよい．

d 核酸

4種類のヌクレオチドがポリマー化して形成される高分子である（図 3.7）．実際には2種類の核酸，すなわち，DNA（デオキシリボ核酸）と RNA（リボ核酸）が存在する．親から子に伝わる遺伝物質の本体は DNA である．DNA の一部分は遺伝子とよばれ，タンパク質のアミノ酸配列をヌクレオチドの配列によって情報化している．

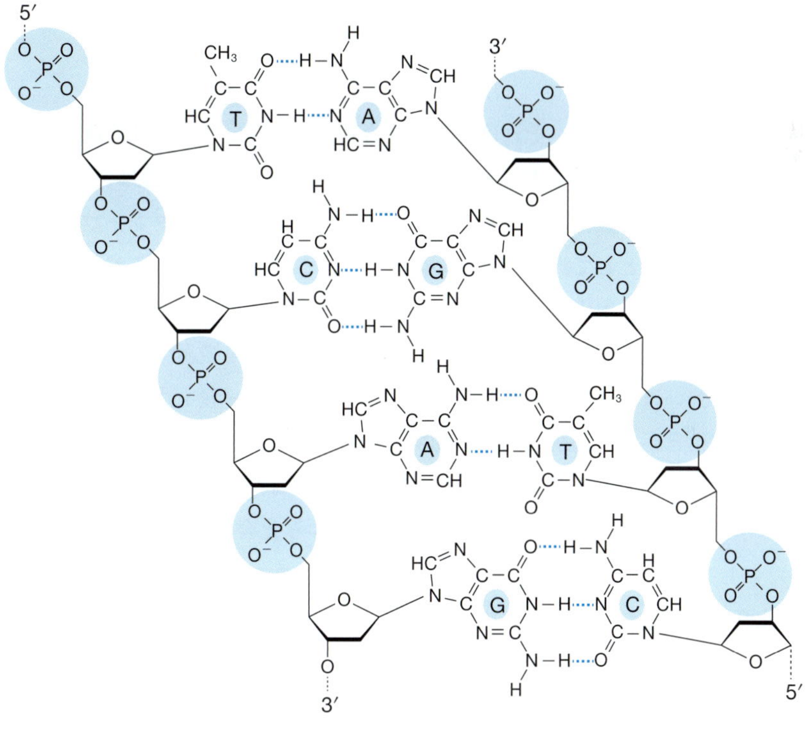

図3.7 核酸の構造（DNA の例）

D 栄養素，食品に含まれる成分としての主要有機化合物の特性

我々ヒトを含め動物は従属栄養生物であるので，常に食餌として栄養素を摂取する必要がある．動物が摂取するのはほぼすべて，他の生物（たとえば魚）や他の生物がつくり出したもの（たとえば牛乳）である．言いかえれば，動物はこれまでに解説した4種類の有機化合物を主に摂取しているといってよい．食物成分として見た場合，これらの有機化合

還元された炭素　　　　　　　　　　　　　酸化された炭素
多量のエネルギー　　　　　　　　　　　　少量のエネルギー

メタン　　メタノール　　ホルムアルデヒド　　ギ酸　　二酸化炭素

図3.8　炭素原子の酸化・還元度合い(1)

還元された炭素　←→　酸化された炭素

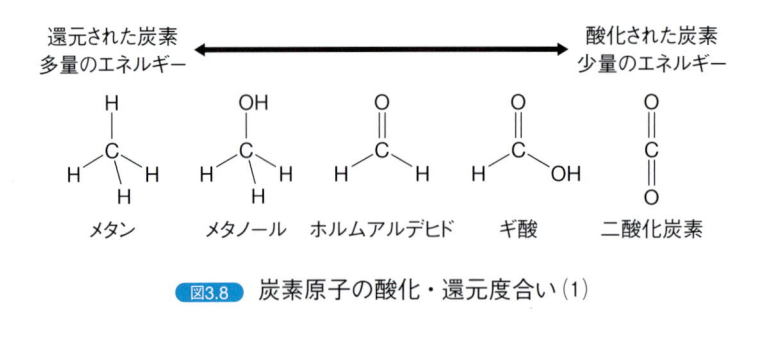

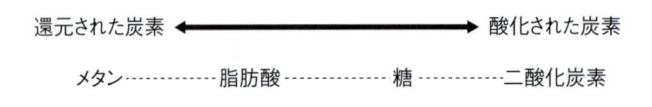

メタン……脂肪酸……糖……二酸化炭素

図3.9　炭素原子の酸化・還元度合い(2)

　物にはある共通の特徴がある．それは，炭素化合物として還元された化合物であり，酸化されうるという点である．図3.8に示すように，最も還元された炭素はアルカンであり，最も酸化された炭素は二酸化炭素である．アルカンの代表例は，メタン，プロパン等であり，いわゆる燃料ガスとして汎用されている．一方，二酸化炭素は，天然のエネルギー源を利用した際に最終的に生成してくる化合物としてよく知られている．このことからもわかるように，還元された物質は酸化されることでエネルギーを遊離する．また，還元されている度合いが強いほど，酸化された際に遊離するエネルギー量も大きい．我々はこのことを光や熱の放出といった理解しやすい形で認識している．

　先に解説した4種類の主要な有機化合物は，いずれも二酸化炭素よりも還元された化合物であり，酸化されることでエネルギーを遊離できる化合物である．たとえば糖質は $C_n(H_2O)_n$ として書き表すことが可能である．炭素1つあたり1つの酸素の割合で構成されている化合物であるから，二酸化炭素より還元された化合物であり，燃焼によってエネルギーを遊離できる．事実，代表的な糖質であるデンプンはヒトの主食となっている．中性脂肪を構成する飽和脂肪酸は $(CH_2)_nO_2$ で書き表すことが可能であり，nは20前後であることが多い．したがって，糖質に比べてかなり還元された化合物であり，もはやアルカンに近い（図3.9）．栄養素としてこれらの有機化合物が含む熱量はアトウォーターの係数としてよく知られている．糖質，脂肪のカロリーは，それぞれ4 kcal/g，9 kcal/gであり，やはり脂質のエネルギー内包量が高いことがわかる．以上，解説したように生体を構成する主要有機化合物は体内で酸化されることでエネルギーを供給する，いわゆるエネルギー源としての特徴をもつ．

3.2 代謝概略

　食餌として摂取した高分子有機化合物は，多くの場合ポリマーからモノマーに分解された後，腸管において吸収され全身の細胞に届けられる．この後，これらのモノマーは大きく2つの運命をたどる．1つは新たな高分子ポリマーに重合し，体の構成要素につくりかえられる．新陳代謝等で，細胞の構成物質や細胞自体が体内では激しく入れ替わっており，食餌で摂取したモノマーは原材料となる．もう1つは前項で述べたように，細胞呼吸により二酸化炭素にまで酸化され，細胞にエネルギーを供給する．

　これらの食餌由来の成分に加え，体内にすでに存在している高分子ポリマーも，適時モノマーに分解され，エネルギー源となったり新たな構成分子につくりかえられたりしている．

　以上のように，体内では高分子有機化合物（ポリマー）と低分子有機化合物（モノマー）との間での重合や分解，そしてモノマーから二酸化炭素への酸化分解が常に起きており，全体として一定の状態を保っている（図3.10）．このように，体内で起きているすべての化学反応を代謝と定義し，とくに分解反応の場合を異化，合成反応の場合を同化とよぶ．

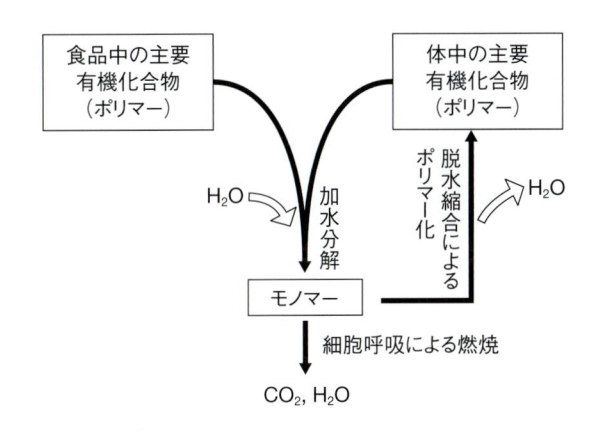

図3.10 生体内の代謝概略

まとめ

❶ 有機化合物の特徴，官能基の種類と特性
・官能基内の電子分布の偏りが，酸性，塩基性，水に対する溶解性などの性質を左右する

❷ 生物を構成する主要有機化合物の規則性
・一定の構造をもつモノマーが脱水縮合して重合化したポリマーとして存在している

❸ 生物を構成する4種類の主要有機化合物
・糖質，脂質，タンパク質，核酸

❹ 栄養素，食品成分としての主要有機化合物の特性
・生体を構成する主要成分は，食品の主要成分となる
・いずれの化合物も二酸化炭素に比べて還元された化合物であり，酸化されることによってエネルギーを遊離する特性をもつ

❺ 代謝概略
・高分子ポリマーである食品成分は，消化管内でモノマーにまで分解され体内に吸収される
・細胞では，モノマーを利用して新たなポリマーを合成したり，酸化することでエネルギーを得ている

第4章 糖質

　糖質とは，動物では主要なエネルギー源，植物では組織の主要な構成成分などとして機能する化合物で，大部分が $C_n(H_2O)_m$ の分子式で表される．炭素に水が結合したものを示すようにも見えるため，炭水化物ともよばれている．実際には，2つ以上の水酸基を有する多価アルコールであり，さらにアルデヒド基（—CHO）またはカルボニル基（—CO）をもつことが構造上の特徴である．我々の身近によく知られる糖質として，血糖として知られるグルコース（ブドウ糖），砂糖として知られるスクロース（ショ糖），果物に含まれるフルクトース（果糖）がある．さらに植物における貯蔵型の糖質であり，我々の主食の主要成分となるデンプン，植物の細胞壁や繊維の主成分であり，地球上で最も多く存在する炭水化物であるセルロースも糖質である．

　一般的に糖質はその大きさによって大まかに分類される（図4.1）．グルコースのように，加水分解によってそれ以上小さな分子にならない糖質の基本的な構成単位を単糖という．複数個（2～10個程度）の単糖が結合してできている糖質をオリゴ糖という．オリゴ糖は，構成する単糖の個数によって，二糖，三糖，四糖などともよばれる．また，デンプンやセルロースなど多数（十数個から1万を超えるものまである）の単糖が縮合してできたものを多糖という．オリゴ糖でも多糖でも単糖の結合の仕方は同じであり，結合する双方の単糖の水酸基から水分子が外れる脱水縮合という形でグリコシド結合が形成されて結合する．

　ヒトの生命活動の中で糖質がはたす役割は極めて大きい．糖質の第1の機能としては，主要なエネルギー源となることがあげられる．米，パン等に含まれる主要成分であるデンプンは消化吸収後，グルコースとなって全身の細胞に届けられる．細胞はグルコースを酸化することでエネルギーを得ている．第2の機能は，組織の糖タンパクや糖脂質，プロテオグリカンなどの構成成分となり，組織の生理，形態，物性を制御することである．近年，サプリメントなどとして注目されているヒアルロン酸は，細胞外に存在する多糖の構成物質であり，組織の形成や水分保持などに機能している．第3の機能は，核酸やアミノ酸などの原材料となることである．

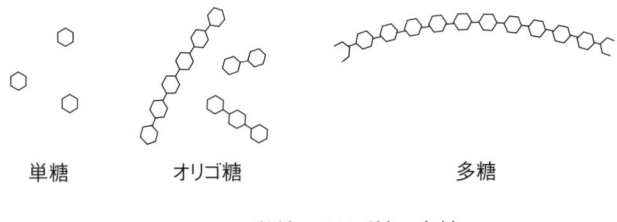

図4.1 単糖，オリゴ糖，多糖

4.1 単糖の構造と機能

A 単糖の分類と種類

単糖の分類には，2種類の方法がある．1つは炭素数によるもので，もう1つは官能基の違いによるものである．前者の分類法では，生体内の単糖の大部分を占める炭素数が3〜6の単糖を，それぞれ，三炭糖（トリオース），四炭糖（テトロース），五炭糖（ペントース），六炭糖（ヘキソース）とよぶ．後者の分類法では，アルデヒド基をもつものをアルドース，カルボニル基をもつものをケトースとよぶ（図4.2）*．

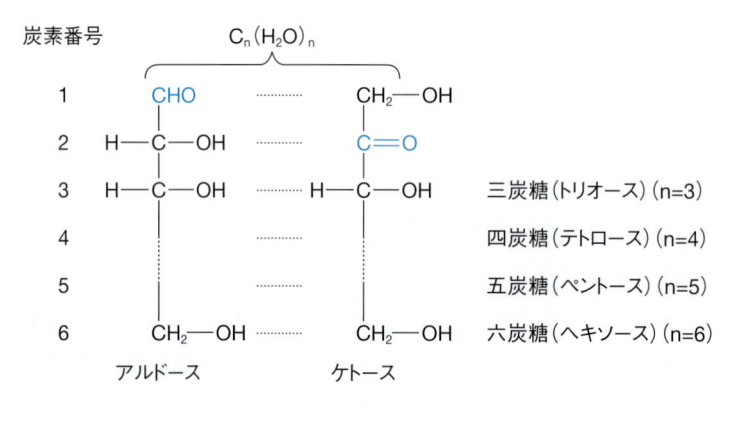

```
炭素番号         Cn(H2O)n
  1      CHO            CH2—OH
  2    H—C—OH           C=O
  3    H—C—OH         H—C—OH      三炭糖（トリオース）(n=3)
  4                                四炭糖（テトロース）(n=4)
  5                                五炭糖（ペントース）(n=5)
  6    CH2—OH          CH2—OH     六炭糖（ヘキソース）(n=6)
       アルドース        ケトース
```

図4.2　アルドースとケトース

表4.1に代表的な単糖の名前を，図4.3にそれらの構造を示す．この中でとくに重要なのは六炭糖のグルコースである．グルコースは先に述べたように，主食の主要成分となる多糖の構成単位であり，我々の主たるエネルギー源である．同じく六炭糖であるフルクトース，ガラクトースはそれぞれ，ショ糖や乳に含まれる乳糖の構成単位として有名である．

表4.1　主な単糖

	アルデヒド基を有する	ケトン基を有する
トリオース（三炭糖）	グリセルアルデヒド	ジヒドロキシアセトン
テトロース（四炭糖）	エリトロース	エリトルロース
ペントース（五炭糖）	リボース キシロース	キシルロース リブロース
ヘキソース（六炭糖）	グルコース マンノース ガラクトース	フルクトース

用語　単糖中に含まれるカルボニル基は，その周辺部も含めてケト基とよばれる（—C—CO—C—）．

トリオース（三炭糖）

アルドース
```
    CHO
    |
H — C — OH
    |
    CH₂OH
```
D-グリセルアルデヒド

ケトース
```
    CH₂OH
    |
    C = O
    |
    CH₂OH
```
ジヒドロキシアセトン

ヘキソース（六炭糖）

アルドース
```
    CHO
    |
H — C — OH
    |
HO— C — H
    |
H — C — OH
    |
H — C — OH
    |
    CH₂OH
```
D-グルコース

アルドース
```
    CHO
    |
H — C — OH
    |
HO— C — H
    |
HO— C — H
    |
H — C — OH
    |
    CH₂OH
```
D-ガラクトース

ケトース
```
    CH₂OH
    |
    C = O
    |
HO— C — H
    |
H — C — OH
    |
H — C — OH
    |
    CH₂OH
```
D-フルクトース

ペントース（五炭糖）

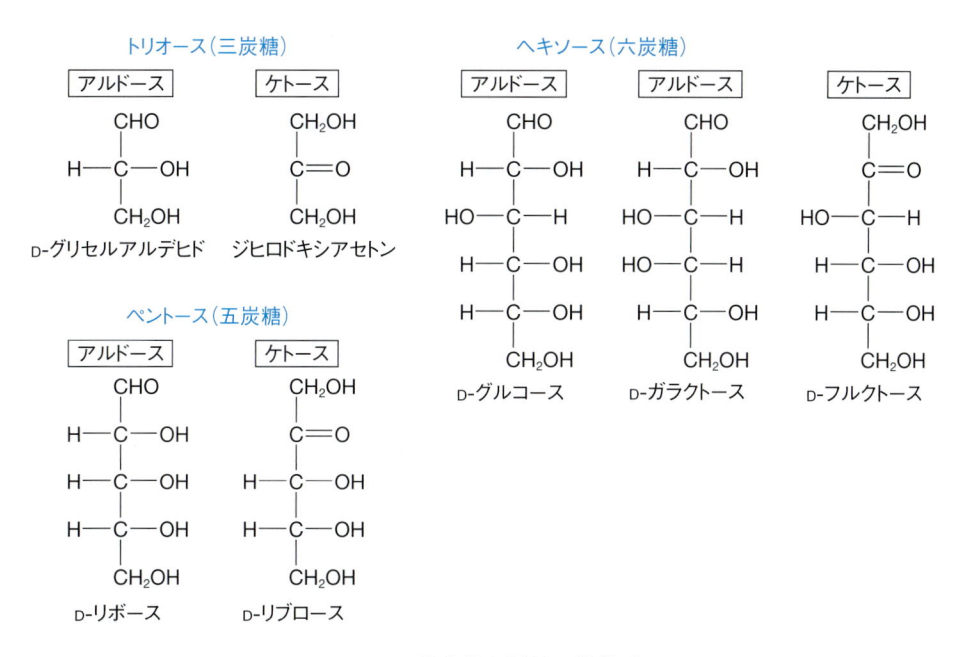

アルドース
```
    CHO
    |
H — C — OH
    |
H — C — OH
    |
H — C — OH
    |
    CH₂OH
```
D-リボース

ケトース
```
    CH₂OH
    |
    C = O
    |
H — C — OH
    |
H — C — OH
    |
    CH₂OH
```
D-リブロース

図4.3 代表的な単糖の構造式

五炭糖のリボースは遺伝物質として機能する核酸の構成要素としてきわめて重要な役割を果たす．三炭糖や四炭糖は，リン酸基が結合した誘導体として天然に存在している．これらは，解糖（12.1A 参照）やペントースリン酸経路（12.3A 参照）などの糖の異化代謝経路において，中間代謝物として重要な役割を果たす．

B 単糖の構造と化学的な性質

a 多数の異性体

前述のように，単糖は 2 つ以上の水酸基をもつアルデヒドあるいはケトンである．最も小さい三炭糖であるグリセルアルデヒドとジヒドロキシアセトンを例にとり，その構造を見てみる．両者はともに分子式が $C_3H_6O_3$ であるが，官能基が違う異なった物質である．このように，同じ分子式で表されるが，原子の並び方により構造が異なるものを構造異性体とよぶ．これに加え，糖の場合，空間配置が異なる立体異性体とよばれる異性体が多数存在する．同じグリセルアルデヒドであっても，図 4.4 に示すように，互いに鏡に映しあった状態で重ね合わせることができない（すなわち同一ではない）物質が存在する．このような異性体は，立体異性体の中でとくに鏡像異性体とよばれる．鏡像異性体は，ある 1 つの炭素原子に異なる 4 つの原子または原子団が結合している場合に存在し，この中心に位置する炭素原子を不斉炭素原子とよぶ．不斉炭素を有する有機化合物の立体異性体の一方のみからなる層に偏光（一定の振動方向をもつ光）を通過させると，振動の向きが右か左に回転する性質がある．このような性質を光学活性とよび，対象となる有機化合物を光学

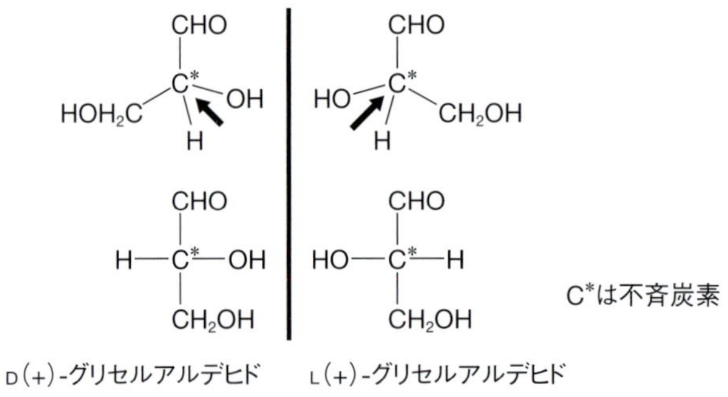

D(+)-グリセルアルデヒド　　L(+)-グリセルアルデヒド

C*は不斉炭素

図4.4 グリセルアルデヒドの鏡像異性体

異性体とよぶ．もちろん，鏡像異性体は光学異性体となる．単糖の末端の第一級アルコール基（—CH_2OH）に最も近い不斉炭素原子（アルデヒド基やカルボニル基とからは一番遠い不斉炭素原子）についた水酸基が右側にある場合をD型，左側にある場合をL型とよぶ．天然の単糖の大部分はD型である．

b 環状構造

5個以上の炭素を有する単糖は，一般に環状構造をとり安定化する．たとえば最も代表的なアルドースであるD-グルコースは，水溶液中では炭素鎖が折れ曲がって，アルデヒド基が5位の炭素原子の水酸基（—OH）と接触する．その結果，酸素原子を含む六角形の構造（六員環）ができる（図4.5）．環状構造をとっていないものを鎖状構造という．鎖状構造をとっている際の1位の炭素は不斉炭素ではないが，環状構造をとると不斉炭素となる．このため新たな2種類の異性体が生じる．6位の炭素原子を環状構造の上部に位置するように配置した際に，1位の炭素に結合した水酸基の位置が環状構造の下にくるものを α-D-グルコース，上にくるものを β-D-グルコースという．これらの異性体は光学的な特性や溶解度などが異なる．また，これらの異性体は α 型，β 型，鎖状型の間で平衡状態になっている．α 型と β 型の比率は34：64とされ，大部分が環状構造で存在し，鎖状構造は0.01%に満たない．代表的なケトースであるD-フルクトースの場合も，2位の炭素原子と，5位の炭素原子の水酸基が接触し，酸素原子を含む五角形の構造（五員環）ができる（図4.6）．グルコースの場合と同様，2位の炭素原子が不斉炭素原子になることにより，α 型，β 型の異性体が存在する．

c 水との親和性

水酸基（—OH）は官能基内で酸素原子側に電子が引き寄せられるため水素原子との間で弱く分極している．したがって水分子との間で水和しやすく（p.12参照），水に溶けやすい性質を有する．単糖が脱水縮合した多糖であってもこの性質は変わらず，水分子との親和性があり，常温では水和ゲルを形成する．これにより組織が水を保持することが可能となる．

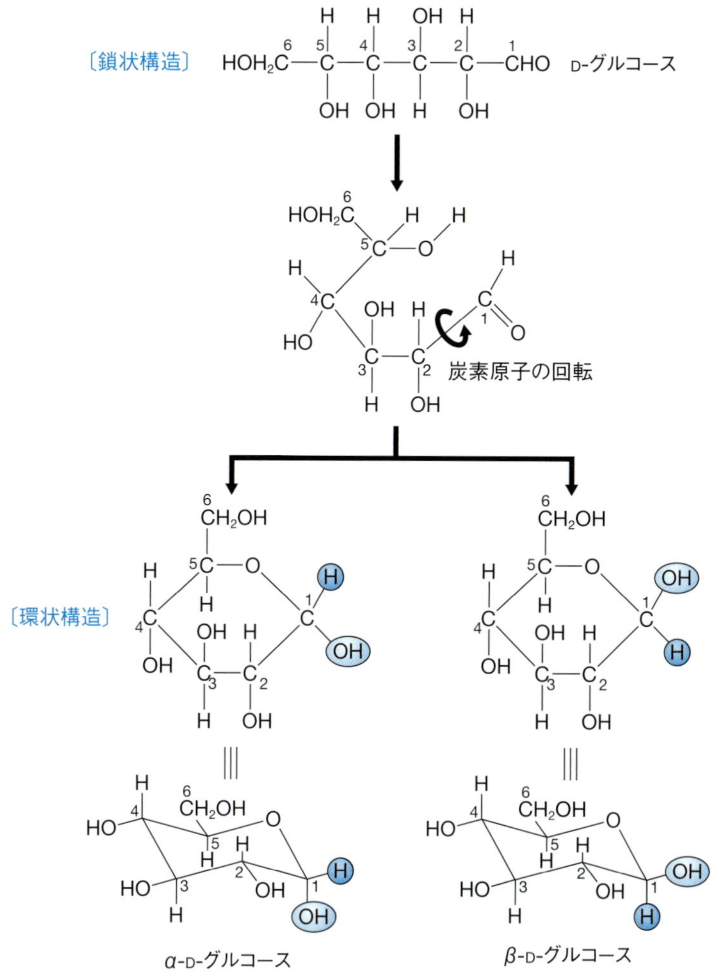

図4.5 D-グルコースの鎖状構造と環状構造
1位の炭素原子と二重結合で結ばれた酸素原子，水素原子が2通りの立体配置をとりうるため，環状構造としてα型，β型の2通りをとる．一番下には，環状構造の立体構造をより視覚的にとらえやすい表記方法で示した．

d 還元性

すべての単糖はアルデヒド基（—CHO）あるいはカルボニル基（—CO）を有し，その水溶液はこれらの官能基に由来する還元性を示すことから，還元糖ともよばれる．還元糖を銀，銅などの重金属を含む試薬と反応させると，糖が金属を還元することで，特有の色を有する沈殿が生じる．この反応を利用したトレンス試薬（銀鏡反応）やフェーリング試薬などで還元糖の検出が行われる．

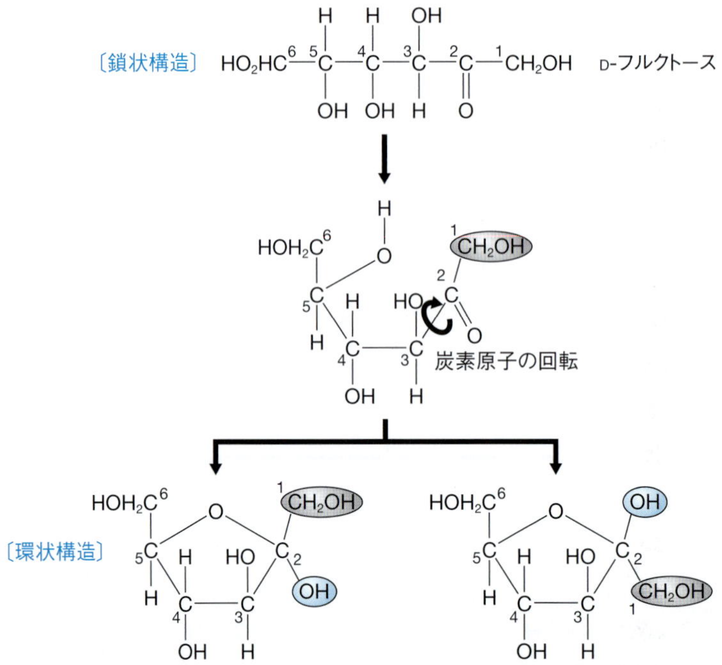

図4.6 D-フルクトースの鎖状構造と環状構造
グルコースと同様、α, βの2通りの立体構造をとる.

4.2 オリゴ糖の構造と機能

オリゴ糖の中では、マルトース（麦芽糖）、スクロース（ショ糖）、ラクトース（乳糖）など、2つの単糖がグリコシド結合*した二糖が代表的である（図4.7）.

マルトースは、1つのD-グルコースの1位の炭素原子と他のD-グルコースの4位の炭素原子がグリコシド結合でつながったものである。この結合はα-D-グルコースの1位の炭素原子が他のD-グルコースの4位の炭素と結合しているため、α1→4結合とよばれる。マルトースにおいて4位の水酸基を結合に供したD-グルコースは、環状構造がほどけて鎖状構造になることで、還元性を示すアルデヒド基を生じるので還元糖となる。マルトースは、動物体内においてデンプンの加水分解過程で生成する.

スクロースはいわゆる砂糖である。α-D-グルコースの1位の炭素とβ-D-フルクトースの2位の炭素がグリコシド結合によりつながった分子である。両単糖由来の部分は、開環構造をとることができないため、還元性を示すアルデヒド基やカルボニル基を生じない。したがって、スクロースは非還元糖である.

ラクトースはD-ガラクトースとD-グルコースがβ1→4結合したものである。ラクトース

用語　2つの単糖の水酸基の間で脱水縮合して形成される結合.

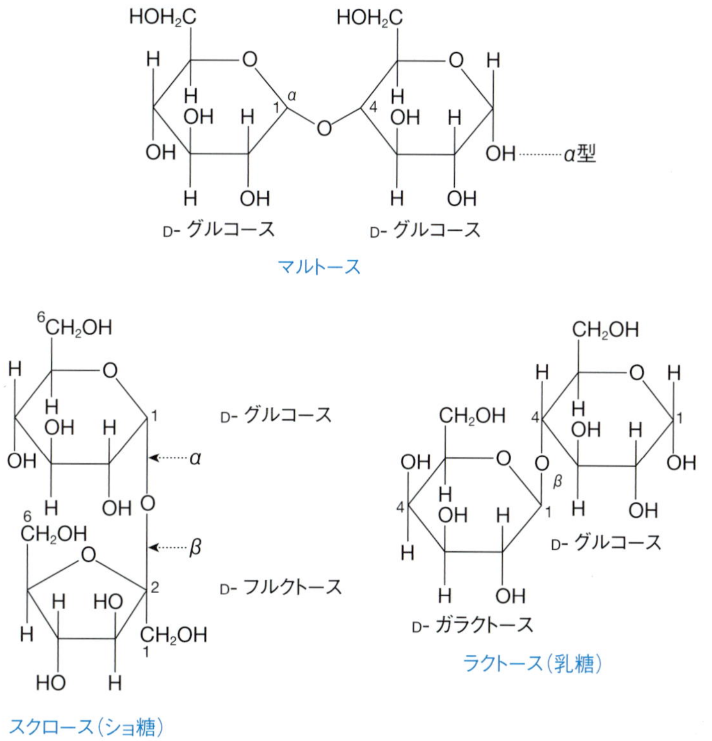

図4.7 二糖の構造

中の D-グルコースは α 型，β 型両方の構造が存在する．いずれの場合でも，マルトースと同様の理由で還元糖としての性質を示す．

4-3 多糖の構造と機能

A 多糖の分類と種類

　多糖とは，単糖が多数脱水縮合してグリコシド結合を形成し，ポリマー化した化合物である．構成する単糖が1種類の場合ホモ多糖（単純多糖），複数種の場合ヘテロ多糖（複合多糖）とよぶ．単糖や少糖類と異なり，構造中の水酸基が水素結合を形成する場合もあり，水に容易に溶解しない場合が多い．しかし，水酸基が多く存在するため，水分子と部分的に水和しゲル化する場合もある．多数の単糖がポリマー化することで決まった立体構造をとる．このことが多糖固有の機能に重要な役割を果たす場合が多い．

B ホモ多糖の構造と化学的な性質，生理学的な機能

a デンプン

　穀類，豆類，芋類など，植物におけるD-グルコースの貯蔵形である．我々ヒトの主要なエネルギー源ともなる．デンプンはアミロースとアミロペクチンという2種類の高分子の混合物である．アミロースはD-グルコースが $\alpha 1 \rightarrow 4$ 結合により重合している．図4.5のようにグルコースの立体構造を見た場合に1位の炭素に対して立体的に下方に配位した水酸基と，4位の炭素に対してやはり立体的に下方に配位した水酸基の間でグリコシド結合が形成されるため，結合した単糖が平面上に並ぶことができず，折れ曲がった構造をとる．このため，最終的にD-グルコースがらせん状につながった構造を形成する（図4.8）．およそ6～7個のグルコースで1回転する．有名なヨウ素デンプン反応はこのデンプンの構造に深く関連している．実際にはヨウ素がらせん中央の空洞に収まることで，ヨウ素とアミロースの間に相互作用が生じ，褐色から青色に呈色が変化する．一方，アミロペクチンでは，アミロースに見られるグルコースポリマー構造を基本構造（主鎖）として，平均5～25グルコースごとに枝分かれした構造をもつ．この枝分かれ構造は，主鎖上のグルコースの6位の炭素に対して，別のグルコース鎖が $\alpha 1 \rightarrow 4$ 結合の形で結合したものである（図4.9）．アミロペクチンとアミロースは，単位構造は同じだが高次構造が異なるため，化学的性質が異なる．アミロペクチンの枝分かれ部分は，他のアミロペクチンの枝分かれ部分と相互作用する．このため，粘性が高くなる．餅米においてはアミロペクチンの含量が高い．そのため，餅においては強い粘り気が出る．一般の炊飯に使われるうるち米ではアミロースが20%前後含まれており，餅米ほどの粘り気はない．

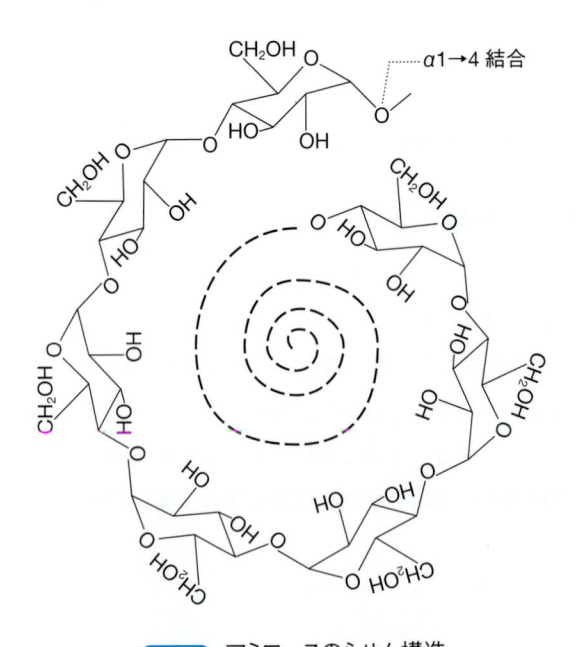

図4.8　アミロースのらせん構造

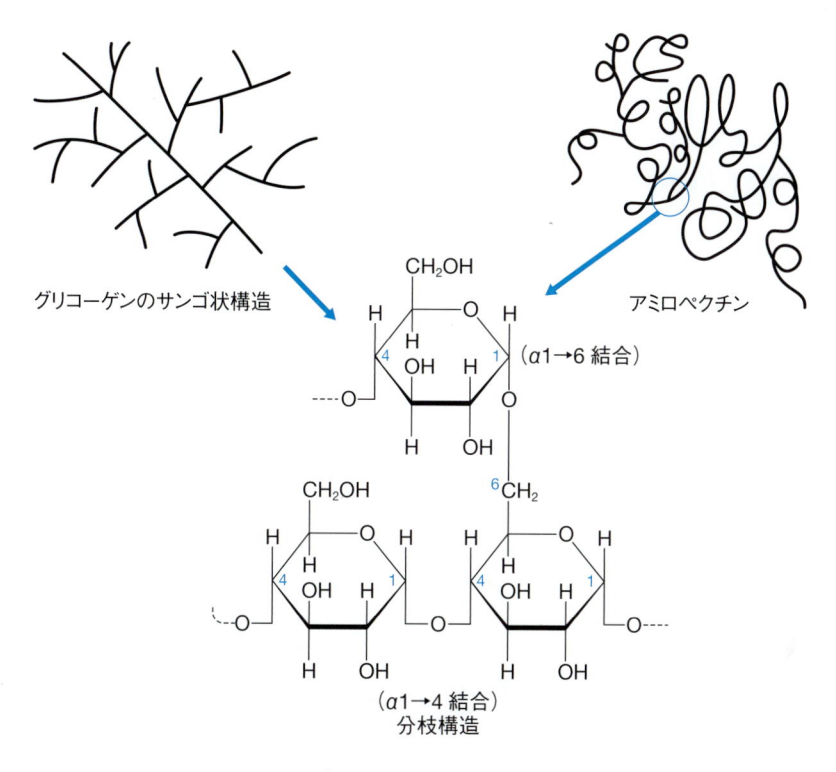

図4.9　グリコーゲンとアミロペクチンの構造

b　グリコーゲン

グリコーゲンは動物における D-グルコースの貯蔵形として機能する多糖である．主に肝臓と筋肉に存在する．基本構造はアミロペクチンと類似しており，枝分かれ構造をもつ D-グルコースの重合体である（図4.9）．ただし，アミロペクチンとは異なり，平均4グルコースごとに枝分かれした構造をもつ，分枝構造の非常に発達した多糖である．この構造は早い重合と分解のために決定的な役割を果たしている．グリコーゲンは食後，消化吸収して得られたグルコースを原材料としてすぐに合成される．実際には，肝臓や筋肉内でグルコースをポリマー化することで得られる．食間や食前においては，腸管のグルコース吸収量が減少する，あるいは消失する．この時，グリコーゲンが速やかに分解されグルコースが供給されることで，血糖値（血液中のグルコース濃度）は維持され，体内のエネルギーバランスが維持される．この重合と分解のサイクルは数時間で行われる．したがって合成や分解の反応の場，すなわち多糖の端の部分が多いことが単位時間内での反応の効率を上げるために重要となる．このため，グリコーゲンはとても枝分かれが多く，末端の数が多い多糖となっている．

c セルロース，キチン

セルロースは植物の骨格をなす細胞壁の主要構成成分である．D-グルコースが $\beta 1 \rightarrow 4$ 結合した重合体である．1位の炭素に対して立体的に上方に配位した水酸基と，4位の炭素に対して立体的に下方に配位した水酸基の間でグリコシド結合が形成されるため，結合した単糖が平面上に並ぶ（図4.10）．このため分子は直線上に平行に配列し，分子間でも多数の水素結合が形成されるため，非常に安定な構造をとる．天然に存在する最も多量なグルコース貯蔵体である．デンプンとは1位の炭素の立体配置が異なるだけであるが，この影響はきわめて大きく，ヒトはセルロースを消化することができない．

キチンは無脊椎動物の外骨格をつくる多糖であり，グルコースにアミノ基とアセチル基が付加した単糖（N-アセチルグルコサミン）の重合体である．

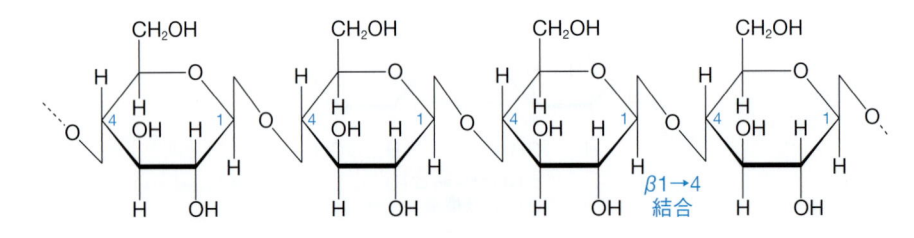

図4.10 セルロースの構造

C 複合多糖の構造と機能

a グルコマンナン

グルコマンナンは，グルコースとマンノース（グルコースと2位の炭素に結合した水酸基の立体配置が異なる六炭糖）が $\beta 1 \rightarrow 4$ 結合した多糖である．こんにゃく芋の主成分であり，木の細胞壁にも含まれる．難消化性であり，かつ水和ゲルを生成し体積が増加する性質をもち，ダイエット食品に使われている．

b グリコサミノグリカン

アミノ糖とウロン酸からなる二糖のくり返し構造をもつ多糖である．アミノ糖とは，単糖の水酸基の一部がアミノ基に置き換わった構造をもつ単糖である．ウロン酸は，単糖のアルデヒド基の反対側にある炭素原子がカルボキシ基まで酸化された単糖である．

グリコサミノグリカンの多くはタンパク質と結合してプロテオグリカンとして細胞外に存在する．細胞外において組織の構造の維持や水和ゲルを形成することで組織の耐衝撃性などに寄与する．とくに皮膚や軟骨，角膜などに多く存在する．これらの組織においてグリコサミノグリカンが減少することで，皮膚の老化や，関節の痛みが増す等の障害が出ることが懸念されている．このような観点から，近年，グリコサミノグリカンを形成する単

位ユニットである二糖（ヒアルロン酸，コンドロイチン硫酸）や，構成単糖（N-アセチルグルコサミン，グルクロン酸）が，栄養補助食品として注目されている（図4.11）．

ヘパリンもグリコサミノグリカンの一種であり，血中で血液凝固を抑える作用をもつ．

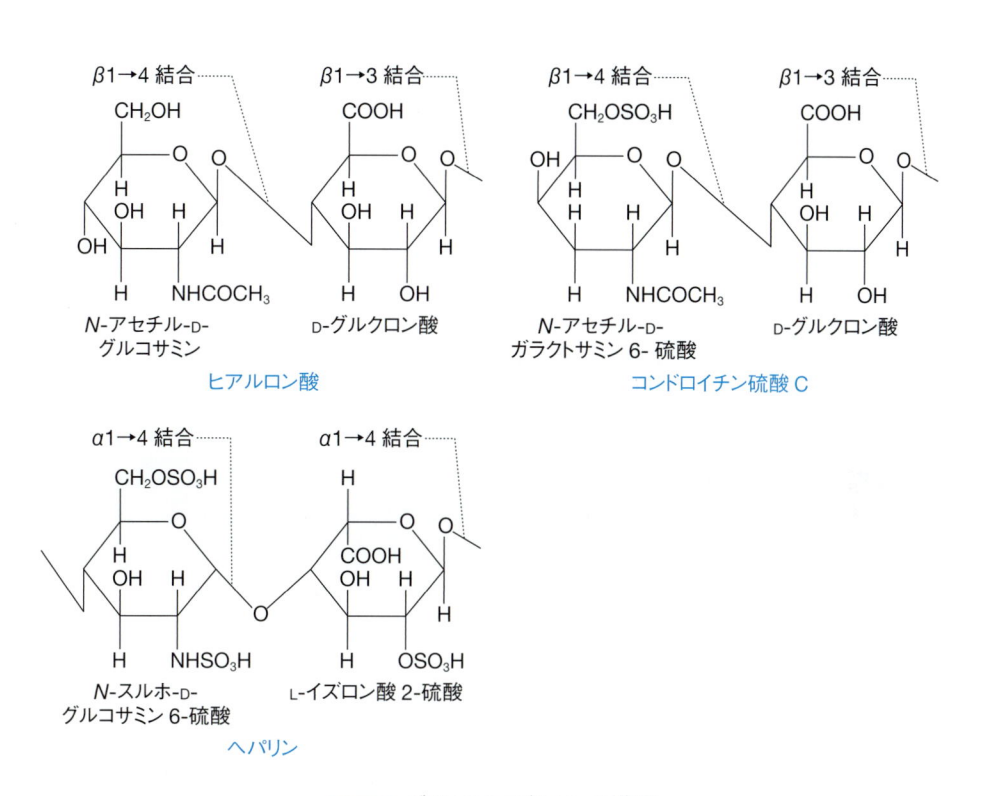

図4.11 グリコサミノグリカンの構造

まとめ

❶ 糖質の代表的な機能
- 主要なエネルギー源となる
- 構造多糖として,細胞や組織の形態形成や機能に必須の役割をもつ
- 核酸やアミノ酸など,他の主要有機化合物の原材料となる

❷ 糖質の分類
- 大きさによって分類される
- 単糖(基本単位1個),オリゴ糖(単糖が数個重合),多糖(単糖が多数重合)

❸ 単糖の分類
- 炭素数による分類:トリオース,テトロース,ペントース,ヘキソース
- 官能基による分類:アルドース,ケトース

❹ 単糖の化学構造と性質
- 環状構造と鎖状構造をとるが,圧倒的に環状構造をとる割合が高い
- α-D-グルコースと β-D-グルコース
- 多くの水酸基を有するため,水和しやすく水に溶解しやすい
- 還元性を示す

❺ オリゴ糖の種類と構造・機能
- マルトース:α-D-グルコースが2個結合した構造,多糖の消化吸収過程で生成.
- スクロース:α-D-グルコースと β-D-フルクトースが結合した二糖.いわゆる砂糖で,単糖部分が開環構造をとれないため非還元性である.
- ラクトース:D-ガラクトースと D-グルコースが結合した二糖.いわゆる乳糖.

❻ 多糖の種類と構造・機能
- 構成する単糖が単一の場合ホモ多糖,複数種の場合ヘテロ多糖とよぶ
- デンプン:α-D-グルコースが $\alpha1\to4$ 結合により重合した多糖.植物の貯蔵多糖であり,ヒトにとっての主要なエネルギー源となる.グルコースが直鎖状に結合し,らせん構造をとった多糖をアミロペクチン,数個に1個の割合で枝分かれ構造($\alpha1\to6$ 結合)をもった多糖をアミロペクチンとよぶ.
- グリコーゲン:α-D-グルコースが $\alpha1\to4$ 結合と $\alpha1\to6$ 結合により重合した多糖.動物の貯蔵多糖として機能する.
- セルロース:β-D-グルコースが $\beta1\to4$ 結合で結合した多糖.植物の細胞壁を形成する構造多糖.

第5章 タンパク質とアミノ酸

　タンパク質とは20種類のアミノ酸が多数結合してできた高分子化合物である．動物細胞の乾燥重量の約半分はタンパク質が占め，構造も機能も多岐にわたる分子群であり，生命現象の多くに決定的な役割を果たしている．

　タンパク質はその大きさ，形状，構成成分，そして機能などによって大まかに分類される．大きさによる分類では，アミノ酸が数個程度結合したものをペプチド，10個前後結合したものをオリゴペプチド，それ以上のものをポリペプチドとよぶ（図5.1）．ポリペプチドの中で，アミノ酸の個数が数十個以上で特定の立体構造をもつものをタンパク質とよぶ．形状による分類では，ボールのような球形をとるものを球状タンパク質，ひものような形をとるものを繊維状タンパク質とよぶ．構成成分による分類では，アミノ酸が結合したポリペプチド鎖のみからなるものを単純タンパク質，糖や脂質などのアミノ酸以外の化合物を結合しているものを複合タンパク質とよぶ．たとえば前述のプロテオグリカン（p.42参照）は複合タンパク質の代表例である．どのような分類に属していてもアミノ酸の結合様式はすべて共通であり，アミノ基とカルボキシ基の間で脱水縮合してできたペプチド結合により重合している（図5.2）．

　生物の生命活動の中でタンパク質が果たす役割はきわめて大きい．ほとんどの生命現象はさまざまなタンパク質がもつ多彩な機能によって成立しているといってもよい．実際にタンパク質は，それぞれがもつ生物機能に応じても分類される（表5.1）．多くのタンパク

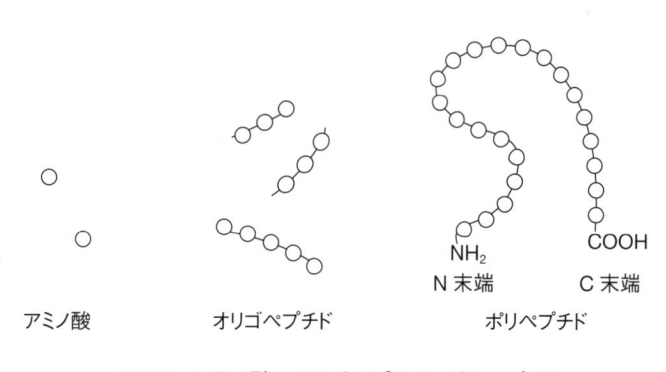

図5.1　アミノ酸，オリゴペプチド，ポリペプチド

図5.2　ペプチド結合の形成

表5.1 機能によるタンパク質の分類

酵素機能を担う	アミラーゼ, カタラーゼ, トリプシンなど
細胞内物質の輸送を担う	ヘモグロビンなど
生体を構成する	ケラチン, コラーゲン, フィブロインなど
筋収縮を担う	アクチン, ミオシンなど
生体内栄養成分となる	アルブミン, カゼインなど
受容体として機能する	神経伝達物質受容体, ホルモン受容体など
生体防御を担う	免疫グロブリン, インターフェロンなど
ホルモン機能を担う	インスリン, グルカゴンなど

(参考：『生化学』中村運著, 表5.3, 講談社, 2012)

質は生体触媒である酵素として機能する．生体内で起こるほとんどの化学反応は酵素の作用によって効率的に進行する．コラーゲン，エラスチン，ケラチンなどのタンパク質は，細胞外に存在する構造タンパク質として組織構造の強度や弾性を保つ，あるいは細胞の形を決定する等の機能を果たす．構造タンパク質には細胞内に存在するものもあり，チューブリンは微小管を形成し，細胞の構造の制御に関わる．またヒストンは核の中でDNAと結合し，DNAを核内に格納するタンパク質として機能する．このような細胞，組織，生体高分子の構造を維持・制御する役割をもつタンパク質とともに，細胞の中には，細菌の鞭毛運動や有糸分裂時の染色体の分離等，機械的な仕事を行うタンパク質も存在する．とくにアクチンやミオシンなど，筋肉運動に関わるものは収縮性タンパク質として有名である．ヘモグロビンや血漿アルブミンなどの輸送タンパク質は他の分子と結合し，生体内の運搬や貯蔵のために機能する．たとえば，ヘモグロビンは酸素や二酸化炭素と結合し，これらを輸送することで呼吸活動の根幹を支える．アルブミンは血液中で脂肪酸などを運搬する．ペプチドホルモンは，標的とする細胞の特定の生化学活性を制御する調節タンパク質として機能する．この時，標的細胞の表面にはホルモンと結合し細胞内部に情報を伝達するための受容体タンパク質が発現している．このほかにも，動物の体中には，免疫グロブリンなど体を異物から守る役割を果たす防御タンパク質が存在する．免疫グロブリンはリンパ球とよばれる細胞がつくるタンパク質で，生体異物など特定の分子（抗原）を認識して結合する．これがさまざまな免疫応答反応を誘導する役割を果たす．このほかにも，栄養源としてアミノ酸を供給する役割をもつ滋養タンパク質など，さまざまな種類のタンパク質が存在する．

5.1 タンパク質を構成するアミノ酸

A アミノ酸の基本構造

タンパク質を構成する基本単位はアミノ酸である．アミノ酸は20種類存在する（図5.3）．

図5.3 アミノ酸の側鎖の構造
アミノ酸の基本骨格 ＝ R—CH(NH$_2$)COOH
図中の構造式は側鎖（R）を示している．（　）内のアルファベットはアミノ酸の1文字表記を示す．

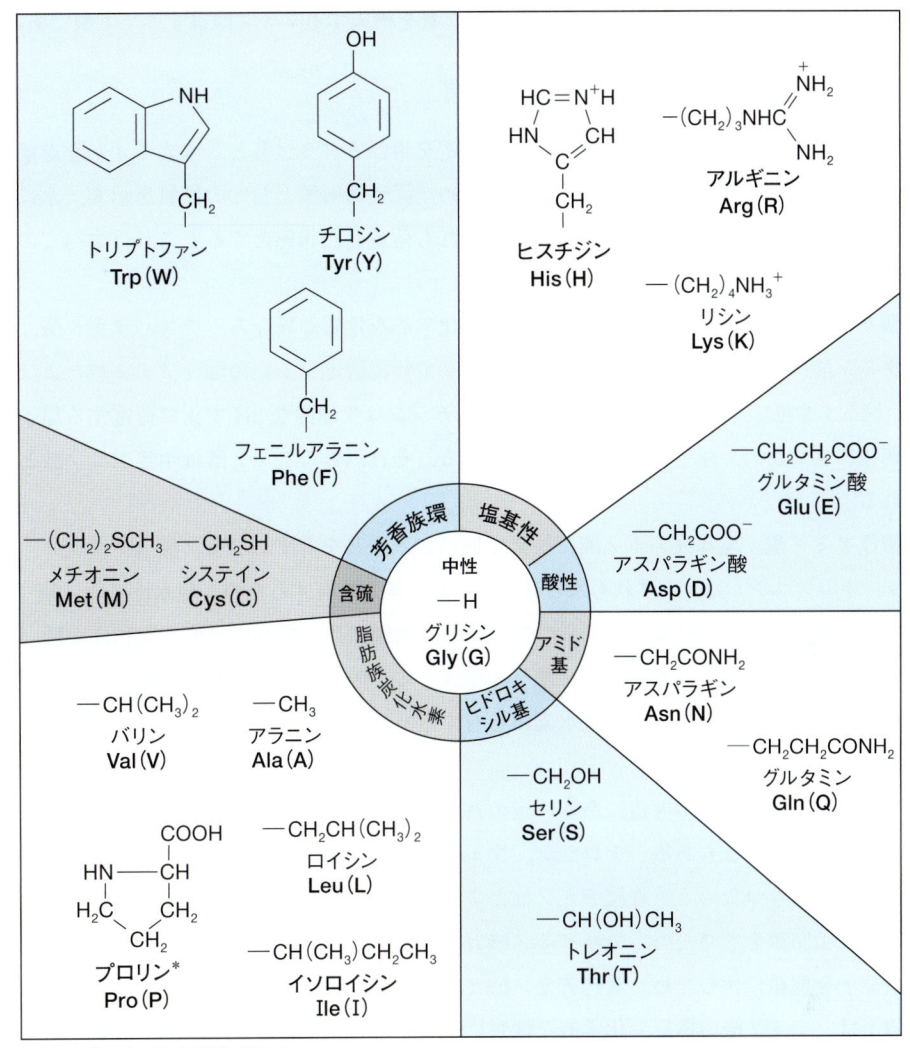

*プロリンは全構造を示す

　これらはすべて分子内にアミノ基（—NH$_2$）とカルボキシ基（—COOH）を有しており，この2つの官能基が1つの炭素原子（α炭素原子とよぶ）に結合した共通構造をとる．ただし，プロリンだけは例外で，アミノ基の代わりにイミノ基（>NH）をもち，側鎖部分がイミノ基を介して環状構造をとる．このようなことから，プロリンはイミノ酸とよばれる．アミノ酸のα炭素原子には，アミノ基とカルボキシ基以外に水素原子，そしてアミノ酸ごとに異なる特有の原子団（側鎖とよばれる）が結合している．したがって，側鎖が水素原子であるグリシンを除いて，すべてのアミノ酸のα炭素原子は不斉炭素原子となり，鏡像

異性体が存在し得る．しかし，天然のタンパク質を構成するアミノ酸はすべてL型である．

B アミノ酸の化学的な性質と種類

アミノ酸には水素イオンを受け取り正に荷電を帯びるアミノ基と，水素イオンを遊離し負に荷電を帯びるカルボキシ基が存在するため，両性電解質としての性質を示す．水によく溶け，中性付近ではこれらの官能基はいずれも荷電した状態となる．これはすべてのアミノ酸に共通した性質である．

個々のアミノ酸は側鎖部分の構造によって化学的な性質が異なる．アスパラギン酸，グルタミン酸は側鎖にカルボキシ基をもち，pH7で負に荷電するため酸性アミノ酸とよばれる（図5.3参照）．アルギニン，リシン，ヒスチジンは生理的なpHで正に荷電する原子団を側鎖にもつため，塩基性アミノ酸とよばれる．それ以外のアミノ酸は中性アミノ酸とよばれる．

酸性アミノ酸，塩基性アミノ酸に加えて側鎖に水酸基を有するアミノ酸（チロシン，セリン，トレオニン）は，いずれも水と親和性の高い側鎖を有するため，親水性アミノ酸（極性アミノ酸）と分類される．これらのアミノ酸の側鎖に比べて水に対する親和性が低い側鎖を有するアミノ酸は疎水性アミノ酸（非極性アミノ酸）と分類される．疎水性アミノ酸の代表例として，側鎖として炭化水素鎖を有するバリン，ロイシン，イソロイシンなどがあげられる．

アミノ酸には，側鎖の構造にある一定の共通性をもつグループが存在し，各グループごとに分類されることもある．チロシン，フェニルアラニン，トリプトファンは側鎖にベンゼン環構造をもつため，芳香族アミノ酸とよばれる．バリン，ロイシン，イソロイシンは分岐した脂肪鎖をもつため，分枝アミノ酸とよばれる．また，システイン，メチオニンは硫黄原子を側鎖に含むため，含硫アミノ酸とよばれる．

以上は，アミノ酸の構造や化学的な性質に基づいた分類であるが，栄養学的な分類方法もある．ヒトが自らの体内で必要量合成できないため，食品より摂取しなくてはいけないアミノ酸を必須アミノ酸とよぶ．これに対して，体内で十分量合成できるアミノ酸を非必須アミノ酸とよぶ．

5.2 タンパク質の基本構造

A ペプチド結合

タンパク質は，アミノ酸が脱水縮合により結合した構造をとる．具体的には，あるアミノ酸のアミノ基（—NH_2）と別のアミノ酸のカルボキシ基（—COOH）から水分子が抜けてペプチド結合（—NH—CO—）が形成される．このペプチド結合を介して多数のアミノ酸が数珠つなぎのように結合している．こうして生成された分子をペプチドとよび，ペプチドを構成する各アミノ酸部分をアミノ酸残基とよぶ．ペプチドの端には，ペプチド結合し

ていないアミノ基を有するアミノ酸が存在し，これをアミノ末端アミノ酸（N末端アミノ酸）とよぶ（図5.4）．ペプチドのもう一方の端にはペプチド結合していないカルボキシ基を有するアミノ酸が存在し，これをカルボキシ末端アミノ酸（C末端アミノ酸）とよぶ．

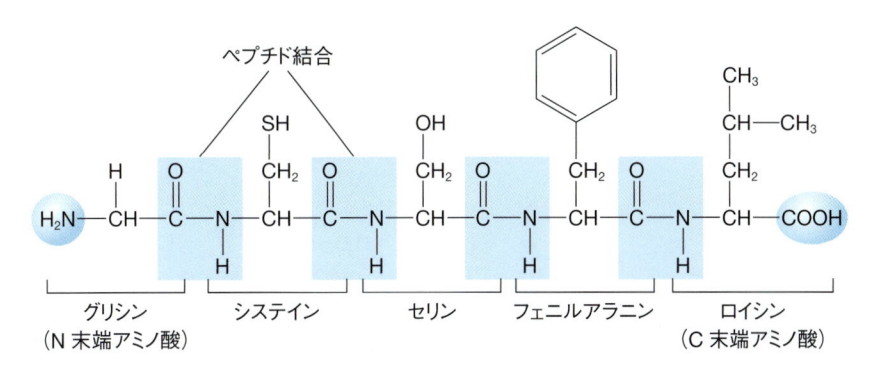

図5.4　ペプチドの構造

B　タンパク質の立体構造

ペプチドを構成するアミノ酸の数が増えると，ペプチドはあるパターン化した一定の部分立体構造をとる．さらにペプチド鎖が伸びて分子が大きくなり，タンパク質とよばれる大きさになってくると，部分立体構造が組み合わさった，それぞれのタンパク質に特有の立体構造が形成され，機能が発揮される．ここでは，タンパク質の構造を段階的に解説する．

a　一次構造

タンパク質を構成するアミノ酸の並び順は遺伝子によって規定されている．このアミノ酸の結合の順序を一次構造という．通常，アミノ末端から順番に記し，アミノ酸に番号をつける場合もアミノ末端のアミノ酸を1番とする．

b　二次構造

ある程度の数のアミノ酸が結合すると，一定の立体構造をとるようになってくる（図5.5）．実際にはペプチド鎖がらせん状の構造をとる場合（αヘリックス構造）や，シート状の構造をとる場合（βシート構造）がある．これらをタンパク質の二次構造という．αヘリックスでは，ペプチド鎖が右回りのらせん構造をとる．ペプチド結合に存在するC＝O基が4残基離れたペプチド結合中のN—H基との間で水素結合をするため，非常に安定な構造となる．αヘリックスでは，各アミノ酸の側鎖はヘリックスの外側を向いた形をとり，各ヘリックスのさまざまな化学特性を決定する．一方，βシート構造では，ポリペプチド鎖は伸びた状態にあり，隣接する別のポリペプチド鎖との間で，やはりC＝O基とN—H

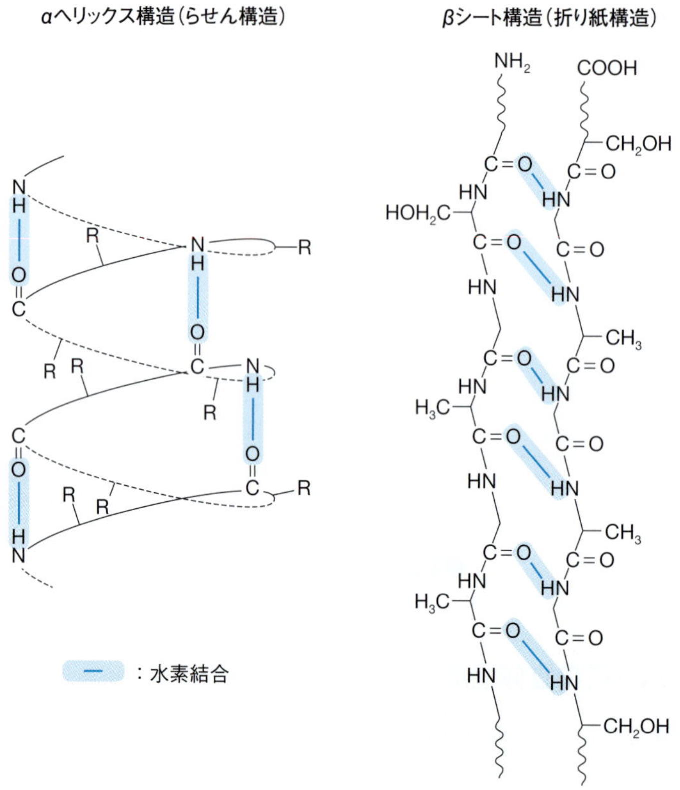

αヘリックス構造（らせん構造）　　βシート構造（折り紙構造）

―：水素結合

図5.5　タンパク質の二次構造

基との間で水素結合を形成する．これによって安定なシート状の構造をとる．

c 三次構造

　1本のポリペプチド鎖はある一定以上の長さになると，部分部分で折れ曲がりながら，先に解説した二次構造を形成しながら複雑に折りたたまれて詰め込まれた形状をとる．二次構造が組み合わさりコンパクトにまとまることで，それぞれ固有のタンパク質としての立体構造（三次構造）が形成される（図5.6）．この三次構造が形成されるためには，各二次構造や周辺のペプチド鎖部分がある一定の力で結びつく必要がある．これにはアミノ酸の側鎖が重要な役割を果たす．側鎖に含まれる水酸基どうしは水素結合を形成し，三次構造形成に重要な役割を果たす．このほかにも，酸性アミノ酸の側鎖に存在するカルボキシ基（解離型だと COO^-）と塩基性アミノ酸の側鎖に存在するアミノ基（解離型だと NH_3^+）の間で生じる静電結合，アミノ酸の疎水性側鎖（ベンゼン環など）どうしに生じる疎水結合なども非常に重要な役割を果たす（図5.7）．以上の結合はいずれも非共有結合である．

　タンパク質の三次構造の形成にはアミノ酸側鎖間の共有結合も非常に重要な役割を果たす．細胞外に分泌されるタンパク質の多くでは，構造内部において共有結合であるジスル

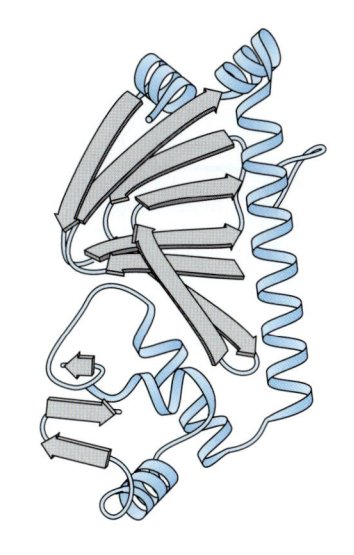

図5.6 タンパク質の三次構造

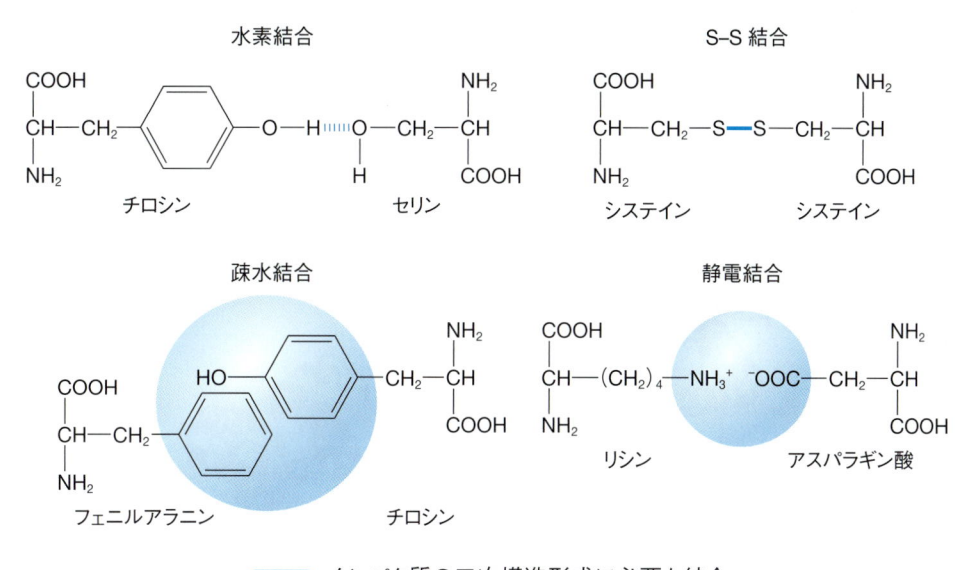

図5.7 タンパク質の三次構造形成に必要な結合

フィド結合（S—S）が形成されることで，折りたたまれた構造をとる（図5.8）．ジスルフィド結合は，ペプチド鎖中のシステイン残基のチオール基（—SH）の間で形成される結合であり非常に強固であるが，チオール基間での脱水素（酸化）により形成されるため，還元状況下にある細胞内のタンパク質にはほとんど見られない．

多くのタンパク質は周囲に水が存在する形で存在する．そのため，三次構造の周辺部には親水性のアミノ酸が多く，中心部には疎水性アミノ酸が多く存在する傾向がある．

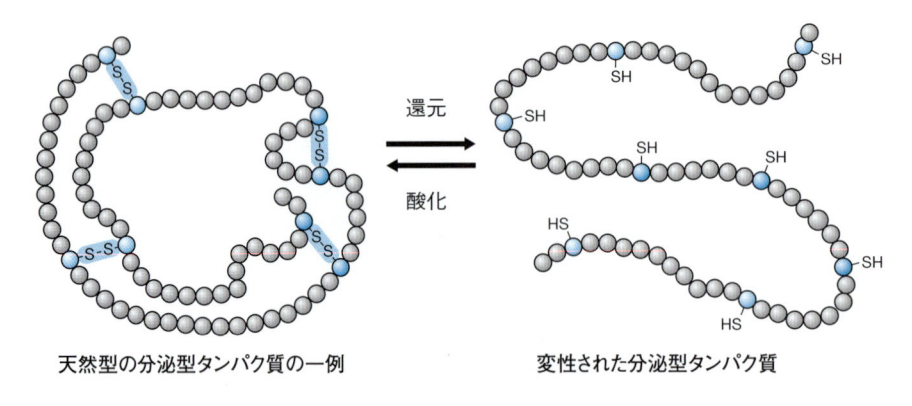

図5.8 ジスルフィド結合（S—S 結合）の形成

タンパク質の三次構造は図 5.6 に示すような，模式的な二次構造を元に記載される（リボンモデル）ことが多い．

d 四次構造

特有の三次構造をとったポリペプチド鎖が複数個集合し，最終的に機能するタンパク質が存在し，その全体構造を四次構造とよぶ．このようなタンパク質をオリゴマータンパク質とよび，各ポリペプチド鎖をサブユニットという．サブユニット間は水素結合や疎水結合などの非共有結合で結合している（図 5.9）．

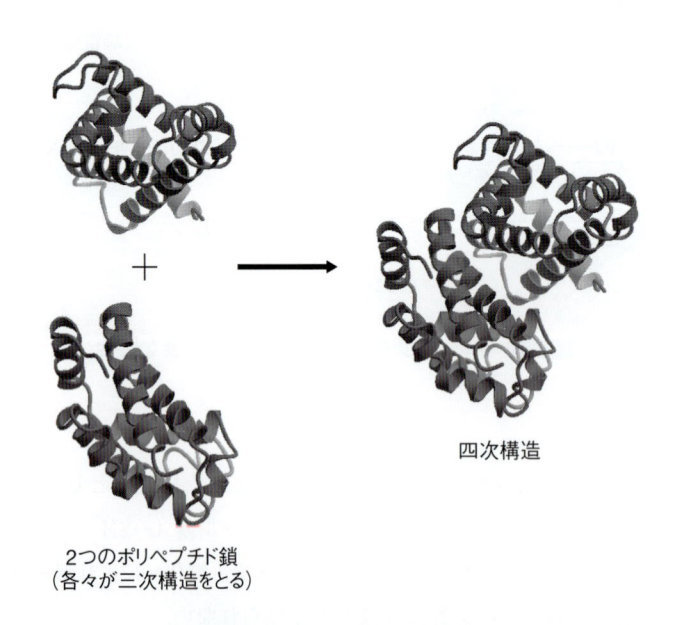

図5.9 タンパク質の四次構造
ラットヘモグロビンの立体構造を示した．2 つのポリペプチド鎖が立体的な三次構造をとり，互いに相互作用しながら会合体として機能する．

5.3 ヘモグロビンの構造と機能

前節までにタンパク質の基本構造について学んだが，ここでとくにタンパク質の代表として，ヘモグロビン（Hb）について説明する．

哺乳類の赤血球は分化の過程で核を失い，赤色のヘモグロビンが濃縮された袋になっているので色がついていることが目印となり，精製するのにとても優位であった．ヘモグロビンの結晶が初めて報告されたのは1840年である．また，ナタマメの種子からウレアーゼという酵素（尿素を加水分解する）が結晶化されたのは1926年である．

ヘモグロビンのタンパク質が赤色であることは，環境（pHなど）が変わることで色が変化したり，O_2存在下にあるヘモグロビン溶液を脱酸素状態におくと色が変化することなど，現在使われている器具（NMR，EPRなど）がなくともタンパク質として形が変わることを推論することができた．また，赤血球の形が変化した遺伝病（鎌状赤血球，p.57参照）も発見され，ヒトの遺伝学の研究の発展に大きく貢献した．X線によって立体構造が初めて解明されたのも，ヘモグロビン（$\alpha_2\beta_2$の四量体）とミオグロビン（単量体）が最も早かった．

A ヘム

ヘモグロビンタンパク質は4個のサブユニットと非共有結合ヘム（図5.10）を1つもち，ミオグロビン（Mb）は1個のサブユニットと非共有結合ヘムを1つもっている．このヘム部分はシトクロムやカタラーゼなど，ある種の酸化還元酵素に含まれるのと同じ種類の化合物である．血液が赤いのはこのヘムのためで，ヘモグロビン単量体が1分子のO_2と結合する部位である．ヘモグロビン，ミオグロビンのタンパク部をグロビンという．また，ヘムの中の複素環*系をポルフィリンという．

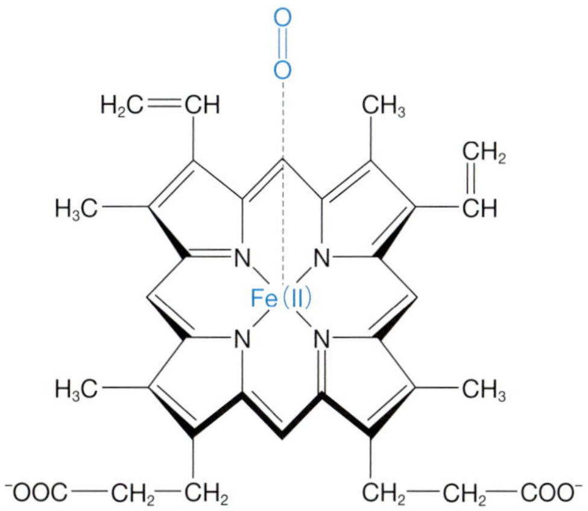

図5.10　ヘムの構造

用語　複素環…環構造内において，炭素以外の原子（N，O，P，Sなど）を含むもの．ヘテロ環ともいう．

ヘモグロビン，ミオグロビンでは，鉄原子は酸素が結合していてもいなくても Fe(II)（Fe^{2+} と書くこともある）の状態にある．一般に Fe(II) は O_2 と接すると Fe_2O_3(Fe(III)) となるが，生物はグロビンというタンパク質をつくりだして，Fe が二価のまま O_2 を運搬するようになったといってよい．

ヘモグロビンが酸化すると，二価の Fe が三価の Fe になって Fe(II) ヘムの電子状態が変わる．

CO，NO，H_2S などの小分子も，O_2 よりもヘモグロビンとミオグロビンの Fe(II) に強く結合する．このようにヘム部分と結合することを配位結合という．

B 酸素の結合

ヘモグロビンとミオグロビンの酸素解離曲線を比較すると，明らかに異なっていることがわかる（図5.11）．ヘモグロビンが O_2 を離す条件でもミオグロビンは結合したままである．この性質によってヘモグロビンとミオグロビンは巧みに酸素を肺から筋肉に運ぶことができるのである．

また，ヘモグロビンの酸素解離曲線がシグモイド型（S字形）であることは，非常に重要である．シグモイド型の解離曲線は，ヘモグロビンの結合部位に対して O_2 が協同的に結合することを示している．これは，ヘモグロビンに1つの O_2 が結合すると，次の O_2 に対する親和性が増すといえる．ミオグロビンはタンパク質の単量体で，ヘモグロビンは四量体として存在する．ミオグロビンは酸素と双曲線型で結合し，ヘモグロビンは酸素とシグモイド型結合をしていると表現する．

a ヘモグロビンは CO_2 も輸送する

ヘモグロビンは血液中で酸素の輸送だけでなく，二酸化炭素 CO_2 も輸送することができるしくみになっている．

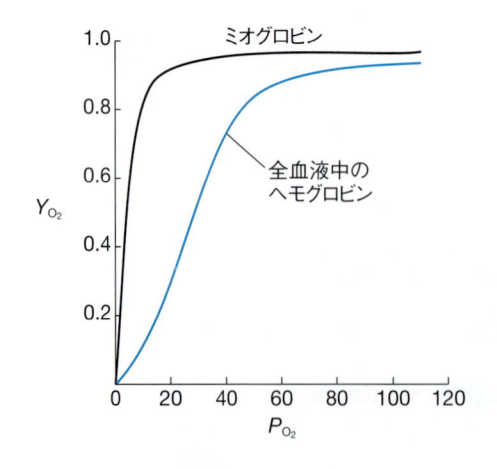

Mb は可逆的に O_2 と結合する．
$$Mb + O_2 \Leftrightarrow MbO_2$$
解離定数を K とすると
$$K = [Mb][O_2]/[MbO_2]$$
ミオグロビンに結合した O_2 の解離は飽和度 Y_{O_2} で表わされる．K の逆数
$$Y_{O_2} = [MbO_2]/[Mb][O_2]$$
O_2 は気体なので濃度を分圧 P_{O_2}（酸素分圧）で表わす．

図5.11 ヘモグロビンとミオグロビンの酸素解離曲線

$$\mathrm{Hb(O_2)_nH_x + O_2 \rightleftharpoons Hb(O_2)_{n+1} + xH^+}$$

ヘモグロビンは，生理的 pH で酸素と結合するとヘモグロビンタンパク質の形が変化して酸性が少し強まり，いくらかのプロトンを離す．上記の式で n = 0, 1, 2, 3 であり，生理的 pH では x ≒ 0.6 である．pH が高くなると（アルカリ性になる）プロトンが減少してヘモグロビンは酸素と結合しやすくなる．これをボーア効果*という．

b ボーア効果と酸素輸送促進

呼吸により O_2 が 1 分子が消費されるたびに，約 0.8 分子の CO_2 が組織から毛細血管に拡散する．CO_2 を炭酸水素イオン（HCO_3^-）に変える以下の反応，

$$\mathrm{CO_2 + H_2O \rightleftharpoons H^+ + HCO_3^-}$$

は遅いので，CO_2 の多くはそのままの形で血液に溶けている．この反応はカルボニックアンヒドラーゼという酵素が行う．P_{O_2}（O_2 の分圧）が低い毛細血管では炭酸水素イオン生成によって生じる H^+ がヘモグロビンに取り込まれる．そしてヘモグロビンは O_2 を離す．H^+ がヘモグロビンに取り込まれると炭酸水素イオンの生成が進み，血液は CO_2 を運びやすくなる．

逆に肺では P_{O_2} が高いので，ヘモグロビンに O_2 が結合するとボーア効果でプロトンが放出され，CO_2 を追い出すしくみになっている．

c 酸素結合と 2,3-BPG

単離・精製されたヘモグロビンは，全血中のヘモグロビンと比べると親和性がはるかに大きい（図 5.12）．この結果により，血液中には何かヘモグロビンと複合体をつくる物質が含まれていると考えられた．この物質を 2,3-BPG（2,3-ビスホスホグリセリン酸，図 5.13）といい，BPG がないとヘモグロビンは酸素をほとんど放出できない（図 5.14）．

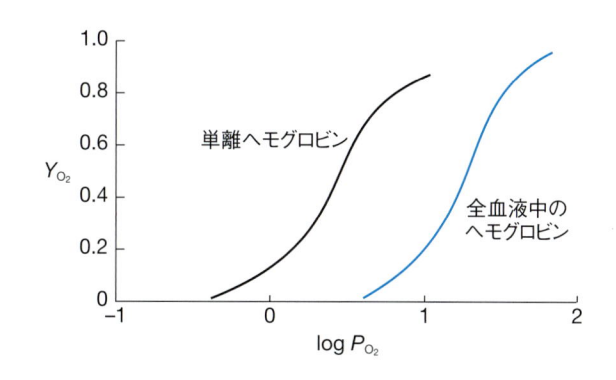

図5.12　単離ヘモグロビンは全血液中ヘモグロビンよりも親和性が高い

用語　発見者の Christian Bohr は原子物理学のパイオニアであった Niels Bohr の父である．

図5.13 2,3-BPG
（2,3-ビスホスホグリセリン酸）

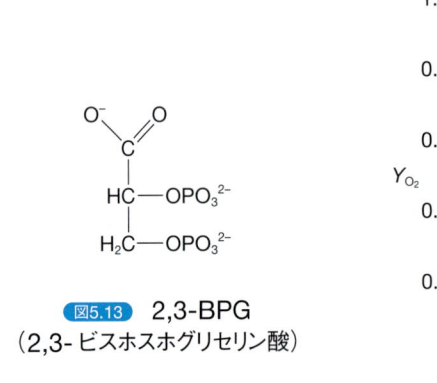

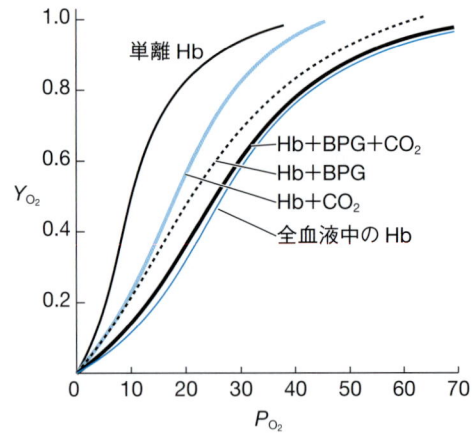

図5.14 ヘモグロビンにおけるBPGの作用

a 高所適応と2,3-BPGの濃度

登山に詳しい人は，高所適応力には個人差があることを知っている．高所適応すると赤血球内のヘモグロビン量および赤血球数が増加するが，これには普通数週間かかる．ある人は1日でもかなり適応できることがある．これは赤血球内の2,3-BPG濃度が急上昇するためである．2,3-BPG濃度が上昇するとP_{50}が高くなり，酸素結合親和性は減るので毛細血管に放出される酸素の量が増える．さまざまな原因で起こる貧血，心肺不全などの血液の酸素化が低下する低酸素症でも，2,3-BPG濃度が上がることが原因となっている．

b 胎児ヘモグロビンと2,3-BPG

胎児と大人ではヘモグロビンは異なっている．母親の胎内にいる時から出産を経て，空気中酸素を呼吸によって体内に取り入れることは，胎児にとって大事件である．この時，異なった遺伝子を使ってヘモグロビンをつくり，別の遺伝子からつくられるグロビンを基にしたヘモグロビンで生きてゆくことになる．

胎児のヘモグロビン（HbF，Fはfetal）は大人のヘモグロビン（HbA，Aはadult）より強い親和力をもっていて，酸素を母親のヘモグロビンから奪い取る．胎児へ酸素を供給する過程においても，2,3-BPGが働く．胎児と成人の赤血球の2,3-BPG濃度はほぼ同じだが，2,3-BPGはデオキシ*HbFよりデオキシHbAに強く結合する．そのため，HbFの方がO_2に対する親和性が強いことになるのである．

D 鎌状赤血球におけるヘモグロビンの異常

一般的に，遺伝子の異常頻度は必ずしも高くないが，鎌状赤血球ヘモグロビン（HbS）の場合は異なっている．たとえば，アメリカでは黒人の約10％，アフリカの黒人では25％

用語　デオキシ…酸素がとれた，脱酸素の．デオキシHbFは胎児ヘモグロビンにO_2が結合していないものを指す．

が異常遺伝子を1つもっている．HbSではアミノ酸の変化が起こっており，親水性のグルタミン酸がバリンに置き換わっている．その結果，赤血球が変形した鎌状赤血球（図5.15）になった患者は，苦痛，衰弱や致死的血流閉塞を伴う溶血性貧血に苦しむことになる．

ヘモグロビンの変異は860種類にもおよび，その約半分は表面にあるアミノ酸残基の変異で，機能に影響はなく無害である．HbSの場合，グルタミン酸→バリンの変化でデオキシHbSが14本の繊維をつくるため，赤血球の形が変化することになる．両親からこの変異をもらったホモ接合体はすべてのヘモグロビンがHbSであるが，ヘテロでは約40%がHbSであり，生活をするという点では正常人と同じ程度できるようである．赤血球の寿命は短い．たった1つのアミノ酸の変化で赤血球の形まで変化するのはきわめて稀である．

HbSは赤道アフリカ出身の子孫に多い．また，マラリアの分布とHbSの分布は一致している．HbS保因者はO_2に対する結合力が弱く，感染したマラリアに十分に酸素を供給できないので，マラリアに対する抵抗力が強く，感染しても死に至る割合が少ないことが明らかになった．これまで知られているかぎり，1つの変異により適応が正に働くダーウィン流の適者生存の良い例である．

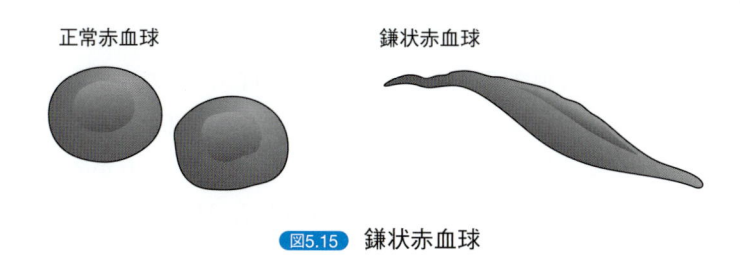

図5.15 鎌状赤血球

コラム マックス・ペルツ

マックス・ペルツはミオグロビンの立体構造を解明したケンドリューとともに1962年ノーベル化学賞を受賞した科学者である．ヘモグロビンの研究に一生を捧げた彼は著書の『Mechanisms of Cooperativity and Allosteric Regulation in Proteins』の緒言において，次のような言葉を残している．

　DNAの構造に生命の分子的基礎のすべてが書かれているというのが，現在の見方である．しかし，DNAやRNAは少数の例外を除いて化学的に不活性である．細胞で実際に仕事を担っているのはタンパク質である．タンパク質は触媒（酵素）として，また遺伝子の制御因子，ポンプあるいはモーター，受容体（レセプター）あるいは変換器，貯蔵物質あるいは輸送担体，骨格あるいは壁，毒素あるいは解毒物質，電動体あるいは絶縁体などとして種々の機能をはたしている．

（中略）

　私はパスツール研究所のMonodと連絡をとり合っていた．彼は1年前にパターリン投影図で反応性スルフィド基に結合した水銀原子が脱酵素時に6Åも離れることを聞いた時から興奮していたのだった．これがタンパク質は四次構造変化が起きることの最初の実験結果で，Monodはそれが確認されたことを喜んでいた．（中略）

　将来，化学エネルギーがどのようにして運動に変換されるのかをはじめ色々なタンパクの構造と機能の研究が実をむすぶことを期待している…．

写真提供：UPI＝共同

まとめ

① タンパク質はアミノ酸がポリペプチド結合によって結合した分子である．

② タンパク質の大きさによる分類
- ペプチド：アミノ酸が数個結合した分子
- オリゴペプチド：アミノ酸が十個程度結合した分子
- ポリペプチド：アミノ酸が多数結合した分子

③ タンパク質の機能による分類
- 酵素：化学反応を触媒する機能
- 構造タンパク質：細胞外に局在し，組織の強度や弾性維持に機能
- 輸送タンパク質：生体内での物質の輸送に機能
- 調節タンパク質：ペプチドホルモンなど，標的細胞の生理機能を制御
- 防御タンパク質：免疫グロブリンなど，生体防御に機能

④ タンパク質を構成するアミノ酸

全20種類あり，カルボキシ基とアミノ基を有する両性電解質．

⑤ アミノ酸の分類（化学的な性質による分類）

酸性アミノ酸，塩基性アミノ酸，親水性アミノ酸，疎水性アミノ酸

⑥ アミノ酸の分類（栄養学的な分類）

必須アミノ酸，非必須アミノ酸

⑦ タンパク質の基本構造

1つのアミノ酸のアミノ基が他のアミノ酸のカルボキシ基を脱水縮合し，ペプチド結合を形成した構造．ペプチドの端に存在し，アミノ基が残る部分をアミノ末端，カルボキシ基が残る部分をカルボキシ基末端とよぶ．

⑧ タンパク質の立体構造
- 一次構造：アミノ酸の並び順．遺伝子によって規定されている．
- 二次構造：複数個のアミノ酸が結合したレベルでとる一定の構造．らせん状の構造であるαヘリックス構造や，シート状の構造であるβシート構造などがある．アミノ酸側鎖間の水素結合が二次構造を作る際に重要な役割を果たす．
- 三次構造：各種の二次構造部分やペプチド鎖が水素結合，静電結合，疎水結合，ジスルフィド結合などにより，結合することでタンパク質が折りたたまれて形成する立体構造．
- 四次構造：特定の三次構造をとったポリペプチド鎖が複数個集合することで，機能するオリゴマータンパク質が最終的に形成する全体構造．

第6章 脂質

6.1 脂質の一般的性質と分類

"脂質（lipid）"は，英語の lipid, lipide, lipoid, lipin, fat に対応する日本語である．脂質にはステロイド，カロテノイド，テルペノイドを含めることもあるが，生化学的にはこれらは除いて狭義にとっているので，それに従うことにする．脂質には以下の性質があげられる（例外もある）．

1) 水に不溶だが，エーテル，ベンゼン，クロロホルムのような脂肪溶剤に溶ける
2) 加水分解により脂肪酸を遊離する
3) 生物体により利用される

　親和性の少ない非極性基（疎水基）が水溶液中で互いに集まろうとする傾向のことを疎水性（相互作用）という．疎水結合ともいう．球状タンパク質の立体構造は疎水基が分子の内部に，親水基が表面に位置するようになっており，生合成された1本のポリペプチド鎖が折りたたまれるにあたって疎水性相互作用が重要な役割をはたしている．

　生体内の脂質は，タンパク質との複合体であるリポタンパク質として，輸送されたり，脂質分子間の疎水性相互作用によって分子集合体を形成している．脂肪細胞の細胞質中に大きな油滴として蓄積されているのはこの一例である．

　生体膜を構成する複合脂質分子（表6.1）の特徴は，分子内に疎水性部分と親水性部分をもつ両親媒性を示すことで，親水性部位を表面に，疎水性部位を内側にしてミセルやリポソームとよばれる分子集合体をつくって水溶液中に分散できる（図6.1）．

　リポソームは水溶中にリン脂質や糖脂質を懸濁させて人工的につくった膜小胞であり，その膜は脂質二重（2分子）層からなる．脂質二重層は細胞膜や細胞内の諸器官，核，ミトコンドリア，小胞体，ゴルジ装置（ゴルジ体）などの膜の基本構造である．

　セッケンや界面活性剤など両親媒性分子は，水に溶かすとミセルを形成する．ミセルをつくると疎水性の炭化水素部分（尾部）は水に触れず，親水性の頭部だけは水和できるためである．尾部が大きな脂質はミセルを形成しやすい．セッケンは高級脂肪酸，あるいはその混合物のナトリウム塩であり，最も古くから用いられているアニオン界面活性剤である．分子式は RCOONa（R はアルキル基）で表わされる．このセッケンのように尾部が1本の両親媒性物質は球状のミセルをつくるが，それは水和した頭部の方が大きい円錐状の分子であるためである．

　また，グリセロリン脂質，スフィンゴ脂質（p.65 参照）は二分子膜をつくる．この2つの脂質の分子は円筒に近い形をしている．このような分子は大きな円盤状のミセルをつくり，広がって膜を形成する．

　脂肪はエネルギー貯蔵物質として重要であるばかりでなく，細胞膜の構成成分としても重要なはたらきをしている．

表6.1 脂質の分類

	構造による細別	主な化合物	主な機能
単純脂質	脂肪酸とグリセロールのエステル	トリアシルグリセロール（トリグリセリド）	脂肪細胞や種子中に貯蔵される．分解されてエネルギー源となる
	脂肪酸と長鎖第1級アルコールのエステル	ろう（ワックス）	体表面を保護し，耐水性を与える
	脂肪酸とコレステロールのエステル	コレステロールエステル	リポタンパク質に含まれるコレステロールの運搬形態．細胞内のコレステロールの貯蔵形態でもある．動脈硬化の原因にもなる．
	コレステロールとその代謝生成物	コレステロール，各種ステロイド，ビタミンD	生体膜の構成成分．ホルモン作用など
	β-カロテンとその代謝生成物	ビタミンA，β-カロテン，レチナールなど	視物質中の発色団となる．細胞の増殖や分化の引き金ともなる
	ポリイソプレノール	ドリコール	糖タンパク質生合成の脂質中間体の成分となる
	エイコサノイド	プロスタグランジン，ロイコトリエン	局所ホルモンとして作用
複合脂質	グリセロリン脂質	種々のホスホグリセリドなど	生体膜の構成成分となる．酵素活性の調節に関与する場合もある
	スフィンゴリン脂質	スフィンゴミエリン	生体膜の構成成分
	グリセロ糖脂質	ガラクトリピド，スルホリピド	生体膜の構成成分（とくに葉緑体のチラコイド膜）
	スフィンゴ糖脂質	セレブロシド，ガングリオシド	生体膜の構成成分（とくに細胞膜）として細胞間の接着やウイルスのレセプター，細胞の表面抗原などとして働く

（小野寺一清ら編，『生物化学』，朝倉書店，表 5.1，p.48 を参考にして作成）

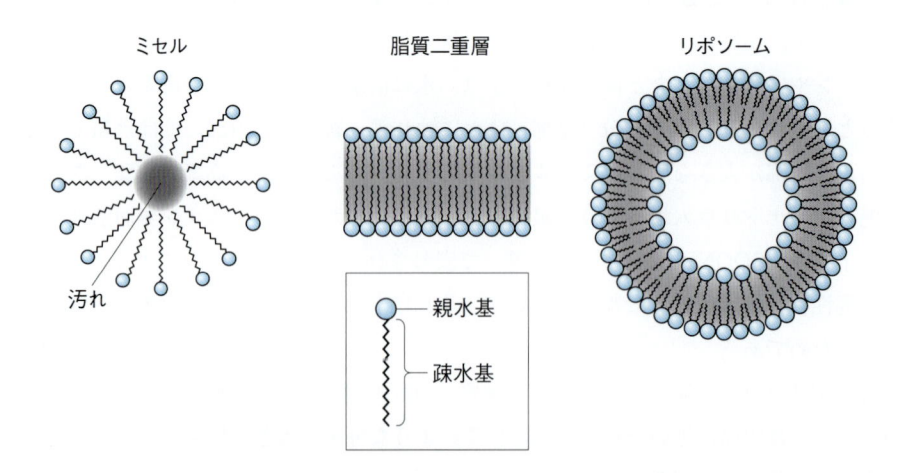

図6.1 ミセル，脂質二重層，リポソームの構造

脂質はクロロホルムなどの有機溶媒に溶けるが，水にはほとんど溶けない．また，脂質は有機溶媒で抽出することによって容易に他の成分から分けられ，吸着クロマトグラフィー，薄層クロマトグラフィー，逆相クロマトグラフィーなどでさらに分画することができる．油脂，ある種のビタミンやホルモンとして働くものもあり，タンパク質以外の生体膜成分の大部分は脂質である．

A 脂肪酸

長い炭化水素鎖をもつカルボン酸を脂肪酸という（図6.2）．天然には遊離なものはほとんどなく，多くはエステルとして存在する．基本的な脂肪酸を表6.2にまとめた．

(A) 飽和脂肪酸

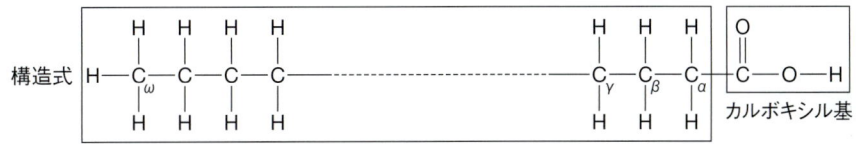

示性式　例：ステアリン酸（C_{18}）　$CH_3(CH_2)_{16}COOH$

(B) 不飽和脂肪酸

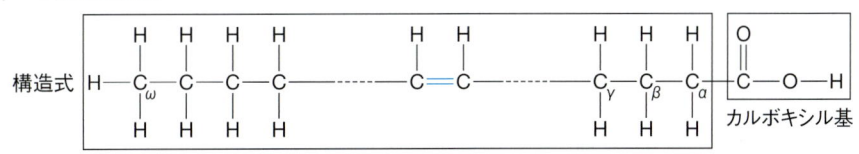

示性式　例：オレイン酸（C_{18}）（二重結合の数 1）　$CH_3(CH_2)_7CH=CH(CH_2)_7COOH$

図6.2 飽和脂肪酸（A）と不飽和脂肪酸（B）の基本構造

表6.2 一般的な脂肪酸

分類	名前	構造	二重結合の数	炭素数
飽和脂肪酸	ラウリン酸	$CH_3(CH_2)_{10}COOH$	0	12
	パルミチン酸	$CH_3(CH_2)_{14}COOH$	0	16
	ステアリン酸	$CH_3(CH_2)_{16}COOH$	0	18
不飽和脂肪酸	パルミトレイン酸	$CH_3(CH_2)_5CH=CH(CH_2)_7COOH$	1	16
	オレイン酸	$CH_3(CH_2)_7CH=CH(CH_2)_7COOH$	1	18
	リノール酸	$CH_3(CH_2)_4(CH=CHCH_2)_2(CH_2)_6COOH$	2	18
	α-リノレン酸	$CH_3CH_2(CH=CHCH_2)_3(CH_2)_6COOH$	3	18
	アラキドン酸	$CH_3(CH_2)_4(CH=CHCH_2)_4(CH_2)_2COOH$	4	20

高等動植物に最も多い脂肪酸は C_{16} のパルミチン酸，および C_{18} のオレイン酸，リノール酸，ステアリン酸である．生体に炭素数が偶数の脂肪酸が多いのは，C_2 単位がつながって生合成されるためである．

脂肪酸の物理的性質は，不飽和結合の数により決まる．不飽和結合が1つの時は，不飽和結合の位置はカルボキシ炭素（—COOH）から数えて C_9 と C_{10} の間にある（Δ^9 または 9-二重結合と表現される）．二重結合が2つ以上のときは，メチル末端に向かって3つ目ごとに（—CH＝CH—CH$_2$—CH＝CH—）不飽和結合があるのが普通で，共役二重結合（—CH＝CH—CH＝CH—）はほとんどない．

飽和脂肪酸分子は C—C 結合が自由回転できるため曲がりやすく，いろいろなコンホメーション（立体構造）をとる．分子量が大きいものほど融点が高い．

脂肪酸の二重結合はシス形であり，炭化水素鎖はそこで30°曲がる（図3.5参照）．このため，脂肪酸の融点は二重結合が多いものほど低い．成分脂肪酸の不飽和度が増すと脂質の流動性が増す．後に述べる生体膜の性質と多くの関わりが生じる原因となっている．

B トリアシルグリセロール

動植物の脂肪または油の多くは，トリアシルグリセロール（トリグリセリド，中性脂肪ともいう）の混合物，すなわちグリセロールの脂肪酸とエステル結合しており，非極性，水に不溶である（図6.3）．トリアシルグリセロールは動物のエネルギー貯蔵物質で，量的に最も多い脂質であるが，生体膜には含まれていない．

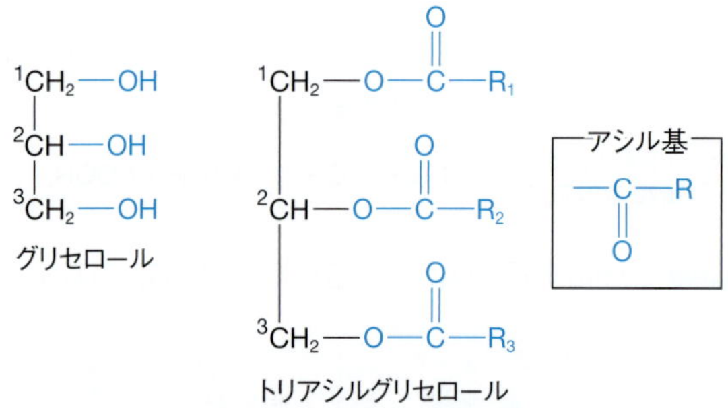

図6.3 グリセロールとトリアシルグリセロール

C スフィンゴ脂質

スフィンゴ脂質は主な生体膜成分で，C_{18} アミノアルコールであるスフィンゴシン，ジヒドロスフィンゴシンの誘導体およびその C_{16}, C_{17}, C_{19}, C_{20} の同族体である．これ以降，これらの N-アシル誘導体をセラミドという（図6.4）．

セラミドは動植物組織にわずかしかないが，より大量に存在するスフィンゴ脂質の前駆体である．

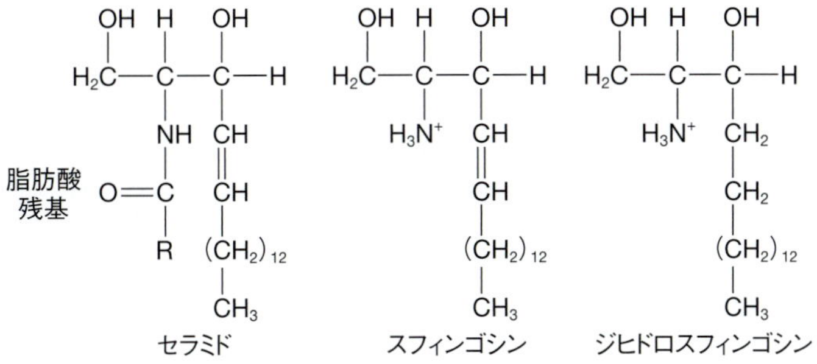

図6.4 セラミド

a スフィンゴミエリン

スフィンゴミエリン（図6.5）は神経細胞の軸索を取り囲んでいる．電気的に絶縁するミエリン鞘にはスフィンゴミエリンが多い．

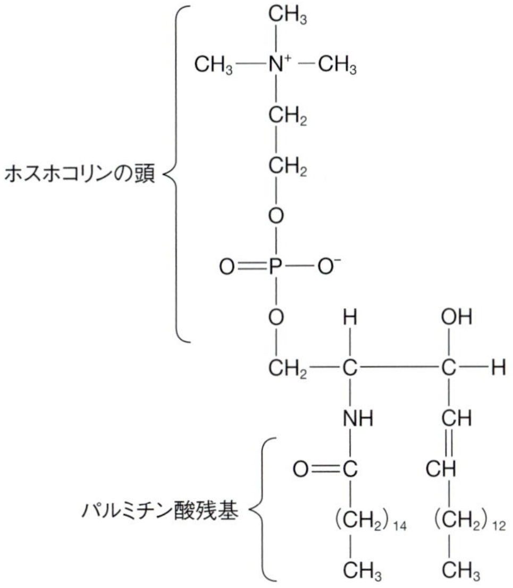

図6.5 スフィンゴミエリン

b セレブロシド

セレブロシドは最も簡単なスフィンゴ糖脂質で，ガラクトセレブロシド（図6.6）は脳の神経細胞の膜に多く，頭の糖が β-D-ガラクトースである．

β-D-ガラクトースの代わりに β-D-グルコースをもつのがグリコセレブロシドで，リン脂質と異なりリン酸がないので非イオン性である．

6-1 脂質の一般的性質と分類 ● 65

図6.6 ガラクトセレブロシド

C ガングリオシド

　最も複雑なスフィンゴ糖脂質で，オリゴ糖をもつセラミドである．糖残基の少なくとも1つがシアル酸である．

　ガングリオシドは生理的，医学的に重要である．複雑な糖鎖が細胞表面から膜を突き出し，生理機能を調節している．コレラトキシンなど細菌の毒素タンパク質に対する受容体もガングリオシドである．ガングリオシドの代謝異常はテイ・サックス病*など遺伝性スフィンゴ脂質蓄積症を起こす．

D コレステロール

　シクロペンタノペルヒドロフェナントレン（図6.7A）誘導体を総称してステロイドとよび，生物では主として真核細胞に存在している．種々のステロイドのうち，コレステロー

(A) シクロペンタノペルヒドロフェナントレン

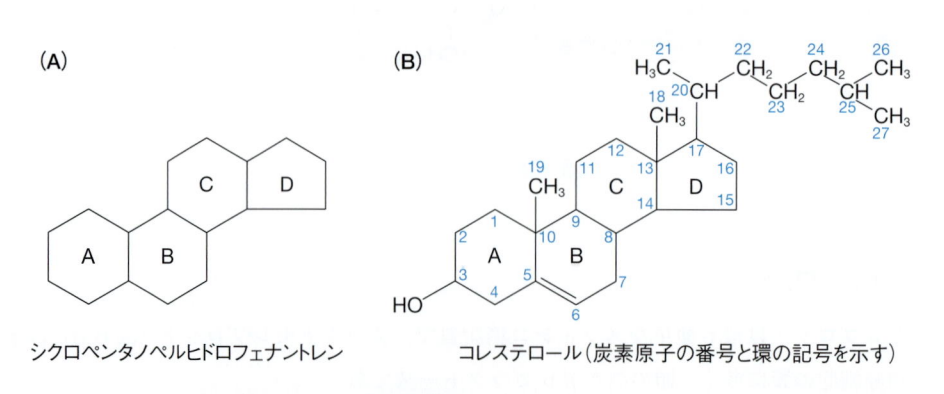

(B) コレステロール（炭素原子の番号と環の記号を示す）

図6.7 ステロイド

> **用語** テイ・サックス病…乳児期からの発達停滞，筋緊張低下などの症状を示す．

ル（図 6.7B）は動物に最も多いステロイドで，C_3—OH と C_{17} に枝分かれした炭素数 4〜10 個の脂肪族側鎖がある．植物にはコレステロールはほとんどない．コレステロールは，性徴の発達や糖代謝，種々の生体機能を調節するステロイドホルモンの前駆体となる，心臓病との関係など，生体内でさまざまな特徴を示す．

6.2 生体膜

生体膜は脂質，複合タンパク質が組織的に集合したもので，生物の基本となる細胞膜の基本構造の 1 つである．生体膜は脂質二分子膜にタンパク質が加わったものであるが，生体膜の特殊な機能に直接関与しているのは膜タンパク質である．細胞内の膜にかぎらず，細胞の種類によって膜構造は多様である*．

A グリセロリン脂質（ホスホグリセリド）

グリセロリン脂質は生体膜の主な脂質成分で，化学的には sn-グリセロール 3-リン酸の誘導体である（図 6.8）．1 つの分子中に脂質としての性質をもつ部分（非極性）である'尾部'と，親水性（極性）であるリン酸—X という'頭部'をもっている．脂質と水に親和をもっているので両親媒性分子である．X=H の場合はホスファチジン酸という．生体膜にあるのは表 6.3 に示す極性アルコールで，C_1 につくのは通常 C_{16} または C_{18} の飽和脂肪酸，C_2 につくのは C_{16}〜C_{20} の不飽和脂肪酸である．

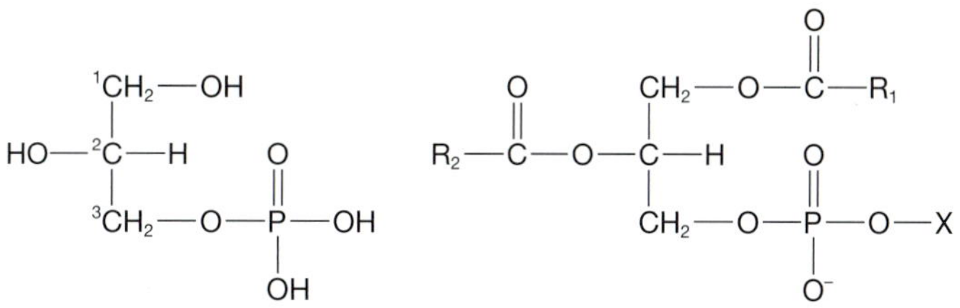

図6.8 sn-グリセロール 3-リン酸とグリセロリン脂質

[用語] 赤血球膜は構造が簡単で入手しやすい．哺乳類の成熟赤血球には細胞小器官がなく，代謝もほとんどしないといってよいので，赤血球膜はヘモグロビンを入れる袋と考えてもよいだろう．したがって赤血球膜を集めるには，浸透圧で溶血させ中味を出してしまえばよい．このようにして得られた膜を赤血球のゴーストという．

表6.3 グリセロリン脂質

−Xの構造	リン脂質の名前
—H	ホスファチジン酸
—CH$_2$CH$_2$NH$_3^+$	ホスファチジルエタノールアミン
—CH$_2$CH$_2$N(CH$_3$)$_3^+$	ホスファチジルコリン (レシチン)
—CH$_2$CH(NH$_3^+$)COO$^-$	ホスファチジルセリン
(イノシトール環構造)	ホスファチジルイノシトール
—CH$_2$CH(OH)CH$_2$OH	ホスファチジルグリセロール
—CH$_2$CH(OH)CH$_2$—O—P(O$^-$)(=O)—O—CH$_2$—CH(O—CO—R$_4$)—CH$_2$—O—CO—R$_3$	ジホスファチジルグリセロール (カルジオリピン)

B 脂質結合タンパク質

　脂質とタンパク質は共有結合でつながり，脂質結合タンパク質となる．脂質部分がタンパク質を膜につなぎとめるアンカー（錨）となり，タンパク質間の相互作用を仲介する．GPI（グリコシルホスファチジルイノシトール）結合タンパク質の構造を図6.9に示す．

　膜の構造は流動的である．膜は油の部分と水溶性の部分とで形成される1つの複合体である．かなりの流動性をもっていると想像されていたが，実験的に示されたのはそれほど古いことではない．ここでは，Michael Edidinの実験とよばれる代表的な例を示す．

　マウスの培養細胞とヒトの細胞をセンダイウイルスを使うと2つの細胞が合体した細胞になる．これを異核共存体（ヘテロカリオン）という（図6.10）．これに緑の蛍光物質でラベルしたマウスの膜タンパク質に対する抗体と，赤色の蛍光物質でラベルしたヒトの膜タンパク質に対する抗体でヘテロカリオンを染めて蛍光顕微鏡で見ると緑の部分と赤の部分は分かれているが，37℃・40分後には2つのタンパク質は完全に混合する．代謝の阻害剤やタンパク質合成阻害剤を加えてもこの混合になんら影響を与えない．15℃にすると混合の速さが遅くなるだけである．このことはタンパク質が膜を横方向に拡散していることを示す．この速さは膜内を移動する脂質の移動に比べて1桁遅い速さで面内を水平に自由に動き回っていることを示す．

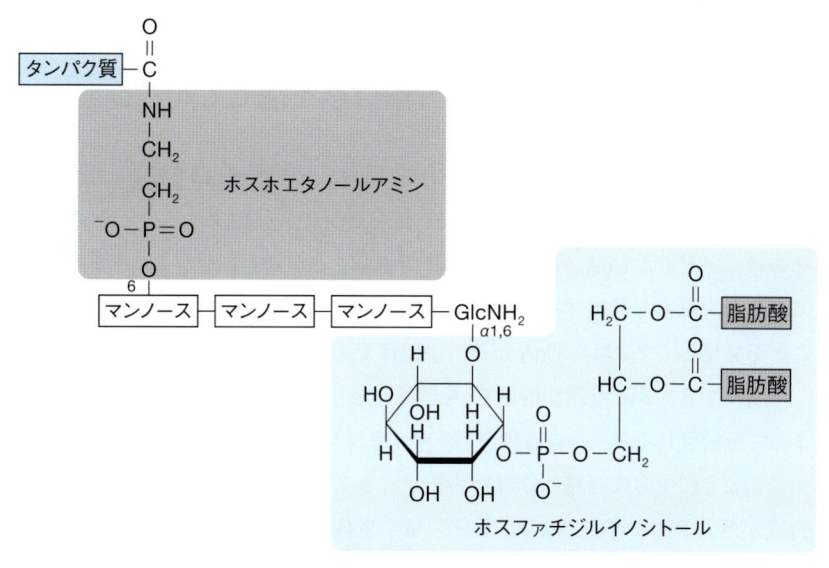

タンパク質，脂質，多糖が化学結合でつながってできている．

図6.9 脂質結合タンパク質の例

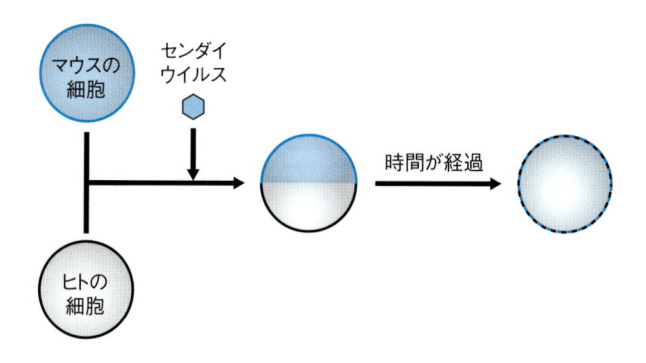

図6.10 ヘテロカリオンの作製

コラム 脂質の合成と分解は膜を隔てて起こる

脂肪酸は C_2 化合物の縮合で合成される．ブロック（Konrad Bloch）は同位体ラベルを用いて，縮合する単位が酢酸（CH_3COOH）に由来することを示した．その後，アセチル CoA が縮合の前駆体であることが判明したが，ワキル（Salih Wakil）が 1950 年代後半に，脂肪酸合成に HCO_3^-（炭酸イオン）が必要であることを発見し，マロニル CoA がその中間体であることを証明した．

一方，できあがった脂肪酸は CoA 誘導体としてミトコンドリアで酸化反応によって分解されるが，合成は細胞質（サイトゾル）で起こっている．

このように生合成経路と分解経路を分けることで，同じ生理条件下で分解と合成が熱力学的に可能になり，反応の場が生体膜をへだてて両側で起こることによって，分解と生合成は別々に制御されることが可能になっている．

脂質は糖質とは異なった方法で生合成されていて，分子集合体としての膜構造としてミトコンドリアの膜と葉緑体の膜チラコイドを形成していることが理解してもらえたであろうか．

まとめ

　脂質は水に溶けず，油によく溶ける．水と油もまたたがいになじまない．このことを理解するために，疎水性，親水性という語になれる必要がある．

❶ 疎水性
　ある物質が水との間の相互作用や親和力が弱いこと．またこのようなコロイド粒子系を疎水コロイドという．親水性とは逆の意味をもつ言葉である．

❷ 疎水性タンパク質
　水に溶けにくいタンパク質を疎水性タンパク質という．一般にこれらのタンパク質では，構成アミノ酸に占める疎水性残基（バリン，ロイシン，イソロイシン，メチオニン，フェニルアラニンなど）の割合が高い．

❸ 生体膜と脂質
　細胞には原核細胞と真核細胞があるが，これは主に膜構造の複雑さによる．生体膜こそ脂質と生物を結びつける分子構造といっても過言ではない．生体膜は厚さ7 nmほどの薄い膜で，細胞膜のように1つの細胞を外側と内側に区切るための膜でもある．また，ミトコンドリアや葉緑体などのような特殊な反応を可能にする細胞内小器官にも複雑な膜をもつものがある．

❹ 脂質の種類と構造
　多くの脂質は，脂肪酸と特定の化合物がエステル結合によって結ばれた構造をしている．

- 脂肪酸：炭化水素鎖の末端にカルボキシ基をもつ化合物．二重結合をもたないものを飽和脂肪酸，二重結合をもつものを不飽和脂肪酸とよぶ．多くの脂質の構成成分となる．
- 中性脂肪：グリセロールの3個の水酸基に，3分子の脂肪酸がエステル結合した化合物．エネルギーの貯蔵物質として機能．
- グリセロリン脂質：グリセロールに2分子の脂肪酸がエステル結合した化合物．グリセロール中に残されたもう1つの水酸基には，リン酸および親水性の化合物が結合している．生体膜の主要成分．
- スフィンゴ脂質：C_{18}アミノアルコールであるスフィンゴシン誘導体を指す．セラミドなどが代表的な化合物で，生体膜の成分として機能．
- コレステロール：ステロイド骨格をもつ化合物．ステロイドホルモンの前駆体となるとともに，生体膜の成分としても機能する．

第7章 核酸

核酸とは，4種類のヌクレオチドが多数重合してできた化合物である．核から単離された酸性化合物であるため，核酸とよばれるようになった．核酸には大きく分けてDNA（デオキシリボ核酸）とRNA（リボ核酸）の2種類があり，それぞれ機能が異なる．

7-1 DNA，RNAとは

DNAは，遺伝情報の貯蔵，伝達，発現のために機能する化合物である．DNAにおいては，タンパク質のアミノ酸配列（並び順）をヌクレオチド配列の形で情報として保存する．すなわちDNAの構造（ヌクレオチドの並び方）そのものが遺伝情報となる．細胞分裂の際には，DNAは複製され，まったく同じヌクレオチド配列を有したコピーがつくられ，娘細胞に伝わる（図7.1）．したがって，1つの受精卵から発生した個体の体を構成するすべての細胞のDNAのヌクレオチド配列は基本的に同じとなる．また，受精時には両親より半分ずつDNAを受け継ぐ．これにより，子は親のヌクレオチド配列と極めて近い配列をもつこととなり，さまざまな形質が親子間で似ることとの基盤となっている．

RNAは，DNAに保存されているヌクレオチド配列情報（遺伝情報）を基に，実際にタンパク質を合成する際に利用される化合物である．細胞内には機能の異なる3種類のRNAが存在し，それぞれタンパク質合成のために重要な機能を果たす．遺伝情報からタンパク質が合成される際には，まず核内に存在するDNAの中で，特定のタンパク質のアミノ酸配列情報を有したヌクレオチド配列部分を写し取ったmRNA（メッセンジャーRNA：伝令RNA）が合成される．このmRNAがリボソームとよばれる細胞内小器官に運ばれ，目的のタンパク質が合成される（図7.2）．すなわち，mRNAはタンパク質合成のための鋳型として機能する．このリボソームは，何本ものrRNA（リボソームRNA）とタンパク質からつくられた構造体である．このリボソームにタンパク質の構成要素となるアミノ酸を運ぶ役割を果たしているのが，tRNA（運搬RNA）であり，これらが協調して機能することで，遺伝子から目的のタンパク質が合成される．

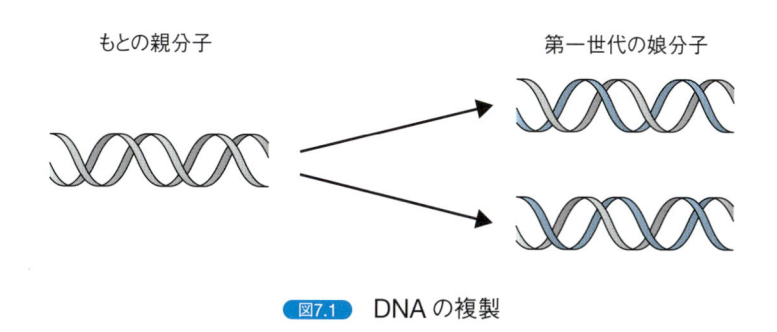

もとの親分子　　　　　　　第一世代の娘分子

図7.1 DNAの複製

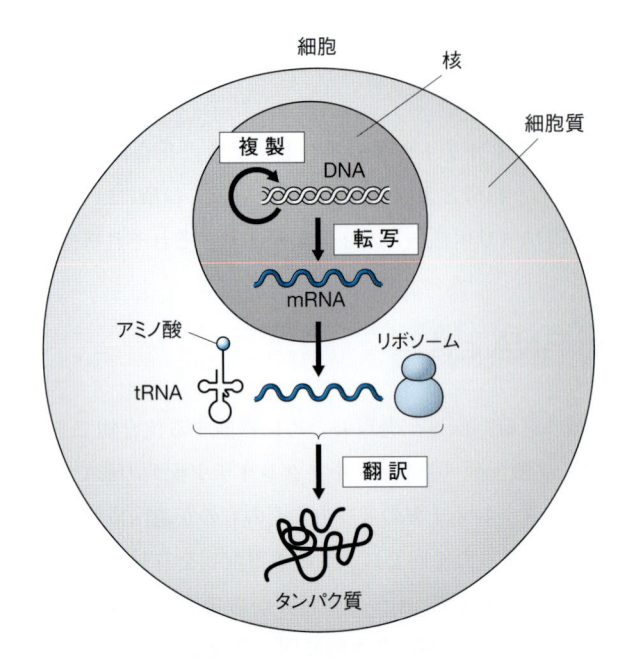

図7.2 DNA の複製からタンパク質の合成まで

7.2 核酸の基本構造

核酸は，ヌクレオチドがホスホジエステル結合により重合した化合物である．基本要素となるヌクレオチドは5種類存在するが，いずれも基本的な構造は同一である．すなわち，リン酸と糖（五炭糖）と塩基が結合した構造をとる（図7.3A）．塩基と糖が結合した部分をヌクレオシドとよぶ．RNA を構成するヌクレオチド中の糖はリボースであり，DNA を構成するヌクレオチド中の糖はリボースの2位の位置の炭素に結合した水酸基が水素に置

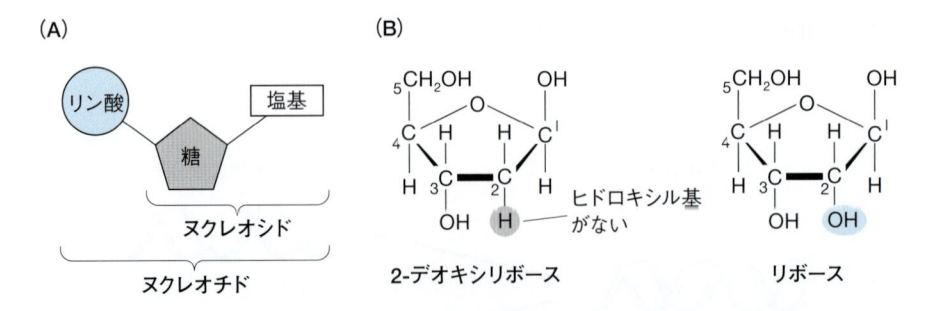

図7.3 （A）ヌクレオシドとヌクレオチドの構造，（B）デオキシリボースとリボースの違い
RNA を構成するリボヌクレオチドに含まれるリボースと，DNA を構成するデオキシリボヌクレオチドに含まれるデオキシリボース

き換わったデオキシリボースである（図7.3B）．DNA と RNA の名称はこれらの糖の名称を反映している．

　DNA であっても RNA であってもヌクレオチドの重合様式はまったく同じであり，糖の 3 位の水酸基と，別のヌクレオチドの 5 位のリン酸基の間でホスホジエステル結合が形成されている（図7.4）．これにより糖とリン酸が交互に並んだ骨格が形成され，各糖の 1 位の炭素原子にさまざまな塩基が結合し飛び出た構造となる．このようにつながれたヌクレオチド鎖には方向性があり，両端は異なった構造をしている．ヌクレオチド鎖の一方の端のヌクレオチドにはヌクレオチドの結合に関与しないリン酸基があり，他方の端には糖の 3 位の水酸基がそのままの形で存在している．したがって，ヌクレオチド鎖には方向性が存在し，前者を 5′ 末端，後者を 3′ 末端とよぶ．

A　塩基

　ヌクレオチドに含まれる塩基はいずれも，ピリミジン，プリンといった窒素原子を含む環式化合物の置換体である（図7.5）．ともに

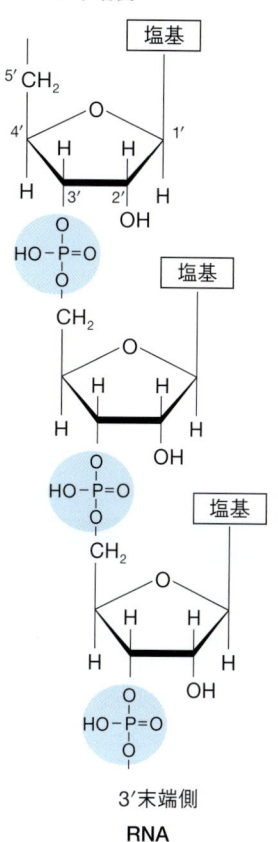

図7.4　ヌクレオチドを結ぶホスホジエステル結合
ヌクレオチド鎖には方向性があることに注意．

図7.5　プリン塩基とピリミジン塩基

7-2 核酸の基本構造 ● 75

共役二重結合を含む不飽和化合物であり，紫外線を吸収する特性をもつ．このため，核酸の検出や定量には紫外線吸収を用いることが可能となる．プリンと同じ骨格をもつ核酸塩基としては，アデニンとグアニン，ピリミジンと同じ骨格をもつ核酸塩基としては，シトシン，ウラシル，チミンが存在する．プリンの場合は，9位の窒素原子がペントースの1位の炭素原子と，ピリミジンの場合には1位の窒素原子がペントースの1位の炭素原子と結合している．DNAはアデニン，グアニン，シトシン，チミンが含まれ，RNAにはアデニン，グアニン，シトシン，ウラシルが含まれる．なお，これらの塩基に化学的な修飾が入った塩基もわずかではあるが存在する．

これらの塩基の名称，対応するヌクレオシド，ヌクレオチドをまとめたものを表7.1に示す．

表7.1 核酸の構成要素の名称

	塩基	ヌクレオシド	ヌクレオチド（ヌクレオシド-リン酸）
DNA	アデニン	デオキシアデノシン	デオキシアデノシン5′-リン酸（dAMP）
	チミン	デオキシチミジン	デオキシチミジン5′-リン酸（dTMP）
	グアニン	デオキシグアノシン	デオキシグアノシン5′-リン酸（dGMP）
	シトシン	デオキシシチジン	デオキシシチジン5′-リン酸（dCMP）
RNA	アデニン	アデノシン	アデノシン5′-リン酸（AMP）
	ウラシル	ウリジン	ウリジン5′-リン酸（UMP）
	グアニン	グアノシン	グアノシン5′-リン酸（GMP）
	シトシン	シチジン	シチジン5′-リン酸（CMP）

B ヌクレオチドの機能

ヌクレオチドは核酸の構成成分として遺伝情報を伝える化合物として機能するほかにも，生体内において極めて重要な役割を果たしている．最も代表的な機能として，リン酸基が3つつながって結合したヌクレオシド三リン酸が高エネルギーリン酸化合物として機能することがあげられる．アデノシン三リン酸（ATP）は最も有名な高エネルギー化合物であり，食物として摂取した栄養素から得られたエネルギーを化学エネルギーとして分子内に蓄えることが可能である（図7.6）．ATPが二リン酸型であるADPに分解する際に放出されるエネルギーが生体内の実際の多くの化学反応で利用されている．ATP以外でも，グアノシン三リン酸（GTP），ウラシル三リン酸（UTP），シトシン三リン酸（CTP）はいずれも高エネルギーリン酸化合物として機能する．このことは，核酸合成の面から非常に重要である．DNAやRNAが細胞内で合成される際には，それぞれのヌクレオシド三リン酸よりリン酸部分が遊離することで，重合反応が進行するためのエネルギーが供給される．この他にも，GTP，UTPそしてCTPには，それぞれタンパク合成，糖代謝，脂質合成などの生体内化学反応系におけるエネルギー供給源としての機能がある．

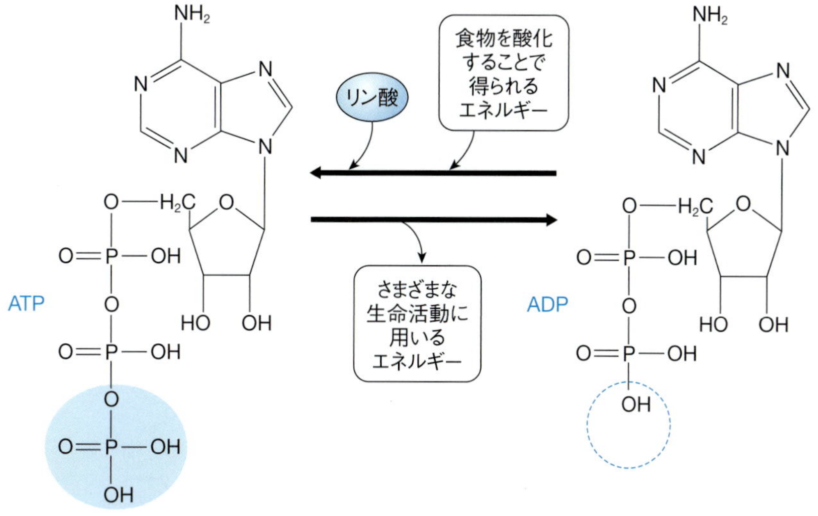

図7.6　エネルギー貯蔵物質としてのATP

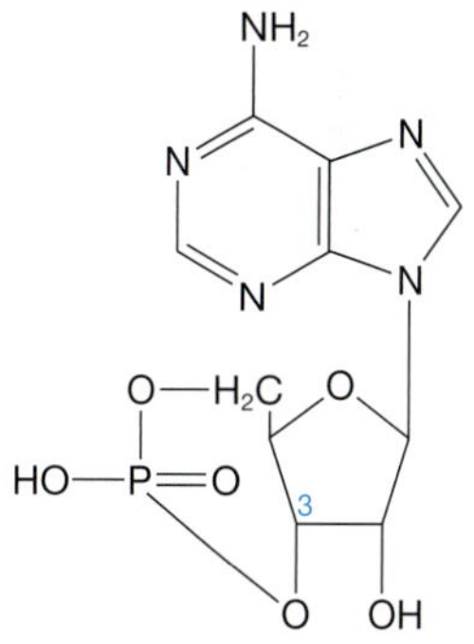

　ヌクレオチドには分子内で環状構造を形成する物も存在する．サイクリックAMP（cAMP）はアデノシン一リン酸のリン酸部分とリボースの3位の水酸基が脱水縮合した構造をした分子である（図7.7）．cAMPは，ホルモン刺激を受けた細胞などにおいて，細胞の機能を調節する働きをしている（後述）．

図7.7　cAMPの構造

C　DNAとRNAの構造

　DNAはデオキシリボースを骨格としたヌクレオチドの重合体である．逆方向を向いた2本のヌクレオチド鎖が，右回りにらせんを描きながら，いわゆる二重らせん構造をとるのが大きな特徴である（図7.8）．このような立体構造が保たれているのは，2本のヌクレオチド鎖の塩基の間に水素結合が形成されているためである．この水素結合は必ずアデニン（A）とチミン（T），あるいはグアニン（G）とシトシン（C）の間で起こり，前者では2ヶ所，後者では3ヶ所の結合が生じる．このように塩基同士が結合したものを塩基対とよぶ．また，これらの塩基は互いに相補的であるという．仮に，DNAの片側のヌクレオチド鎖の塩基の並び方が〔ATGGCTA〕であれば，その部分に結合しているヌクレオチド鎖の塩基の並び方は〔TACCGAT〕となる．細胞分裂の際は，二重らせん構造が部分的にほどけて，それぞれのヌクレオチド鎖に対して相補的になるように新たなヌクレオチド鎖が合成され，DNAの複製が行われる．

　真核生物のDNAは，ヒストンなどの正に荷電したタンパク質などとともに，クロマチンという構造体の形で核内に存在している．ヒストンタンパク質は，塩基性アミノ酸を多

図7.8 二重らせんの逆方向配列
A=アデニン, T=チミン, G=グアニン, C=シトシン. 左右の鎖で方向性が逆になっていることに注目してほしい.

く含み正に荷電している. 一方, ヌクレオチド鎖は糖とリン酸からなる骨格構造をもち, このうちリン酸部分が負の荷電をもつ. このためヒストンタンパク質とDNAが結合し, 安定な構造体が形成される（図7.9）.

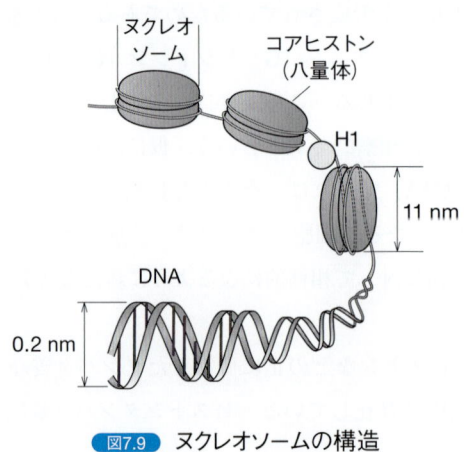

図7.9 ヌクレオソームの構造

RNA はリボースを骨格としたヌクレオチドの重合体である．RNA は DNA の情報を基につくられる1本のヌクレオチド鎖であるが，部分的に折れ曲がり，部分的に塩基対を形成し2本鎖領域をもつ場合も多い．

前述のように RNA には3種類ある．mRNA（伝令 RNA）はヌクレオチドが数百〜数千重合した構造をしている．DNA 上でタンパク質のアミノ酸配列をコードした部分を移しとった配列をしており，タンパク質合成の鋳型として使用される．数万種類存在すると考えられている．

tRNA（運搬 RNA）はヌクレオチドが数十個重合した構造をしている．アミノ酸と結合し，タンパク質合成の際にリボソームにアミノ酸を運び，翻訳を進行させることに機能する．

rRNA は，ヌクレオチドが数十個〜数千個程度重合した構造をしており，リボソームの構成因子として機能する．

まとめ

❶ 核酸は 4 種類のヌクレオチドが多数結合してできた分子である.

❷ 核酸の種類
- DNA：デオキシリボヌクレオチドが結合した分子．遺伝情報の保持・伝達に機能
- RNA：リボヌクレオチドが結合した分子．
  mRNA：DNA 上にある特定のタンパク質のアミノ酸配列情報を写し取ったもの．目的のタンパク質合成のために機能．
  tRNA：タンパク質合成装置であるリボソームにアミノ酸を輸送するために機能
  rRNA：リボソームの構成分子として機能．

❸ 核酸の基本構造
ヌクレオチドが脱水縮合して形成されるホスホジエステル結合により，多数のヌクレオチドが重合したヌクレオチド鎖が基本構造となる．

❹ ヌクレオチドの構造
ペントースの 5 位の炭素原子にリン酸基，1 位の炭素原子に塩基が結合した構造．RNA を構成するヌクレオチド中のペントースはリボース，DNA を構成するヌクレオチド中のペントースはリボースの 2 位の位置の水酸基が還元されたデオキシリボース．

❺ 塩基の種類
- デオキシリボヌクレオチドを構成する塩基：アデニン，グアニン，シトシン，チミン
- リボヌクレオチドを構成する塩基：アデニン，グアニン，ウラシル，シトシン

❻ 塩基の構造
- プリン骨格：アデニン，グアニン
- ピリミジン骨格：シトシン，ウラシル，チミン

❼ ヌクレオチドの機能
核酸の構成分子，高エネルギー化合物，細胞機能調節因子．

❽ DNA，RNA の構造
- DNA：二重らせん構造，各ヌクレオチド鎖の塩基間での水素結合による結合（塩基対：アデニン–チミン間，グアニン–シトシン間）．
- RNA：1 本のポリペプチド鎖よりなる．部分的に折れ曲がり塩基対を形成．

第8章 ビタミン, 補酵素, ミネラル

　これまでに糖質，脂質，タンパク質と核酸について学んできた．これらのうち，核酸以外の生体物質は3大栄養素とよばれ，ヒトを代表とする動物が生命活動を営むための基本的なエネルギー源などとして，食品より摂取する必要のある主要な生体物質である．食品はほとんどすべてが生物由来である．動物植物を問わず，水以外の構成成分として糖質，脂質，タンパク質が細胞の主要成分になっていることと，これらが主要な栄養素となっていることはよく対応している．食品中には，これらの主要成分以外に，ヒトが自ら合成することができないために，必ず摂取しなくてはいけない栄養素がある．ビタミン類はその代表例である．その多くは基本的に動物体内で合成されず，微量成分として機能している．生命体に含まれる含量が上記の主要栄養素に比べて低いため，当然食品の原材料中に含まれる量が少なくなる．結果として，栄養状況が良好でなかった時代では，ビタミンの欠乏が原因となるさまざまな疾病が見られ，これを治癒させる化合物として多くのビタミンが発見された経緯がある．

　一部のビタミン（ビタミン K, B_2, B_6, B_{12}, ビオチン，葉酸）は腸内細菌によってもつくられ，利用されるため，一般的には欠乏症を起こしづらい．しかし，これらのビタミンは腸内細菌叢が未熟な新生児や，抗生物質の長期投与により腸内細菌叢が減少している状況などでは，欠乏症を起こしやすくなる．

8-1 ビタミンの種類と機能

　ビタミンは水に溶けやすい・溶けにくいといった基本的な特性によって，水溶性ビタミンと脂溶性ビタミンに分類される．水溶性ビタミンはさらにビタミン B 群とビタミン C に分類される．ビタミン B 群にはビタミン B_1, ビタミン B_2, ビタミン B_6, ビタミン B_{12}, ナイアシン，パントテン酸，ビオチン，葉酸などがある．脂溶性ビタミンには，ビタミン A, ビタミン D, ビタミン E, ビタミン K 等がある．水溶性ビタミンは体内蓄積がおきにくいため，多くの場合過剰摂取は問題にならないが，脂溶性ビタミンは体内蓄積による摂取過剰症がある．

　各種ビタミンの生理作用，機能は多岐にわたるが，ある一定の傾向が明確にある．ビタミン C 以外の水溶性ビタミンはすべて補酵素の前駆体である．補酵素とは，生体触媒として機能する酵素が機能するために，補助的に機能する比較的低分子の有機化合物である．一般に生体内で行われる化学反応の多くは，酵素による触媒作用によって，体温程度の温度環境で速やかに進行する（第10章参照）．実際の化学反応には，酵素を構成する特定のアミノ酸の側鎖に存在する官能基が機能することが多い．しかし，酸化還元反応や有機化合物中の基の転移反応などは，補酵素自体が化学反応そのものに関与し，反応を進行させる役割を果たすことがある．実際には酵素内部の活性中心部位にこれらの補酵素が配置し，

標的化合物との間で化学反応を行う（図 8.1）．生体内の化学反応の中で，酸化還元反応や有機物の特定の原子団（基）の転移反応に補酵素が関与することは栄養学的な側面から極めて重要である．後述するように，エネルギー源として摂取する主要な栄養成分は，生体内において酸化反応や基の転移反応を受ける形でエネルギーを遊離し，これを利用することで生命活動が営まれている．すなわち，三大栄養素を摂取していても，補酵素前駆体であるビタミン類の摂取が不十分であると，生体内のエネルギー代謝は速やかに進行せず，生命活動に支障を来すことになる．

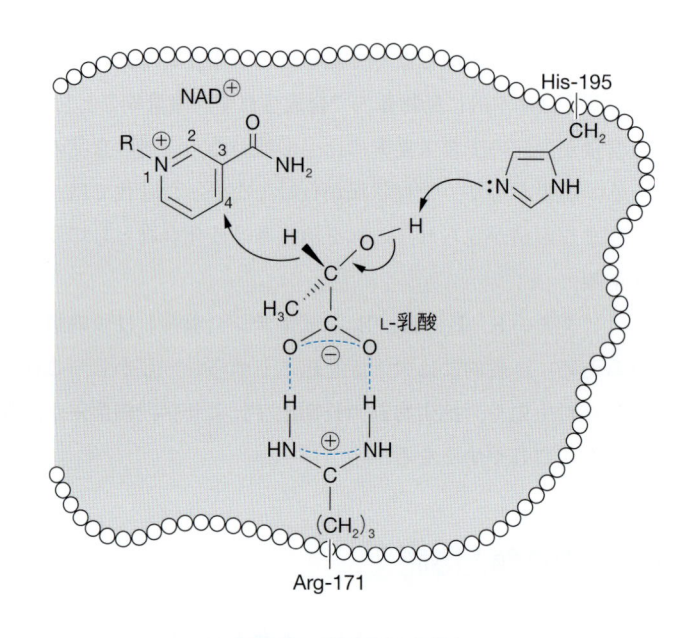

図8.1　補酵素の機能
乳酸デヒドロゲナーゼの活性中心部位における反応を模式的に示した．特定のアミノ酸の側鎖と基質との間で反応が起きる際に，補酵素も実際に反応に関与していることを理解してほしい．（参考：『ホートン生化学・第5版』p.170, 東京化学同人, 2013）

　補酵素前駆体として機能する以外のビタミンも，特定の重要な生体機能調節に必須の役割を果たしている．ビタミン A は網膜で光を感知するロドプシンの構成物質として，視覚に直接関与する．ビタミン C とビタミン E はそれぞれ水溶性，脂溶性の抗酸化物質として生体防御のために重要な機能を果たす．ビタミン K は血液凝固などの生体反応に重要な役割を果たす．表 8.1 に，それぞれのビタミンの機能と欠乏症に関する情報をまとめた．

表8.1 ビタミンの主な生理機能と欠乏症

	名前	機能	欠乏症
水溶性ビタミン	ビタミンB_1	糖質代謝系において補酵素TPPとして機能する．正常なエネルギー代謝に欠かせない	脚気（神経炎などの症状）
	ビタミンB_2	酸化反応を行う際の補酵素FADとして機能する．実際には電子受容体として機能し，正常なエネルギー代謝に欠かせな	結膜炎，口唇炎
	ビタミンB_6	アミノ酸代謝（アミノ基転移反応）等において補酵素PLPとして機能する	欠乏症は起こりにくい（腸内細菌が合成するため）
	ビタミンB_{12}	メチオニンの合成や脂肪酸代謝に関与する	悪性貧血
	ナイアシン	脱水素反応を行う際の補酵素NAD^+等として機能する．実際には電子受容体として機能し，正常なエネルギー代謝に欠かせない	ペラグラ（皮膚炎などの症状）
	パントテン酸	糖，脂肪酸，アミノ酸の異化代謝，脂肪酸やコレステロール合成の際に補酵素Aとして機能する	多くの食品に含まれるため，欠乏症になることはほとんどない
	ビオチン	脂肪酸の合成や糖新生に補欠分子族として関与する	欠乏症は起こりにくい（腸内細菌が合成するため）
	葉酸	核酸やメチオニンの合成に関与．正常な成長に重要	欠乏することは稀だが，貧血や腸管障害がある
	ビタミンC	抗酸化作用，コラーゲンなどの合成の際に還元剤として利用される	壊血病
脂溶性ビタミン	ビタミンA	網膜中の視物質（ロドプシン）として機能する．また，皮膚や骨の形成に関与する	夜盲症，皮膚粘膜の角化，骨粗しょう症
	ビタミンD	カルシウム代謝	くる病，骨軟化症
	ビタミンE	抗酸化作用	多くの食品に含まれるため，欠乏症になることはほとんどない
	ビタミンK	血液凝固に関与する	欠乏症は起こりにくい（腸内細菌が合成するため）．新生児では欠乏症あり

8-2 水溶性ビタミンの構造と機能

A ビタミンB_1

化学名はチアミンであり，体内でリン酸と結合し，チアミンピロリン酸（TPP）として機能する（図8.2）．チアミンピロリン酸は糖質代謝過程の複数の酵素の補酵素として機能する．日本の鈴木梅太郎博士によって世界で最初に発見されたビタミンである．

ヒトのチアミン欠乏症は脚気である．脚気はアジアの米食地域に多い．精米することでチアミン含量が高い外層が除かれるため，栄養状態が最適ではなかった時代・環境下において，脚気を誘因しやすい状態にあった．神経障害（足のしびれ）や心不全を起こし，重症では死に至った．

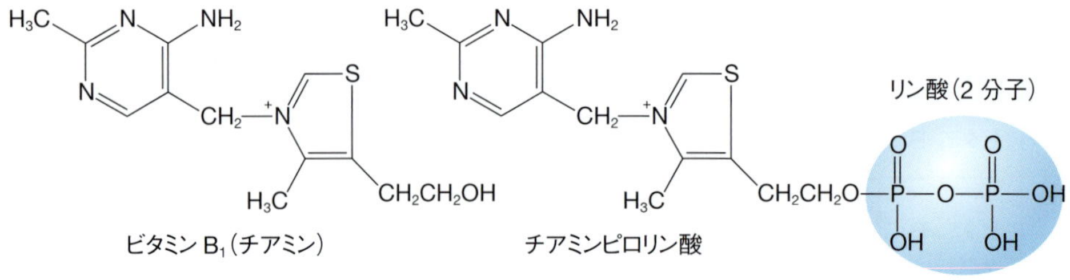

図8.2 チアミンとチアミンピロリン酸の構造

B ビタミン B_2

化学名はリボフラビンであり，体内でリン酸やヌクレオチドと結合してフラビンモノヌクレオチド（FMN），およびフラビンアデニンジヌクレオチド（FAD）として機能する（図8.3）．これらは補酵素として機能し，とくに FAD はクエン酸回路（12.1B 参照）や，脂肪酸の β 酸化経路（12.4B 参照）といった，エネルギー代謝の中核をなす代謝経路の中で，栄養素の酸化反応が起きる際に，電子と水素イオンを受け止める重要な役割を果たす．

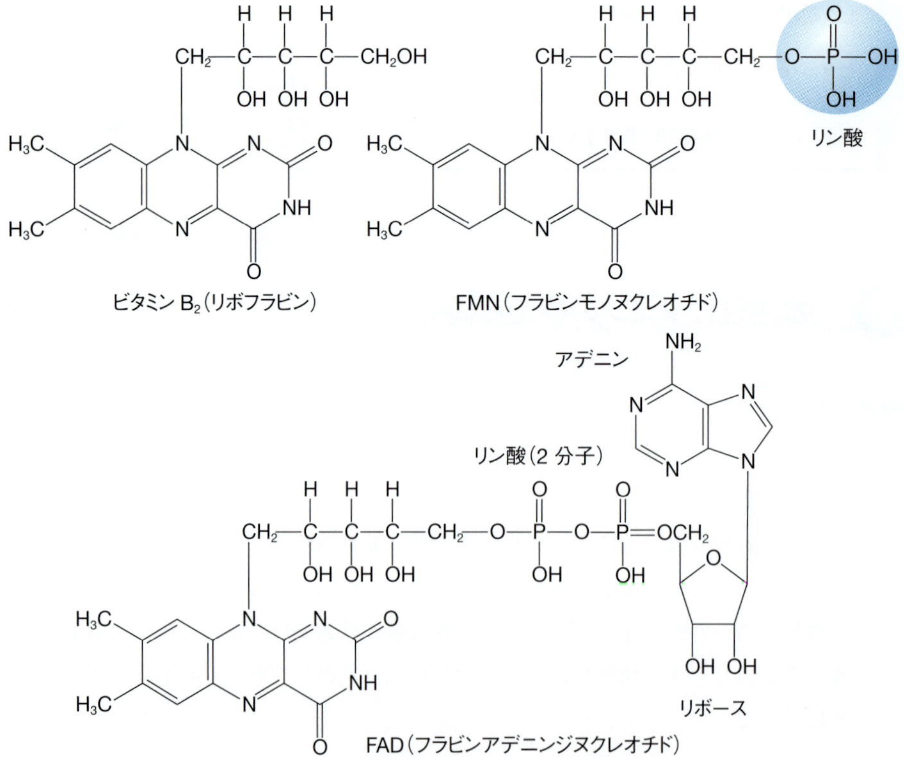

図8.3 ビタミン B_2，FMN，FAD の構造

C　ビタミン B_6

ピリドキシン，ピリドキサール，ピリドキサミンを総称してビタミン B_6 とよぶ．これらの化合物は同じ基本構造をもつピリジンの誘導体である（図8.4）．それぞれがアルコール型，アルデヒド型，アミン型の関係にある．いずれも生体内においては，ピリドキサールリン酸（PLP）として機能する．PLPは主に体内でアミノ酸の代謝に関わる酵素の補酵素として機能する．したがって，タンパク質を多く摂取する場合にはビタミン B_6 も多く必要となる．

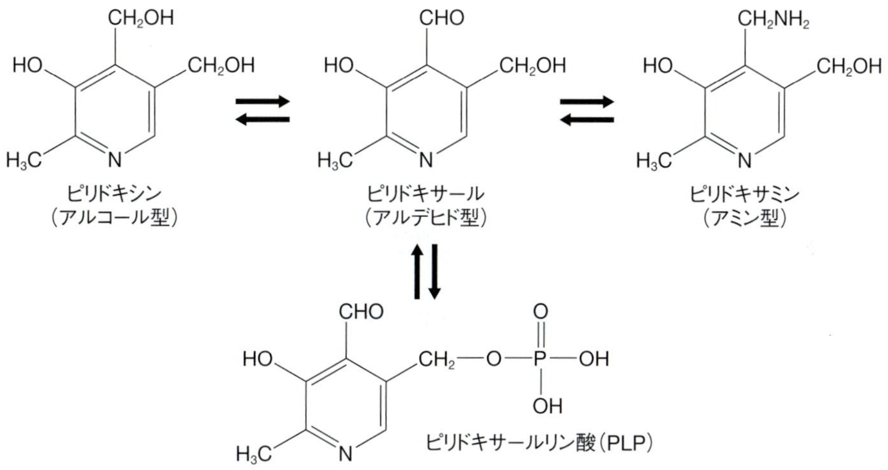

図8.4 ビタミン B_6

D　ビタミン B_{12}

化学名はシアノコバラミンであり，体内ではアデノシルコバラミン，およびメチルコバラミンとなり，補酵素として，一部のアミノ酸や脂肪酸の代謝に関与する．

E　ナイアシン

化学名としてニコチン酸，ニコチンアミドとよばれる化合物を総称してナイアシンという（図8.5）．これらは，体内でニコチンアミドアデニンジヌクレオチド（NAD^+），ニコチンアミドアデニンジヌクレオチドリン酸（$NADP^+$）として機能し，補酵素として最も多くの酵素に必要とされるものである．NAD^+ 栄養素の主要な代謝経路における脱水素反応の補酵素として機能し，基質より電子と水素イオンを受け取り，還元型のNADHとなる（図8.6）．この分子が後述の電子伝達経路に電子を運ぶ役目を果たす．すなわちエネルギー代謝系において基盤的な機能をもつ補酵素である．一方，$NADP^+$ はやはり栄養素の代謝過程において電子と水素イオンを受け取り，還元型のNADPHとなる．このNADPHはNADHとは異なり，脂質の生合成など，生体内で行われる還元反応において還元力を提供給する

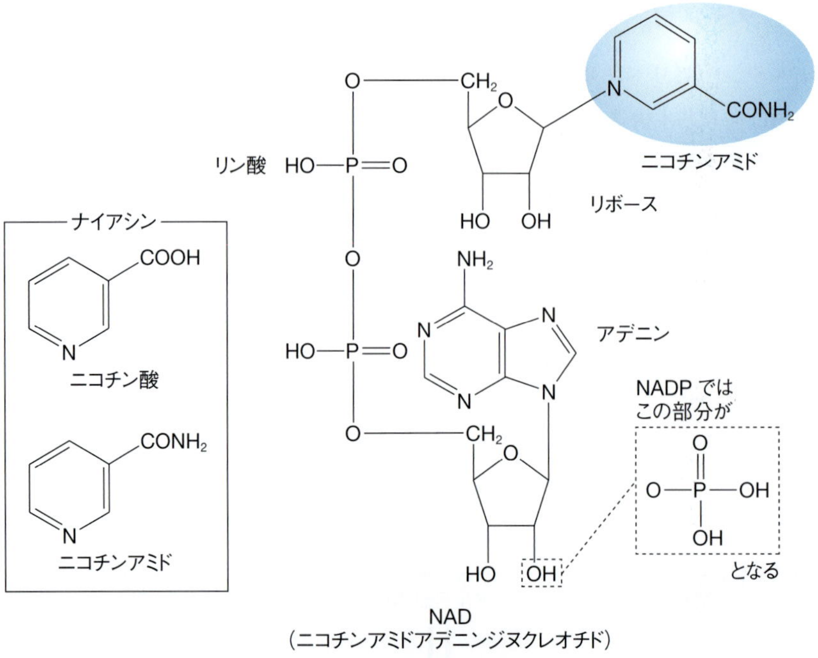

図8.5　NADの構造

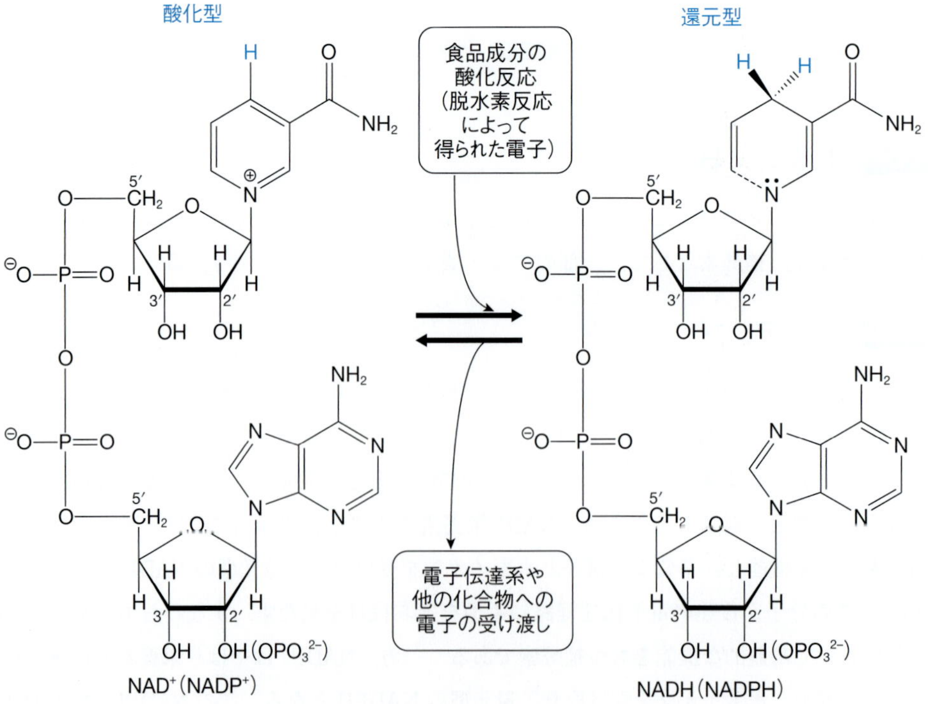

図8.6　NADとNADPの酸化型と還元型

ために利用される．ナイアシンは体内で合成できるビタミンであり，アミノ酸であるトリプトファンを材料として肝臓でつくられる．通常体内で機能するナイアシンの約半分が体内で合成されたものである．

F　パントテン酸

パントテン酸は生体内でチオエタノールアミン，アデニン，リボース等と結合し，補酵素A（CoA）として機能する（図8.7）．補酵素Aはそのチオール基を介して，アシル基（R—CO—）とチオエステル結合を形成する．この結合が解消される際に大きなエネルギーが遊離することを利用して，アシル基を他の化合物に転移することが可能となる．すなわち，補酵素Aはアシル基の活性型担体として機能し，脂肪酸の合成をはじめ，糖や脂質の代謝において鍵となる反応系で必要とされる．

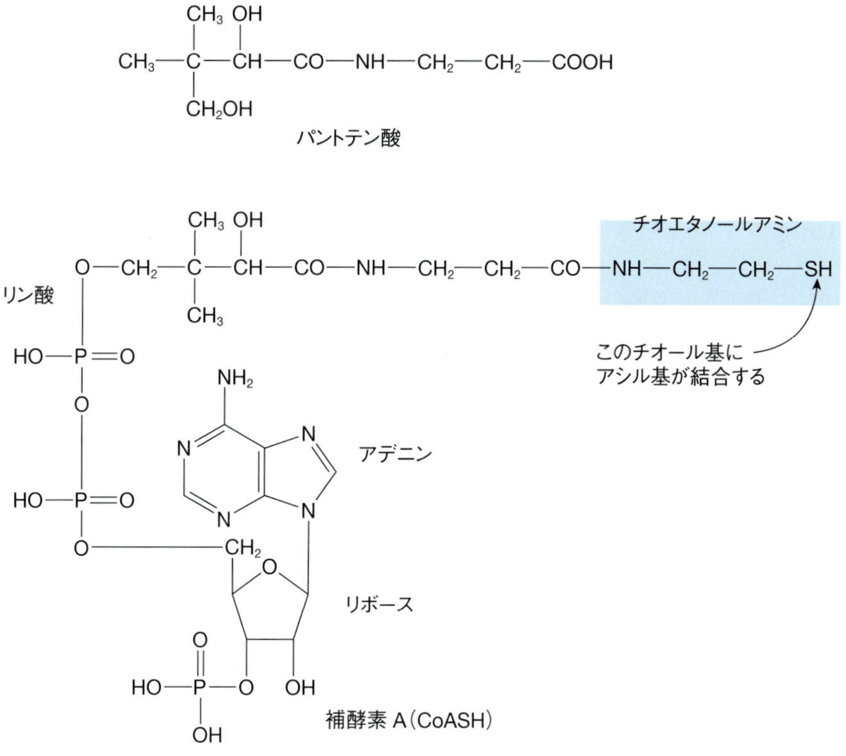

図8.7 補酵素Aの構造

G　ビオチン

ビオチンは炭酸を基質として，標的の有機化合物に炭素原子を導入するタイプの酵素（炭酸固定化酵素）の活性中心において，補欠分子族（酵素タンパク質と共有結合し機能する化合物）として機能する．主に脂肪酸や糖質の代謝に関与する．

H 葉酸

葉酸は生体内において，還元されてテトラヒドロ葉酸となり，メチル基などを有機化合物に導入する酵素の補酵素として機能する．主に核酸の代謝（12.6参照）に関与する．この化合物の構造類似体であるメトトレキセートは，細胞増殖が盛んな病的な細胞（たとえばがん細胞やリウマチの滑膜細胞）に対しての治療薬として用いられる．細胞増殖が盛んな細胞は，DNA複製が盛んなため，より多くの核酸の原材料を必要とする．メトトレキセートは葉酸が還元される過程を阻害するため，核酸の原材料となる塩基性化合物の供給が抑制される．このため高い増殖性を示す細胞に対しての影響が大きくなる．

I ビタミンC

化学名はアスコルビン酸であり，生体内ではビタミンEとともに強い抗酸化活性を示す．酸素呼吸を行う細胞では，代謝過程で微量の活性酸素種（過酸化水素等）が産生し，DNAや脂質などの生体物質が酸化障害を受けることが避けられない．これにより細胞老化，さまざまな疾病などが誘発される．ビタミンC等の抗酸化物質は，自らが活性酸素種による酸化を受ける形で，生体にとって重要な脂質などの酸化を抑制する．これによって，生命活動が健常に維持されている（図8.8）．このほかにも，ビタミンCは動物生体内のタンパク質として最大量となるコラーゲンの合成過程や，ステロイドホルモンの合成過程などにも関与する．

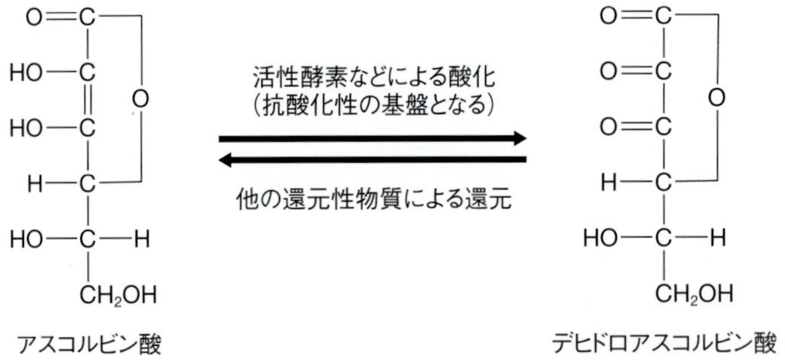

図8.8 ビタミンC（アスコルビン酸）

8.3 脂溶性ビタミン

A ビタミンA

ビタミンAには哺乳動物に含まれるビタミンA_1系と淡水魚などに多く含まれるビタミンA_2系があり，それぞれアルコール型，アルデヒド型，カルボン酸型の3種類の構造体が

存在し，総計 6 種類となる（図 8.9）．これらを総称してレチノイドとよぶ．これらのビタミンは，各種の動物性食品から直接供給されるが，緑黄色野菜に多く含まれるプロビタミン A とよばれる化合物が前駆体となり，生体内で分解されてビタミン A が生じる．プロビタミン A には α-, β-, γ-カロテン等がある．ビタミン A の生理機能の中では，レチナールの視覚に対する機能がよくわかっている．網膜の桿体細胞にはロドプシンとよばれる視物質があり，この分子が外部からの光を受容する．ロドプシンは，オプシンタンパク質とレチナールが結合してできており，レチナールの側鎖に多く含まれる二重結合部分が光を吸収することで，光の認識と情報処理が開始される．

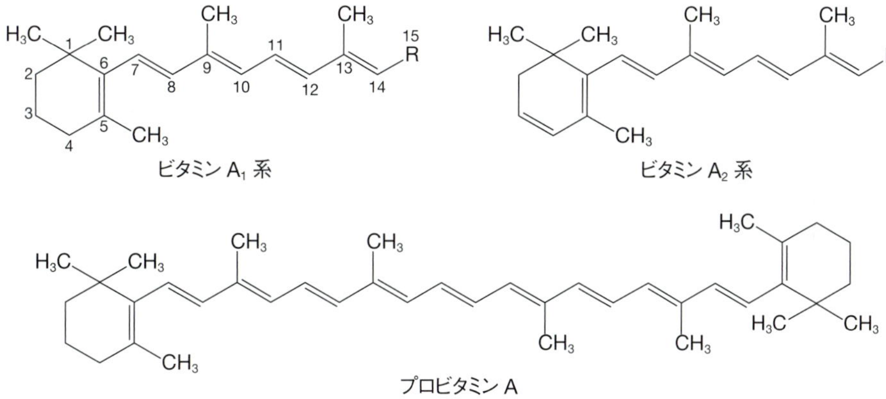

ビタミン A_1 系

ビタミン A_2 系

プロビタミン A

図 8.9　ビタミン A

B　ビタミン D

ビタミン D（カルシフェロールともいう）にはいくつかの種類が知られているが，生理的に重要な分子としてビタミン D_2 とビタミン D_3 がある．

ビタミン D_2 の化学名はエルゴカルシフェロール，ビタミン D_3 の化学名はコレカルシフェロールであり，その名前が示すとおり，カルシウムの体内動態に深く関与する分子である．ビタミン D は，ビタミン A と同様に，各種の動物性食品から直接供給され得るが，その前駆体（プロビタミン D）としても食品に含まれている．プロビタミン D_2 は植物性食品，プロビタミン D_3 は動物性食品に多く含まれている．これらの食品に紫外線が当たることによって，ビタミン D_2, D_3 に変化し，ヒトや動物が利用できる形となり，自らが活性酸素種による酸化を受ける形で，生体にとって重要な脂質などの酸化を抑制する．これによって，生命活動が健常に維持されている（図 8.10）．

プロビタミン D そのものを摂取しても，体内に吸収される際に化学構造が変化するためにビタミン D としての利用はできない．プロビタミン D_3 は体内でも合成されており，皮膚において紫外線照射を受けることでビタミン D_3 となる．したがって，ある程度日光に

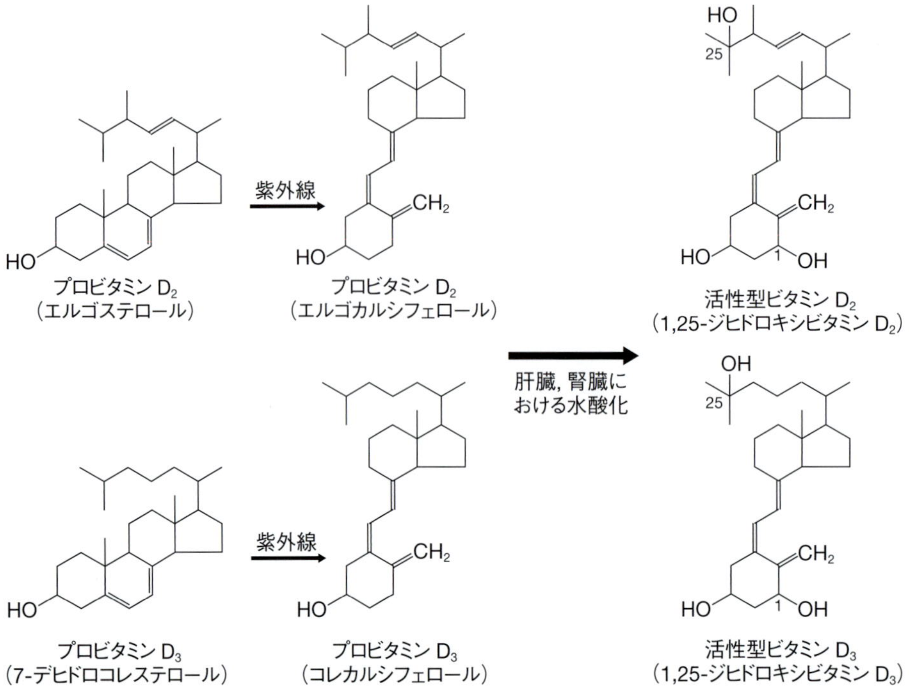

図8.10 ビタミンDの活性化

当たらないとビタミンD欠乏症となる．栄養状況が芳しくない状況で，日光に当たる量が少ないヒトや乳幼児においては，ビタミンD欠乏に陥り，カルシウム体内動態の異常により骨格異常を来す場合がある．

ビタミンDはそのままの形では生理作用をもたない．分子の両端（1位と25位）の炭素原子が水酸化されたジヒドロキシ型となることで活性型となり，カルシウム代謝の制御を行う．ビタミンDの基本的な骨格はコレステロールが原材料となっている．作用機構などの面から，ビタミンDと同様にコレステロールが原材料となるステロイド化合物と同じように，ホルモンに分類されることもある．

C　ビタミンE

化学名として，4種類のトコフェロール（α-, β-, γ-, δ-）と4種類のトコトリエノール（α-, β-, γ-, δ-）を総称してビタミンEという．このうち，α-トコフェロールの量が約9割と圧倒的に多い（図8.11）．ビタミンCと同様に強い抗酸化活性を有し，生体酸化を抑制する機能をもつ．

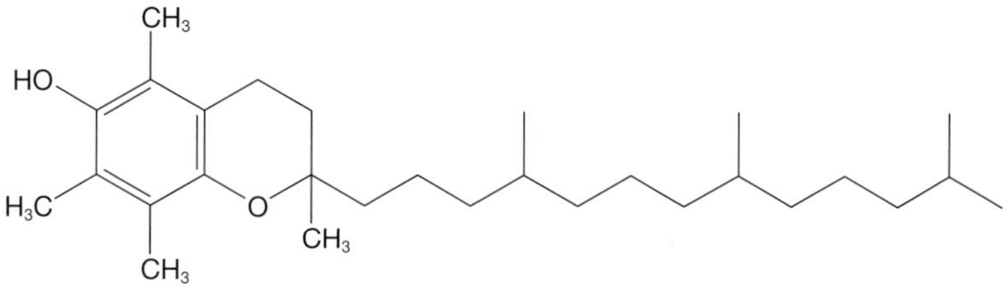

図8.11　ビタミンE（α-トコフェロール）

D　ビタミンK

　化学名としてフィロキノン，メナキオンとよばれる化合物がビタミン K_1，K_2 である．これらのビタミンは血液凝固過程や骨形成に関与する．ビタミン K_1 は植物性食品に多く，ビタミン K_2 は腸内細菌が産生する．新生児では，腸内細菌叢が未発達であり，母乳からのビタミンK供給量も十分でない場合があり，出生後，出血を伴う疾患症状が認められる場合がある．このような場合，新生児に対してはビタミンK投与が行われる．

8-4　ミネラル

　有機化合物を構成する主な元素は，炭素，水素，酸素，窒素であるが，これら以外に生体内に存在し，生理機能を有する元素を無機質（ミネラル）とよぶ．表8.2に人体内に含まれる主なミネラルを示す．これらの一部と，亜鉛・クロム・セレン・マンガン・モリブデン・ヨウ素等16種類の元素が，食事から摂取しなくてはいけないミネラルとして指定されている．これまでに学んだ糖質，脂質，タンパク質に加えて，ビタミンとミネラルを加え，五大栄養素という．

　ミネラルの生理機能は多岐にわたるが，代表例として，酵素の活性に必要な補因子としての機能があげられる．ヒトの体内では数千種類の酵素が存在し，生体内の化学反応を触媒しているが，その何割かは金属を必要とする．このことからも生命活動にミネラルが重要な役割を果たしていることが理解できる．細胞の主要な構成成分は，水と有機化合物であることはすでに第1章で説明した．細胞の成分としてミネラルが占める割合は1%に満たず，微量成分である．一方で，動物をはじめ，多くの生き物は多細胞生物として存在しており，動物個体全体の構成成分として見た場合には，ミネラルは2%を超える量となる．この値の差の大部分は，骨の主要成分となるカルシウムである．個体の生命活動を支える

表8.2　人体内に含まれる主なミネラル

少量元素	カルシウム，リン，硫黄，ナトリウム，カリウム，塩素，マグネシウム
微量元素	鉄，フッ素，亜鉛，ケイ素，銅，ヨウ素，マンガン

ために骨が果たす役割は大きいことは自明で，このような事実からもミネラルの重要性は理解できる．

A 細胞内部，細胞外部に存在するミネラルの比率

第2章で説明したように，ヒトの身体は約70%が水である．これを総称して体液とよぶ．このうち約2/3は細胞内部に存在して，細胞内液とよばれる．一方，残りの1/3は血液と細胞の間を満たしている体液（間質液）や，リンパ液，滑液で，これらを細胞外液とよぶ．これらの体液組成を図8.12に示す．

血清や間質液は，ナトリウムや塩素（すなわち食塩）に富んでいる．さらにこれらのイオンの濃度は海水と酷似している．生命は原始の海から発生したと考えられている．生命の発生・進化過程において細胞の外部環境として最も大きな影響を与えた海水と細胞の外部の環境が一致することは極めて興味深い事実である．細胞は細胞外液という，海に浮かんでいる状態とも考えられる．

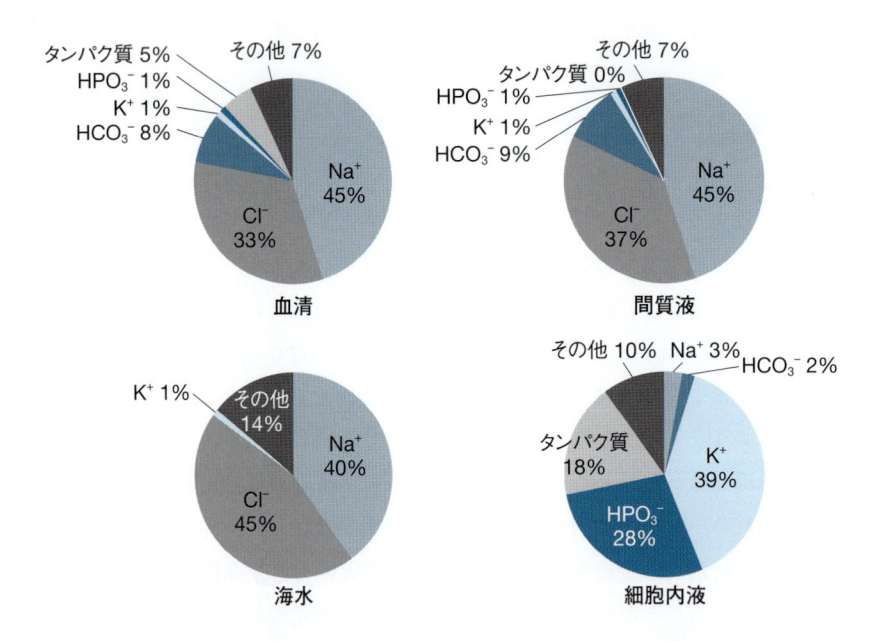

血清
- タンパク質 5%
- HPO_3^- 1%
- K^+ 1%
- HCO_3^- 8%
- その他 7%
- Na^+ 45%
- Cl^- 33%

間質液
- タンパク質 0%
- HPO_3^- 1%
- K^+ 1%
- HCO_3^- 9%
- その他 7%
- Na^+ 45%
- Cl^- 37%

海水
- K^+ 1%
- その他 14%
- Na^+ 40%
- Cl^- 45%

細胞内液
- その他 10%
- Na^+ 3%
- HCO_3^- 2%
- タンパク質 18%
- HPO_3^- 28%
- K^+ 39%

図8.12 海水および体内各所におけるイオン濃度
各ミネラルの組成は，等量換算で相対比較し，おおよその%として算出し，記載した．

一方，細胞内部の組成はこれらと大きく異なり，カリウムとリン酸水素イオンが多くなっている．カリウムは細胞内液の浸透圧維持，水分平衡に重要な役割を果たす．第2章で学んだように，細胞膜は浸透圧の影響下に機能する．仮に細胞細部にカリウムが高い濃度で存在しない場合，細胞外部はナトリウムイオンの濃度が高いため，細胞内部から水が流出し，細胞は通常の形を維持できない．実際には，細胞外に比べ高い濃度のカリウムイオン

が存在するため，細胞はその形状を維持できるといってよい．このようなカリウムやナトリウムイオンの濃度差を巧みに利用して，細胞は栄養素の取り込みや老廃物の排出を行っている（図8.13）．細胞内液に多い成分であるリンは，リン酸水素イオンとして存在しているが，細胞内部のpHを緩衝する役割（p.16参照），あるいはエネルギー通貨として機能するATPの材料となるなどの重要な機能がある．

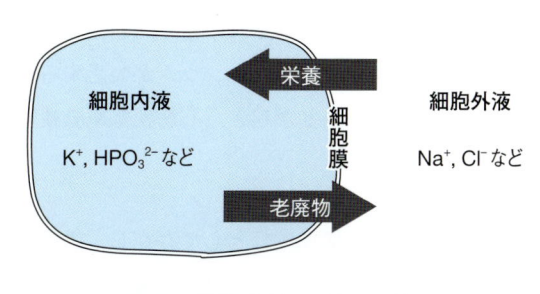

図8.13 細胞内外のイオンの流れ

a カルシウム

体内にあるカルシウムの99%は，リン酸塩などの形で骨や歯の成分として存在している．残り1%はカルシウムイオンの形で存在する．細胞外液には約10^{-3} mol/Lの濃度で，細胞質には10^{-7} mol/Lの濃度で存在する．イオンとして存在しているカルシウムは，細胞の機能制御や恒常性維持に重要な働きをしている．通常，きわめて細胞内の濃度が低いカルシウム濃度が上昇することが筋収縮，神経の興奮性維持，ホルモンの標的細胞における機能発現等に必須の役割を果たしている．

b リン

体内にあるリンの80%は，リン酸カルシウムの形で骨や歯に存在している．残りの大部分はリン酸エステルとして存在している．そのうち約半分はリン脂質や核酸の構成成分として，残りの半分は代謝中間体，補酵素として存在し機能している．細胞内部ではリン酸水素イオンとしても存在し，細胞内pHを一定に保つ緩衝機能を果たしている．

c ナトリウム

細胞外液の主要なミネラルである．塩化物イオンとともに，浸透圧の維持に重要な役割を果たしている．その他，神経刺激の伝達や，筋肉の興奮維持などの役割がある．

d カリウム

細胞内液の主要なミネラルであり，陽イオンとして存在している．細胞内部の浸透圧維持や，水分平衡に重要な役割を果たす．他にいくつかの酵素機能に必要となる．

e) マグネシウム

約7割がリン酸マグネシウムとして骨や歯に存在する．マグネシウムイオンは細胞内ではエネルギー通貨として機能するATPと結合する．ATPを分解することで，細胞はエネルギーを必要とする生体反応の多くを進行させるが，この場合マグネシウムと結合したATPのみがエネルギーを供与する分子として機能する．たとえば，細胞内外における，ナトリウムやカリウム，カルシウムなどのイオン濃度が非常に偏っている背景には，このATPのエネルギーを利用したポンプが機能し，それぞれのイオンの細胞内への組み入れやはき出しを行っているためである．したがって，マグネシウムが欠乏すると，細胞内のカルシウム濃度が上昇し，たとえば細胞の収縮などが起き，心筋梗塞や脳梗塞の一因となる．

f) 鉄

約7割が赤血球中のヘモグロビンの構成成分として存在し，動物の呼吸機能に非常に重要な役割を果たす．実際に酸素分子が結合するのは，ヘモグロビン中の鉄原子である．

まとめ

❶ ビタミン
ヒトが自ら合成することができないために，食事から摂取しなくてはいけない有機化合物群．

❷ ビタミンの種類と機能
・水溶性ビタミン：多くが主要栄養素の代謝に関わる酵素の補酵素前駆体として機能（ビタミンB_1，ビタミンB_2，ビタミンB_6，ビタミンB_{12}，ナイアシン，パントテン酸）．ビタミンCは抗酸化物質として，生体防御に関与．
・脂溶性ビタミン：ビタミンA — 視物質の構成分子として視覚に重要な機能．
　　　　　　　　 ビタミンD — カルシウム代謝に関与．
　　　　　　　　 ビタミンE — 抗酸化物質として，生体防御に関与．
　　　　　　　　 ビタミンK — 血液凝固等に関与．

❸ ミネラル
生体内に存在し，生理機能を有する無機質をミネラルとよぶ．

❹ ミネラルの生理機能
酵素の補酵素や，骨の主要成分として機能．細胞の浸透圧調節にも関与．

❺ 各種ミネラルの生理機能
・カルシウム・リン：骨，歯の主要成分．カルシウムは細胞内の情報伝達分子として機能する．リンは細胞内の水素イオン濃度を一定に保つ緩衝機能をもつ．
・ナトリウム：細胞外液の主要成分．浸透圧維持に関与．
・カリウム：細胞内液の主要成分．浸透圧維持に関与．
・マグネシウム：生体内のエネルギー物質として機能するATPと結合し，ATPの機能発現に必須の機能を果たす．

第9章 ホルモン

　生物は常に外部からの情報を受容し，それに対して多様な応答反応を行うことによって生命活動を営んでいる．たとえば，あるものを視覚によって認識し，そこに向かって歩くことを考えると，網膜の視細胞中のロドプシンによって光が受容され，それが視神経を介して脳神経系で情報処理され，その後，神経終末から筋細胞に情報が伝わり，筋細胞中のアクチンタンパクとミオシンタンパクによって筋収縮が生じ，目的物に対して歩行が開始する．この一連の応答作用には複数の細胞が関与しており，細胞間では情報の伝達が行われている．この細胞間の情報は主として，さまざまな化学物質によって行われている．多くの場合，情報を伝える側の細胞から情報伝達物質が細胞外に分泌される．その物質が情報を受け取る側の細胞の受容体によって認識されることで情報が伝達される．細胞間の化学物質による情報の伝達方法にはいくつかの種類があり，情報分子の分泌の仕方や作用の仕方などによって，神経分泌，内分泌，傍分泌の3種類に分類される．

　神経分泌では，神経細胞が神経伝達物質を分泌して，シナプス間隙を拡散して，近傍の標的細胞に情報を伝える．情報は早く伝達され標的細胞による応答反応も早い傾向がある．

　一方，内分泌においては，体内のさまざまな場所に存在する特定の細胞によって，ホルモンとよばれる化学物質が合成される．これらのホルモンは刺激によって血液中に分泌され，血流を介して標的細胞に到達し作用する（図9.1）．このため，内分泌系では情報の伝達速度は遅く，応答の発現が緩やかである代わりに，比較的長く効果が続く傾向がある．このため，ホルモンは基本的な個体の機能調節に機能することが多い．たとえば，血圧や体温の調節や，栄養状態によるエネルギー代謝バランスの調節などがあげられる．この外にも成長や分化・成熟の調節にも関わる．

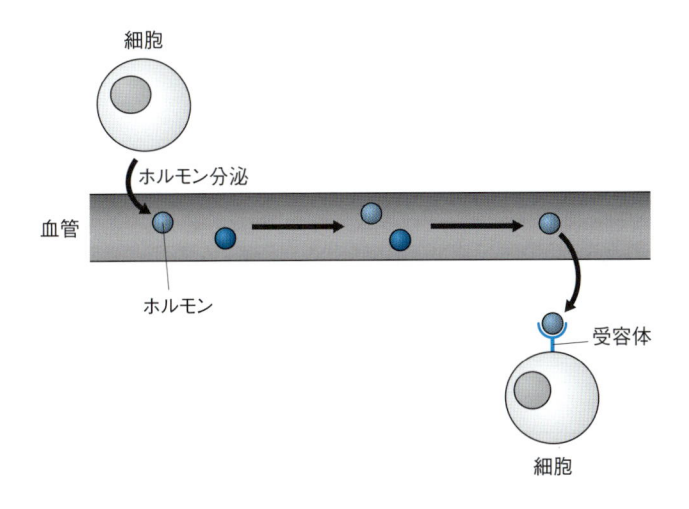

図9.1 ホルモンの作用メカニズム

傍分泌では，細胞から分泌された化学物質がきわめて近傍の細胞や，自らに対して作用して情報を伝える．プロスタグランジンやロイコトリエンなどの脂質由来の情報伝達物質や，リンパ球やマクロファージなどの免疫担当細胞が分泌するサイトカインがこのような分泌様式で作用している．

9.1 ホルモンの種類と作用メカニズム

ホルモンはその化学構造により，ペプチド・タンパク質性のもの，アミノ酸由来のもの，ステロイドの3種類に分類される．さらに各ホルモンが合成分泌される器官（分泌腺）により分類される．下の表9.1は代表的なホルモンについて，その分類を表している*．

上記の各種ホルモンは，分泌腺において合成・分泌された後，血流を介して標的細胞に到達する．その後，標的細胞中に存在する特異的な受容体（レセプター）に結合し，立体構造が変化することがきっかけとなって，標的細胞にさまざまな生理作用が発現する．こ

表9.1 代表的なホルモン

化学的な分類	内分泌器官	ホルモン名	作用部位	主な作用
タンパク質	脳下垂体前葉	成長ホルモン	骨など	成長促進
		副腎皮質刺激ホルモン	副腎皮質	糖質コルチコイドの分泌促進
		乳腺刺激ホルモン	乳腺	乳汁分泌促進
		生殖腺刺激ホルモン	生殖腺	女性ホルモンの分泌促進
		ろ胞刺激ホルモン	精巣	精子形成促進
		黄体形成ホルモン	卵巣	排卵，黄体形成
		甲状腺刺激ホルモン	甲状腺	甲状腺ホルモンの分泌促進
	すい臓ランゲルハンス島B細胞	インスリン	肝臓，筋肉	血糖減少
	すい臓ランゲルハンス島A細胞	グルカゴン	肝臓	血糖増加
	副甲状腺	パラトルモン	骨，腎臓	骨カルシウムの放出，ミネラルの排出と抑制
アミノ酸	甲状腺	チロキシン	生体全体	成長促進など
アミン	副腎髄質	アドレナリン	脈管，神経系	生体の活性化
ステロイド	副腎皮質	糖質コルチコイド	生体全体	生体の活性化
	精巣	テストステロン	性腺（男性）	男性の二次性徴など
	卵巣	エストロゲン 黄体ホルモン	生殖器（女性）	女性の二次性徴など

（石橋貞彦ら著，『生化学』，丸善，1982を参考に作成）

用語　ヒトのホルモンは約100種類あるともいわれ，分泌腺もここにあげた以外にも，心臓や消化管など多数ある．

図9.2 内分泌器官

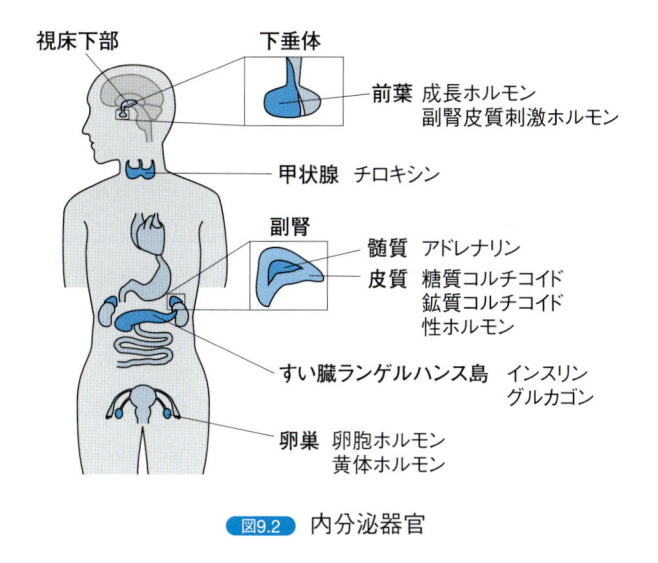

の受容体には，細胞膜上に存在するもの（細胞膜受容体）と，核内に存在するもの（核内受容体）がある．

ペプチドホルモンは水溶性なので，細胞膜を通過することができない．そこで，細胞膜受容体の細胞外に突出している部分に結合することで情報を伝達する（図9.1）．

一方，ステロイドホルモンは脂溶性なので細胞膜を容易に通過し，核内受容体に直接結合する．その後，たとえば特定のタンパク質の発現を誘導することで生理作用が発現する（図9.3）．

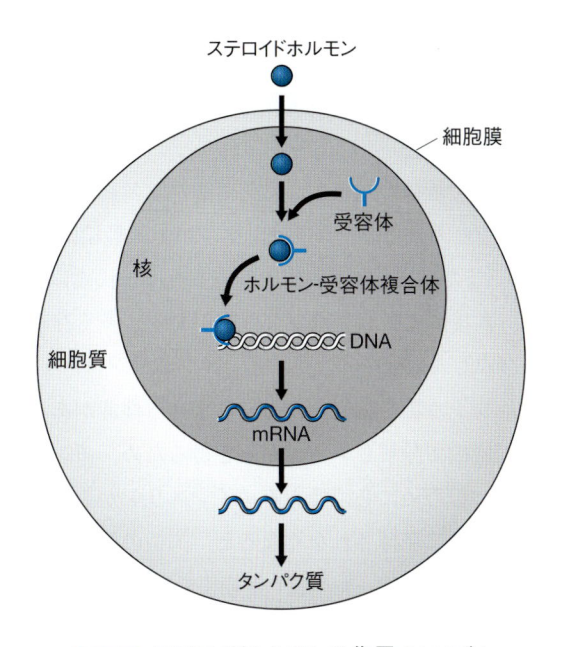

図9.3 ステロイドホルモンの作用メカニズム

A 視床下部―下垂体ホルモン

視床下部と下垂体は密接に連携しており，下垂体から分泌されるホルモンによって，全身に存在する内分泌器官からのホルモン分泌が制御される．これによって全身のさまざまな生理反応を制御することから，視床下部―下垂体系は種々の内分泌を統合する役割を担っているといってよい．視床下部自体は大脳下部にある間脳の一番底にあり，大脳からの情報によってホルモンを分泌する．これらのホルモンによって下垂体でのホルモンの合成と分泌が誘導される．まとめると，〔大脳→視床下部→下垂体→内分泌器官→標的細胞〕の順番で情報が全身に伝達される．

成長ホルモン（GH: Growth Hormone）は代表的な下垂体ホルモンである．下垂体の前葉から，アミノ酸が191個ペプチド結合した分子として分泌される．一般に個体の成長に関与する生理現象を促進する機能があり，軟骨の形成促進，骨の成長促進，筋肉の肥大化，内臓の発育を促す．

副腎皮質刺激ホルモン（ACTH：Adrenocorticotropic Hormone）は，アミノ酸が39個ペプチド結合した分子として分泌される．副腎皮質に作用して，糖質コルチコイドの合成，分泌を促進する．これにより，代謝制御を行い，血糖値や血中遊離脂肪酸量を増加させる効果をもつ．

B すい臓ホルモン

すい臓は胃と十二指腸に近接した臓器で，一般的には食物の消化のために機能する組織として知られている．実際にすい臓の大部分の組織は消化酵素を分泌するいわゆる外分泌に関与している．外分泌とは体の表面や消化管の内部など，体の外部に対して化学物質などを分泌することを意味する．汗や唾液，消化酵素液などがその代表例である．すい臓では1日あたり約1.5リットルの消化酵素液が分泌されている．すい臓にはこの外分泌器官としての役割のほかに，内分泌器官として栄養素の代謝制御を行うきわめて重要な機能がある．

すい臓には組織中のほぼ全域にわたって，ランゲルハンス島とよばれる内分泌組織が散在している．その数は約100万個とされる．ランゲルハンス島には4種類の細胞があるが，A（またはα）細胞とB（またはβ）細胞が体内のエネルギー代謝において非常に重要な役割を果たす．β細胞は，食後消化吸収したブドウ糖が血中に多く存在するときに，それを感知してインスリンを合成し，血液中に分泌する．インスリンは，アミノ酸51個が結合したペプチドホルモンで，ブドウ糖を細胞内にとりこませる機能がある．これによって，末梢の細胞はブドウ糖を細胞内で分解しエネルギーを得るため，インスリンの分泌は末梢の細胞が正常な生命活動を営むために必須である．インスリンが正常に分泌されない，あるいは分泌されても作用が十分に発揮されなくなると，末梢の細胞によりブドウ糖が取り込まれなくなり，ブドウ糖の血中濃度（血糖値）が高くなり，糖尿病となる．

α細胞は血糖値が低い際にグルカゴンを分泌する．グルカゴンはアミノ酸29個が結合し

たペプチドホルモンで，主に肝臓に働きかける．肝細胞内ではグリコーゲン（ブドウ糖の貯蔵形である高分子化合物）の分解や糖新生が促され，血中にブドウ糖が放出されることで血糖値が上昇・回復する．

C 副腎皮質ホルモン

副腎は腎臓の上部にある臓器で，その9割が皮質，1割が髄質とよばれる組織からなる．皮質はさらにいくつかの層から構成されており，それぞれの層において各種のステロイドホルモンが合成される．原料はいずれもコレステロールである．

この中でとくに代表的なのが糖質コルチコイドの一種であるコルチゾールである．コルチゾールはストレスに応じて副腎皮質より分泌されるホルモンである．寒冷，飢餓，外傷などのストレスが個体に加わった場合，前述した視床下部—下垂体系よりACTHが分泌され，その刺激を受け副腎よりコルチゾールが分泌される．コルチゾールは疎水性が強いため，単独では血中に溶解しないが，特定の輸送タンパクと結合し，肝臓や筋肉などの標的器官に到達する．コルチゾールにはさまざまな生理作用があるが，主要なエネルギー源であるグルコースの血中濃度を上昇させることが代表的である．このために，コルチゾールは筋肉ではタンパク質の分解を促進し，アミノ酸を血中に放出させる効果をもつ．同時にコルチゾールは肝臓における糖新生を促進する．この糖の原料となるのが，血中に遊離したアミノ酸である．コルチゾールはこのような臓器間代謝を促進することで，全身に対するグルコース供給量を増加させる．このほか，抗炎症作用，免疫抑制作用ももつ．

D 副腎髄質ホルモン

副腎髄質では，アドレナリンやノルアドレナリンといった，チロシン（アミノ酸）より合成されたホルモンを分泌する．アドレナリンは，血糖値上昇，血圧上昇，心筋の収縮力増強や心拍数増加などの，いわゆる典型的な興奮症状を誘導するホルモンである．

E 性腺ホルモン

女性では卵巣から女性ホルモンが，男性では精巣から男性ホルモンが合成・分泌される．いずれもコレステロールより合成されるステロイドホルモンである．卵胞ホルモン（エストロゲン）は，卵巣や胎盤で合成・分泌されるホルモンで，エストロンなどが代表的な物質である．女性性器の発育促進，二次性徴の発現や子宮内膜の増殖に関与する．黄体ホルモン（プロゲスチン）は黄体で合成・分泌されるホルモンで，プロゲステロンが代表的な物質である．排卵後の基礎体温上昇，乳腺の発達，子宮内膜の分泌促進などに機能する．男性ホルモン（アンドロゲン）は精巣の間質細胞において合成・分泌され，テストステロンが代表的な物質である．男性の二次性徴，精子形成に必要である．タンパク質合成を促進し，骨格筋を発達させる機能も有する．筋肉増強剤として使われているステロイド剤は男性ホルモンの誘導体である．

F 甲状腺ホルモン

甲状腺は咽頭の下部に近接して存在し，酸素消費量の増加，熱産生，代謝促進など，個体の成長に必須のホルモンを分泌する器官である．チロキシンやトリヨードチロニンが代表的な物質である．これらのホルモンの合成は大変ユニークであり，まず，甲状腺内にある特定のタンパク質のチロシン残基にヨウ素が取り込まれることから反応が開始する．その後，タンパク質の分解が生じ，チロシンのヨウ素付加体が遊離し，これらが縮合することでホルモンとして分泌される．個体の成長に重要な役割を果たすホルモンであるため，成長期に欠乏すると，幼児の体型の小人症，知能低下，精神発達障害などを起こす．単体としてのヨウ素は，劇物に分類される元素であるが，甲状腺ホルモンの必須の構成因子となるため，ヒトの必須元素となる．

9.2 ホルモンが標的細胞に到達してから機能制御が行われるまで

先に解説したように，ホルモンがステロイド性である場合には，ホルモンは直接標的細胞の核内受容体に結合することで，目的とする遺伝子の転写が上昇する．これによって機能してほしいタンパク質の発現量が上昇し，標的細胞の機能が制御される（図9.3参照）．

一方，ホルモンがペプチド性である場合は，ホルモンは標的細胞の膜表面の受容体に結合し細胞内部に直接侵入することはできない．標的細胞内では，受容体にホルモンが結合したことを認識して，細胞内の情報処理システムを作動させ，最終的な標的分子の機能制御を行う．ホルモンにより，また標的分子により細胞内の情報システムは多岐にわたる．ここではすべてを解説することはできないが，インスリンとグルカゴンによる血糖値の制御について簡単に説明する．

食後，腸管より血中に向けてエネルギー源として大量に単糖（グルコース）が供給されている状態では，全身の細胞はグルコースの取り込みを行っている．この時，とくに骨格筋や脂肪細胞ではグルコースをよく取り込み，グリコーゲンや脂肪の形で貯蔵する．このグリコーゲンや脂肪が，食間期や食前期，絶食時に組織内で分解されエネルギー源として利用される．食後すぐの状況では，これらの組織の細胞はグルコースの取り込み能力を上げ，よりよくエネルギーの貯蔵を行っている．この時，すい臓よりインスリンが分泌されており，骨格筋細胞や脂肪細胞の細胞膜表面に発現しているインスリン受容体と結合する（図9.4）．インスリン受容体は構造変化を伴いながら，受容体自身に含まれるチロシン（アミノ酸）をリン酸化する．このアミノ酸の側鎖がリン酸化された部位を認識し，さまざまな情報伝達分子が受容体に会合することで，インスリンが受容体に結合したという情報（高血糖であるという情報）が伝達される．分子間の会合という形で情報が最終的に分泌小胞に伝えられ，小胞が細胞膜近傍へ移動し融合する．この分泌小胞にはグルコース輸送体であるGLUT4が存在しているため，細胞膜表面上のグルコース輸送体量が上昇し，細胞へのグルコース取り込みが促進される．これにより血糖値が減少する．

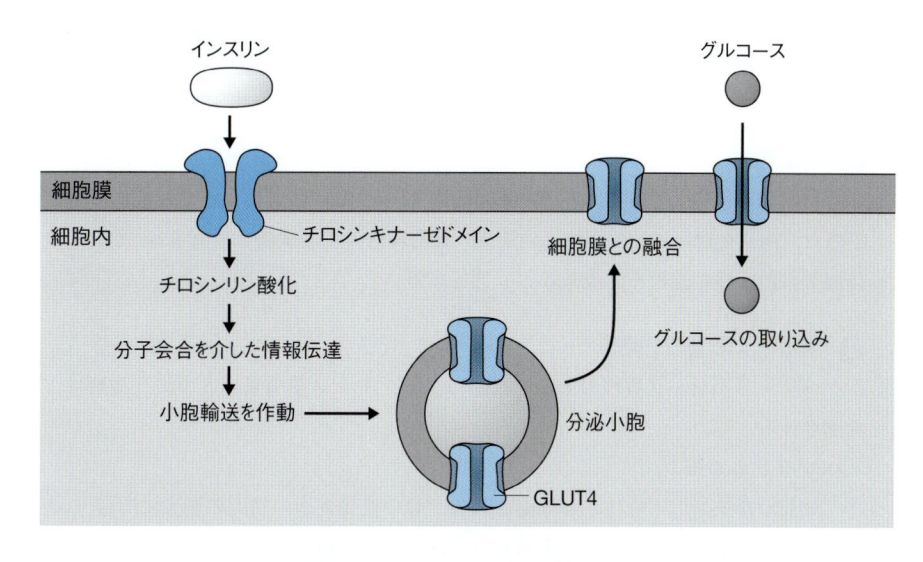

図9.4　インスリンの血糖調節のしくみ

　食前では，もはや腸管から消化吸収された形でグルコースが血中に供給されることはない．この時，主に肝臓に蓄えられたグリコーゲンが分解され，グルコースが全身に供給される．

　このグリコーゲンの分解は，グリコーゲンホスホリラーゼとよばれる酵素によって触媒される．食後時間が経過し，血糖値が低下傾向になるとすい臓よりグルカゴンが分泌され，血糖値を回復・維持させるための全身代謝制御が行われる．肝臓ではグルカゴンの受容体が発現しており，グルカゴンと結合することで構造変化が生じ，結果としてGタンパク質とよばれる情報伝達分子の構造が変化する．最終的に構造変化したGタンパク質がcAMPの合成を行う酵素の活性化を誘引する．cAMPは細胞内に存在する複数の標的タンパクを活性化し，最終的にはホスホリラーゼが活性化し，グルコースが切り出される．これにより，肝臓からグルコースが供給され，血糖値が維持される（図9.5，図12.11も参照）．

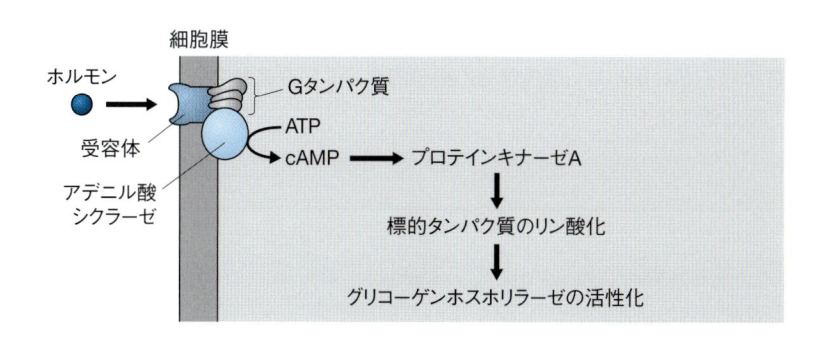

図9.5　グリコーゲンホスホリラーゼによる血糖調節のしくみ

9-2 ホルモンが標的細胞に到達してから機能制御が行われるまで　●　103

ま と め

① ホルモン
　主に内分泌系による細胞の生理機能調節に関与する．刺激によって血液中に分泌され，血流を介して標的細胞に到達後，標的細胞の生理機能を制御する．血圧・体温等の恒常性の維持や，成長などに関与する．

② ホルモンの種類と機能
　ペプチド・タンパク質性のもの，ステロイド，アミノ酸由来のものの3種類に大別される．

- **ペプチドホルモン**
  　成長ホルモン：下垂体から分泌される．骨の成長促進，筋肉の肥大に関与．
  　副腎皮質刺激ホルモン：下垂体から分泌される．血糖値の制御に関与．
  　インスリン：すい臓より分泌される．細胞の糖の取り込みや糖代謝に関与．
  　グルカゴン：すい臓より分泌される．糖新生やグリコーゲン代謝に関与．

- **ステロイドホルモン**
  　コルチゾール：副腎皮質より分泌される．肝臓，筋肉等を標的の器官とし，血糖を上昇させる機能．
  　女性ホルモン：卵巣から分泌される．エストロゲンやプロゲステロンが代表例．二次性徴の発現等に関与．
  　男性ホルモン：精巣より分泌される．精子形成，二次性徴発現，骨格筋発達に関与．

- **アミノ酸由来のホルモン**
  　副腎髄質ホルモン：アドレナリン，ノルアドレナリンが代表例．興奮状態を誘導．
  　甲状腺ホルモン：チロキシンが代表例．個体の成長等に関与．

③ ホルモンの作用メカニズム
- ペプチドホルモン：標的細胞の膜表面に発現する受容体を介して，生理作用を発揮．受容体のリン酸化や，Gタンパク質の構造変化などを通して，最終的に標的分子の機能制御が行われる．
- ステロイドホルモン：標的細胞内の核内受容体に直接結合し，目的遺伝子の転写を活性化する．

第10章 酵素

10.1 化学反応と生命現象

　これまでに，生命を構成する化合物の構造や機能について学んできた．これらの化合物は，実際には生体内において継続的に分解・合成されている．たとえば，皮膚が軽く傷ついた際も，多くの場合には数日で再生される．すなわち組織を形作る細胞，ひいては細胞の構成成分や細胞外の化合物が秩序だって分解，合成されている．このように目に見えやすい事象だけではなく，体内では常に古い化合物が分解され，新たな化合物に置き換わっている．一般に，体内の化合物は数ヶ月で入れ替わるとされている（例外はある）．たとえば，ネズミなどで行われた実験では，数日以内に体中のタンパク質の1～2割程度が入れ替わっているということが明らかにされている．すなわち，体中のタンパク質は常に分解され，食事より摂取したアミノ酸によって再合成されている．このように個体は非常に活発に化合物の合成と分解をくり返している．別の例をあげると，食品として摂取した化合物は消化管内で消化（すなわち分解）された後に吸収され，全身の細胞でエネルギーを産生するために分解され，水と二酸化炭素となる．このように，生体を構成する化合物は常に化学反応を受け，合成と分解を非常に速い速度でくり返しているといえる．

　我々が連想する化学反応では，試験管の中に目的とする化合物を入れた後，火であぶり熱を加えることで反応を進行させる．化学プラントにおける化合物合成においても高温，高圧条件下で行っている反応が多い．一般に，化学反応においては，熱などのエネルギーを投入しないと進行しない場合も多い．しかし，我々の体の中で起きる化学反応は体温近辺で進行し，とくに高圧などの激しい条件を必要せず，それほど大きなエネルギーを利用しているようにも見えない．このような比較的温和にみえる条件下で化学反応が進行するのは，生体触媒として機能する酵素が存在するためである．

10.2 化学反応と活性化エネルギー

　酵素は化学反応を起こりやすくする触媒としての機能をもつ．言い換えれば反応の速度を高める働きがある．これは，酵素が化学反応の活性化エネルギーを低下させるために起きる現象である．

　活性化エネルギーとは，その化学反応が進む際にそれを妨げるエネルギーを指し，反応が進行するために超えなくてはいけないエネルギー障壁のことを意味する．例として，ある2つの分子が結合し，新たな化合物がつくられる場合を考える．化学反応は，極論としてみれば化合物の中に存在するさまざまな化学結合が切断されたり，原子間で新たな化学結合ができることである．新たな化学結合ができる場合などは，反応する化合物どうしが

電子軌道を超えて接近し，新たな結合を形成する必要がある．このように反応する分子どうしが極めて近接し，原子間の結合の組み替えができる状況になっている化合物の状態を遷移状態とよぶ．またこの状態の化合物自体を活性化中間体とよぶ（図 10.1）．この活性化中間体を形成するには，各々の化合物は，互いに反発する力（分子の一番外側の電子軌道どうしは，お互いに負電荷をもつ電子が存在しており反発しやすい）を超えた運動エネルギーをもつ必要がある．このために，たとえば熱を加えて各化合物の運動エネルギーを上昇させる必要がある．このために必要なエネルギーを活性化エネルギーという．当然，活性化中間体が内包しているエネルギー量も高い．自然に起きうる化学反応は内包するエネルギー量が高い状態から低いエネルギー状態への反応であり，結果として，差分のエネルギー量が熱エネルギーとして解放される反応（発熱反応）である．エネルギー状態の低い状態の化合物から高いエネルギー状態の化合物への反応は吸熱反応であり，外部よりエネルギーを投入しなくては進行しないため，自然には起きづらい．発熱反応は吸熱反応とは異なり，放っておいてもいずれ進行しうる化学反応であるが，この場合でも必ずエネルギーの高い状態（遷移状態）を通過しなくてはいけないため，たとえば加熱する等の形で若干のエネルギーを投入する必要がある．吸熱反応の場合は，たとえばエネルギーを遊離するような別の化学反応と同時に反応を進行させることで可能となる場合が多く，これを反応の共役という（後述）．

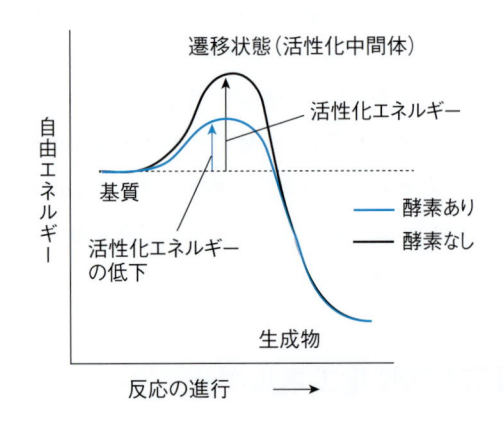

図10.1 酵素は活性化エネルギーを低下させる

10.3 酵素の機能

生体内では何千もの化学反応が生じている．エネルギーの産生や情報伝達といった一連の生命現象は，これらの化学反応がその生体が生きる温度環境下で速やかに進行することによって成立している．この生体内化学反応の速やかな進行に必須の役割を果たしている

のが酵素とよばれるタンパク質である．酵素が果たす機能は，化学反応の活性化エネルギーを低下させることで，化学反応の速度を著しく上昇させることである（図10.1）．酵素はタンパク質であり，第5章で説明したように，複雑な立体構造をとる．酵素として機能する多くのタンパク質では，実際の触媒機能をもつ活性部位は立体的には割れ目構造をとっており，反応を受ける化合物（基質）がこの部位にはまり込むことで反応が行われる．実際の酵素の構造上，活性部位は割れ目部分の奥に存在し，全体積の中でごく一部を占めているにすぎない．この活性部位では，アミノ基，水酸基，カルボキシ基，イミダゾール環などの側鎖をもつアミノ酸が基質の反応部位に近接するように立体的に配置する（図10.2）．基質が活性部位に結合すると，基質の反応部位とアミノ酸側鎖の相互作用により，基質の電子密度に偏りが生じ，化学反応がきわめて進行しやすくなる．このような効果により，活性化エネルギーが低下すると考えられている．酵素とは，立体構造として基質を限定された空間に設置し，化学反応を起こしやすいような電子密度の偏りを基質内に生むことで，反応が進みやすい環境をつくるプラットフォームであるとも考えられる．

このような化学反応を速やかに行う場として，触媒としての酵素が機能することで，化学反応の速度はおよそ 10^7 倍以上早くなる．これは，酵素なしでは数十年かかって進行する反応が，わずか1分程度で完了することを意味している．体温程度の条件下で速やかにさまざまな化学反応が進行する生命現象において，酵素の果たす役割がいかに大きいか理解できる．

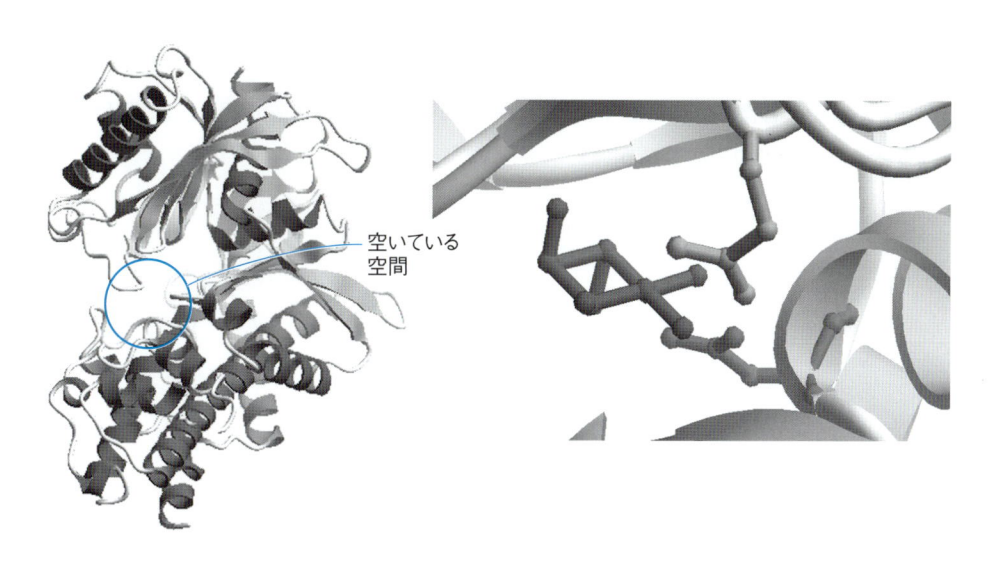

図10.2　酵素と基質の配置
ヘキソキナーゼという酵素と，基質であるグルコースの関係を示した．基質は，酵素の立体構造上ポケットのように空間的に開いている場所（左図）に入り込み，反応に関与するアミノ酸側鎖と相互作用している．右の拡大図では，タンパク質の主鎖から空間的に飛び出したアミノ酸の側鎖がグルコースと相互作用している．

10.4 酵素の特性

A 補酵素，金属酵素

　酵素の中には，酵素本体のタンパク質以外に比較的低分子の有機化合物を必要とするものがある．これらの低分子有機化合物のことを補酵素という．多くの場合，補酵素は酵素の活性部位とゆるく結合し，酵素反応そのものに直接関与する．たとえば，多くの脱水素酵素では基質から遊離した水素原子と電子を NAD^+ が受け取ることで反応が行われる（図8.1参照．すなわち補酵素が存在しなければ反応は進行しない）．先に説明したように，補酵素の多くはビタミンを構造の一部に含んでおり，ビタミンは補酵素の前駆体である．補酵素が活性中心に結合する酵素の場合，補酵素が結合した形をホロ酵素，補酵素が結合していない形をアポ酵素という．

　酵素の中には，立体構造の安定化や酵素活性のために，金属イオンを必要とするものがある．これらの酵素を金属酵素とよぶ．

B タンパク質としての性質

　酵素はタンパク質であるため，基本的な化学的性質は他のタンパク質と同様である．すなわち，温度やpHによってとくに立体構造が大きな影響を受け，化学反応を触媒する酵素活性が大きく変動する．酵素ごとに，最大の活性を示す温度である最適温度，最大の活性を示す最適pHがある．図10.3に典型的な酵素の温度，pHと酵素活性の関係を示した．ヒトの場合，多くの酵素は体温程度で，中性域で最大の活性を示す．一方で，たとえば極端なpHや温度，有機溶媒の存在下では立体構造が壊れる変性現象が起き，触媒活性が失われる．これを酵素の失活という．

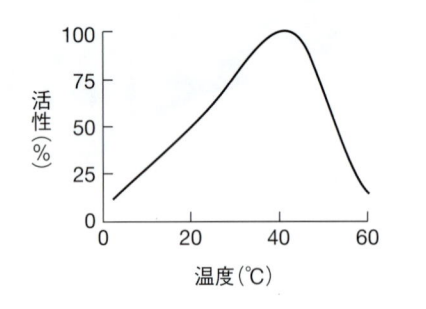

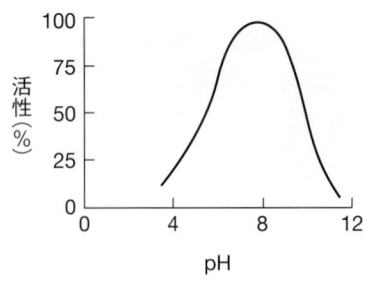

図10.3 典型的な酵素の活性変化

C 反応特異性と基質特異性

　酵素の大きな特徴として，反応特異性と基質特異性があげられる．反応特異性とは，特

定の酵素がある特定の化学反応のみを触媒することを指す．基質特異性とは，特定の酵素はある特定の基質（化合物）に対してのみ触媒作用を発揮することを指す（図10.4）．後に説明するように，生体内では基本的には同じような原理により進行する化学反応が数多く存在し，その反応の詳細なメカニズムは類似している．さまざまな類縁化合物が存在する生体内で，無作為に化学反応が進行するのは生物にとって決して好ましい状況ではない．莫大な数の化学反応が統合制御された形で，間違いのない形で行われることが重要である．実際には，酵素の活性部位の構造が厳密に規定されており，このために少しでも立体構造の異なる化合物が活性部位にはまり込めないことが基質特異性を決定する分子基盤となる．このことを例えて，基質と酵素は鍵と鍵穴の関係にあるということもある．

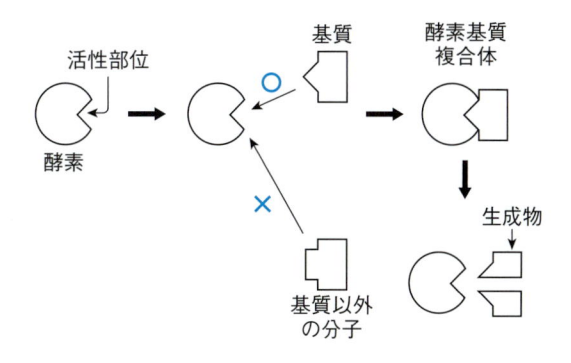

図10.4 酵素の基質特異性

D アイソザイム

酵素の中には，タンパク質として異なる分子（すなわちアミノ酸配列が同一ではない）が，同じ化学反応を触媒する酵素が複数個存在する場合がある．このような場合，これらを互いにアイソザイムとよぶ．たとえば，異なる臓器に異なるタンパク質が発現しており，これらのタンパク質が同じ化学反応を触媒している場合などがある．

10.5 酵素の分類

現在までに明らかになっている酵素の数は4000を超える．これは，さまざまな化合物が存在する生体中で，無制御な化学反応が進まないように，各酵素において基質特異性や反応特異性が厳密に規定されていることを明確に示している．これらの酵素のうち，精製されて基質特異性や最適温度などのさまざまな性質が明らかになっているものについては，酵素番号が指定されており（EC番号という），通常「EC 1.1.1.1」のように標記される．

膨大な数にのぼる酵素であるが，実際に触媒する化学反応によって6種類に分類される．これは，一見複雑そうに見える生体内の化学反応が，数少ないルールに従って行われてい

ることを示している．以下に分類を示す．

A　酸化還元酵素（オキシドレダクターゼ）

基質を酸化，あるいは還元する反応を触媒する酵素．代表的な酵素として，細胞のエネルギー源となるブドウ糖の代謝過程で機能する脱水素酵素などがある（図10.5）．

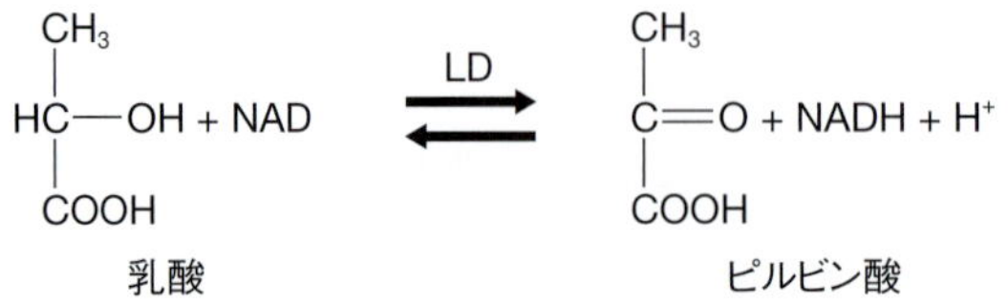

$$\text{HC(CH}_3\text{)-OH + NAD} \xrightleftharpoons{\text{LD}} \text{C(CH}_3\text{)=O + NADH + H}^+$$

乳酸　　　　　　　　ピルビン酸

図10.5　酸化還元酵素の例（LD：乳酸デヒドロゲナーゼ）

B　転移酵素（トランスフェラーゼ）

基質の一部分を他の基質に転移する反応を触媒する酵素．代表的な酵素として，アミノ酸のアミノ基を別の分子に転移することで，酸化（燃焼しやすい）構造に変化させるアミノ基転移酵素などがある（図10.6）．

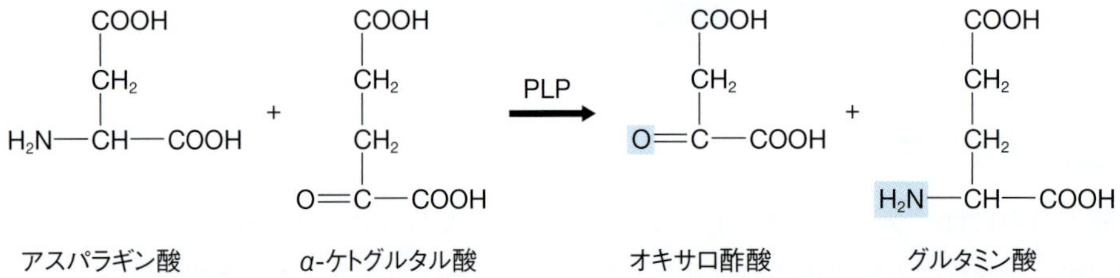

アスパラギン酸　　α-ケトグルタル酸　→（PLP）→　オキサロ酢酸　　グルタミン酸

図10.6　転移酵素の例（PLP：アスパラギン酸アミノ基転移酵素）

C　加水分解酵素（ヒドロラーゼ）

基質が水と反応し，分解する反応を触媒する酵素．代表的な酵素として，デンプンを加水分解してオリゴ糖を産生する*α-アミラーゼ*などがある．一般に消化酵素とよばれるものの多くがヒドロラーゼに分類される（図10.7）．

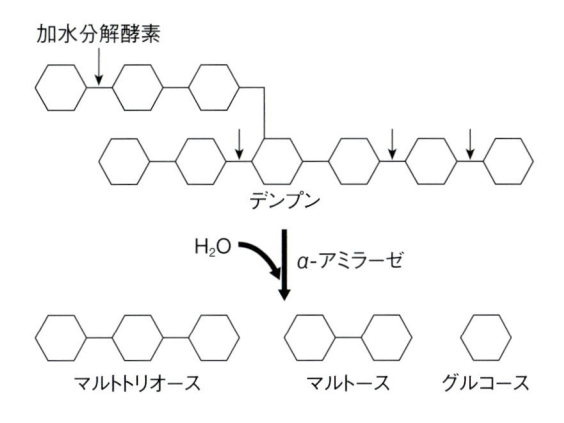

図10.7 加水分解酵素の例（α-アミラーゼ）

D 脱離酵素（リアーゼ）

基質のある部位が脱離する反応を触媒する酵素，あるいはその逆反応を触媒する酵素．脱離反応により，二重結合が生成する．またその逆反応では二重結合部位に置換基が導入される．代表的な酵素として，糖代謝系で機能するエノラーゼなどがある（図10.8）．

図10.8 脱離酵素の例（エノラーゼ）

E 異性化酵素（イソメラーゼ）

異性体どうしが相互に変換する反応を触媒する酵素．代表的な酵素として，糖代謝系で機能するグルコース 6-リン酸イソメラーゼなどがある．主要な栄養素の異化代謝（分解）経路において機能する異性化酵素は，多くの場合次のステップの化学反応が行えるように基質の構造を変化させるために機能している（図10.9）．

図10.9 異性化酵素の例（グルコース 6-リン酸イソメラーゼ）

F 結合酵素（リガーゼ）

ATPなどの高エネルギー化合物の加水分解反応によって遊離するエネルギーを用いて，2つの化合物が結合する反応を触媒する酵素．代表的な酵素として，糖新生経路で機能するピルビン酸カルボキシラーゼなどがある（図10.10）．

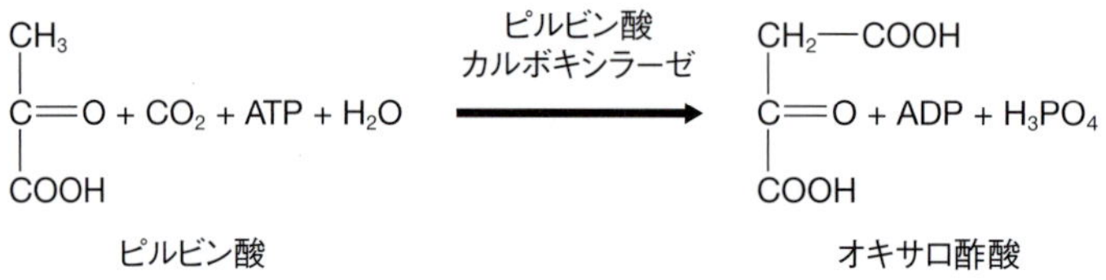

$$\begin{array}{c} CH_3 \\ | \\ C=O \\ | \\ COOH \end{array} + CO_2 + ATP + H_2O \xrightarrow{\text{ピルビン酸カルボキシラーゼ}} \begin{array}{c} CH_2-COOH \\ | \\ C=O \\ | \\ COOH \end{array} + ADP + H_3PO_4$$

ピルビン酸　　　　　　　　　　　　　　　　オキサロ酢酸

図10.10 結合酵素の例（ピルビン酸カルボキシラーゼ）

10.6 酵素反応

これまでに説明したように，酵素は化学反応を起こりやすくする触媒としての機能により，特定の化学反応の速度を高める働きを発揮することに本質的・生理的意義がある．このため，各酵素の特性を理解するために，触媒した化学反応の進行の早さ，すなわち反応速度は最も重要なパラメーターとなる．

反応速度を理解することは，単に学問的にだけでなく，応用・実用の場面でも非常に重要である．たとえば，多くの薬はある特定の酵素の機能を阻害することによって薬理効果を発揮する．開発する薬の効果がどの程度あるのかを判断するためには，目的の化学反応がどの程度阻害されたのかを判断する必要があり，その判断基準は反応速度の低下度合いとなる．このほかにも，臨床検査の場面で反応速度が用いられる．後述するように適切な条件下では，酵素の反応速度は酵素の量と比例する．そこで特定の疾病に関連する酵素量の判定のために酵素反応の測定が用いられることがある．以降，酵素の反応速度について基本的な事項を解説する．

A 反応速度

酵素によって触媒された化学反応の早さを**反応速度**とよぶ．反応速度とはある一定の時間内に消費される基質の量，あるいはつくられた生成物の量として表される．酵素の量，基質濃度，温度などが適切な条件に置かれれば，反応速度は一定の時間内は一定を保つ．図10.11Aに示すように，時間経過に応じて生成物量が増える．この時の勾配が反応速度に相当する．しかし，一定の時間が経過すると，反応速度は低下する．これは，基質が消費され生成物が増加するためである．基質濃度が十分存在する場合には，酵素量に比例して反応速度は上昇する（図10.11B）．効率よく反応が行われる場として機能する酵素の量

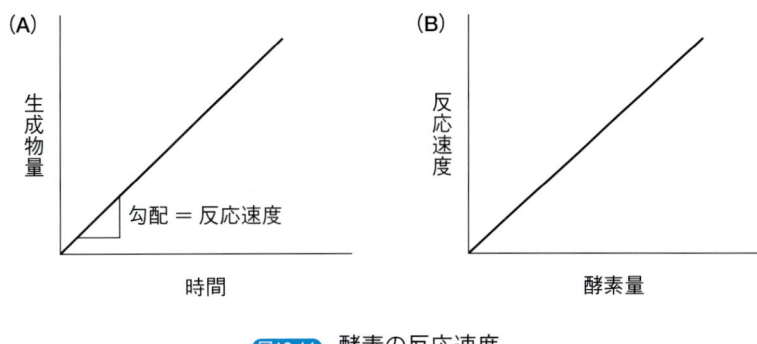

図10.11 酵素の反応速度

が増えれば，その量に応じて一定時間内につくられる生成物の量は上昇する．しかし，この場合でも酵素量が多くなってくると酵素量に比例した速度上昇は見られない．これは，化学反応が行われる場が増えすぎても，各々の化学反応に供される基質量が十分でなくなるため，酵素の触媒機能が最大限に発揮しきれなくなるためである．

B 基質濃度と反応速度の関係

　以上のように，酵素反応の速度はその反応に関わるさまざまな要因によって，また反応の経過具合によって変化する．このような反応系で酵素そのものの特性や，酵素反応の特徴について，多くの情報を把握できる表記方法として，基質濃度に対して反応速度をプロットした図が用いられることが多い（図10.12）．酵素量を一定にして基質濃度と反応速度の関係をみると，図に示されるように双曲線が得られる．この曲線を詳細にみると，基質濃度が比較的に低い状態では，基質の濃度の上昇とともに反応速度が大きくなる（図10.12①）．基質は化学反応を受ける際にまず，酵素との間で酵素基質複合体を形成し，その状態から触媒作用により効率よく化学反応を受ける．この状態では，反応系に含まれている酵素のうち一部だけが酵素基質複合体を形成している状態で，活性部位が空いた状態の酵素

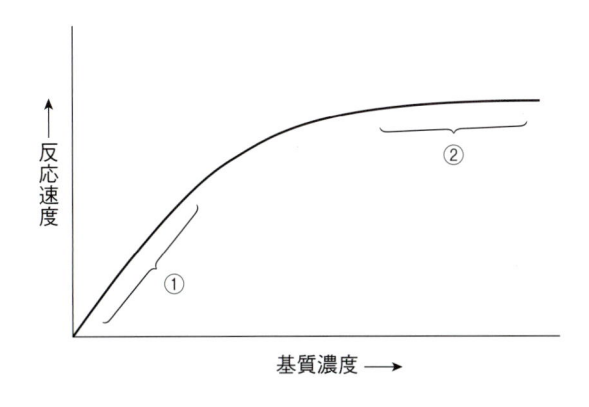

図10.12 基質濃度と反応速度の関係

が残っている．この場合，基質濃度を高めれば，加えた分だけ活性部位が空いた酵素に基質が結合でき，結果として化学反応が進むことになる．結果として反応速度が基質濃度に比例して大きくなる．このように，基質の濃度に比例して反応速度が上昇する状態を一次反応という．一方，基質濃度が高い状況では，ほぼすべての酵素が酵素基質複合体を形成し，次から次へと反応を触媒している状態になるので，それ以上基質濃度を上昇させても反応速度は上昇せず，最大速度として同じ反応速度を示し続ける（図10.12 ②）．この状態をゼロ次反応という．

C ミカエリス・メンテンの式

これまでに説明してきた基質濃度と反応速度の関係を示した双曲線を数式で表すと，

$$v = \frac{V_{max} \times [S]}{K_m + [S]}$$

となることがわかっている．発見者の名前にちなんでミカエリス・メンテンの式とよばれている．ここで，v は反応速度，V_{max} は最大速度（基質の濃度が十分高いときに示す反応速度），[S] は基質濃度，K_m はミカエリス定数となる．この式の導き方は他の成書を参照されたい．重要なことは，この式が基質濃度と反応速度の関係において，どのような意味をもつか理解すること，そして，ミカエリス定数が酵素の特性を表す指標としてどのような意味をもつか理解することである．まず，この式で基質濃度が低い場合を考える．ミカエリス・メンテンの式は，基質濃度 [S] が K_m に比べて低い場合，

$$v = \frac{V_{max}}{K_m} \times [S]$$

と近似できる．したがって，この場合，反応速度は基質濃度に比例し，先に説明した1次反応の状態をよく示している（図10.13 ①）．

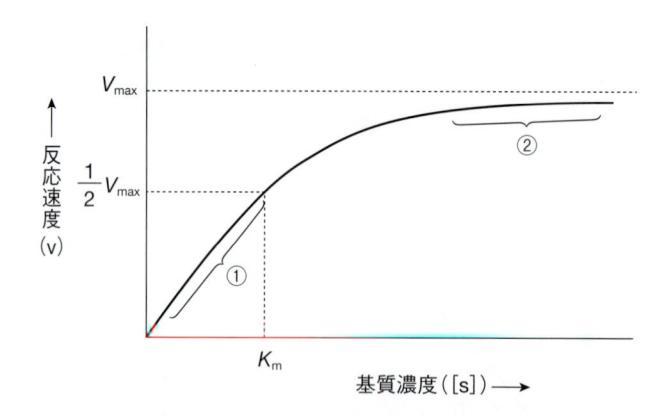

図10.13 基質濃度と反応速度の関係（2）

ミカエリス・メンテンの式は

$$v = \frac{V_{\max}}{\frac{K_m}{[S]} + 1}$$

と書き表すこともできる．基質濃度が K_m より十分に高い場合，$\frac{K_m}{[S]}$ は 0 に近づくため，反応速度は最大速度となり，基質濃度の影響を受けないゼロ次反応をよく反映している（図 10.13 ②）．それでは，ここで新たに出てきたミカエリス定数とは何か考えてみる．たとえば，基質濃度 [S] が K_m の場合を考えると，

$$v = \frac{V_{\max}}{2}$$

となる．すなわち，ミカエリス定数とは反応速度が最大速度の $\frac{1}{2}$ となるときの基質濃度を示す．各々の酵素は特有の K_m 値をとる．この値の大小はその酵素の重要な特性を表す．たとえば，K_m 値が小さいということは，少ない基質濃度で反応が速やかに進行することを意味する．すなわち，酵素と基質の結合が形成しやすく触媒反応が進みやすいことを示している．このことを親和性が高いという．簡単にいえば，K_m 値が低い酵素ほど活性が強い酵素ともいえる．

D ラインウィーバー・バークの二重逆数プロット

各々の酵素の特性を把握するのに，「どれだけ早く化学反応を触媒できるのか」，「どの程度の基質の量で反応が効率よく進行するのか」といったきわめて基本的な情報は，それぞれ最大速度やミカエリス定数で表されることはすでに解説した．実際に最大速度やミカエリス定数を実験的に求めるにあたっては，ラインウィーバー・バークの二重逆数プロット法を用いることが多い（図 10.14）．ミカエリス・メンテンの式は，両辺の逆数をとると，

$$\frac{1}{v} = \frac{K_m + [S]}{V_{\max} \times [S]}$$

と表される．この式をさらに変形すると，

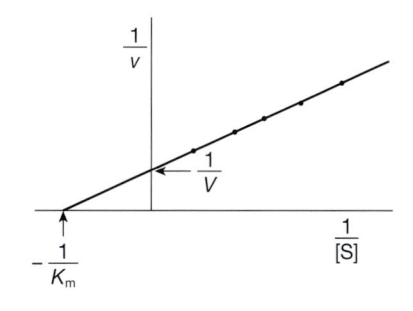

図 10.14 ラインウィーバー・バークの二重逆数プロット法

$$\frac{1}{v} = \frac{K_m}{V_{max}} \times \frac{1}{[S]} + \frac{1}{V_{max}}$$

となる．この式をラインウィーバー・バークの式という．この式をよく見てみると，$\frac{1}{v}$，$\frac{1}{[S]}$ は変数であり，$\frac{K_m}{V_{max}}$，$\frac{1}{V_{max}}$ は定数となる．実験的に基質濃度を何点か定め，それぞれの反応速度を求める．$\frac{1}{[S]}$ を x 軸に，$\frac{1}{v}$ を y 軸にとり実験結果を記載し，各点を結ぶと図10.14に表されたような直線が描ける．この図において，x 切片が $-\frac{1}{K_m}$，y 切片が $\frac{1}{V_{max}}$ となるため，K_m，V_{max} の値を得ることができる．

E 酵素反応の阻害

　酵素の触媒機能を妨げたり，鈍らせる化合物を阻害剤という．阻害剤の影響により酵素反応の速度が低下することを阻害という．いわゆる薬の多くは酵素の阻害剤であり，特定の酵素の機能を抑制することで，病的な症状を改善したり，生体に影響を与える．たとえば，ペニシリン系の抗生物質は細菌の細胞壁を合成する酵素の阻害剤である．これにより細菌が死滅するため，細菌感染症に対して処方される．細菌などに感染した組織は炎症反応（発熱，疼痛）を示すことで個体全体を守る．しかし反面，これらの諸症状は人間にとって苦痛である．これらの炎症反応は，組織内でシクロオキシゲナーゼという酵素が機能して誘導される．アスピリンはこの酵素の阻害剤として機能するため，解熱鎮痛剤として処方される．このように，酵素の阻害剤は，我々人間の生活にとっても非常に有効に利用されている．

　阻害剤による酵素の阻害方法にはいくつかの種類があるが，代表的な2種類について説明する．

a 競争阻害

　競争阻害（拮抗阻害ともいう）とは，酵素の活性部位に基質と類似した構造をもつ化合物が結合することによって起きる阻害である（図10.15）．文字どおり，基質と阻害剤が活性部位を争うことで酵素基質複合体の形成が低下するため，酵素反応速度が低下する．この種類の阻害剤の場合，基質濃度と阻害剤濃度のバランスによって阻害効果が大きく異なる．基質濃度が阻害剤濃度より著しく高ければ，阻害効果はほとんど見られない．たとえば，1万個の基質に対して1個の阻害剤しかない条件下では，ほとんどの酵素の活性部位

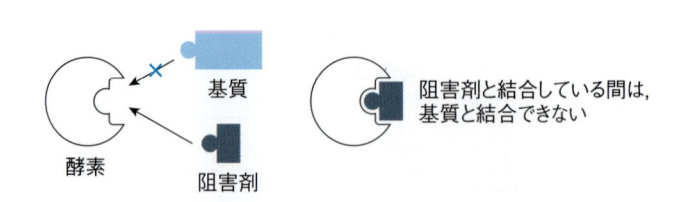

図10.15 阻害剤による競争阻害

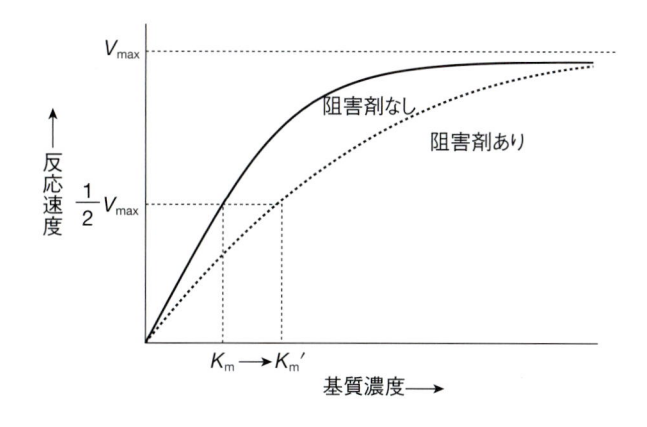

図10.16 競争阻害時の反応速度の変化

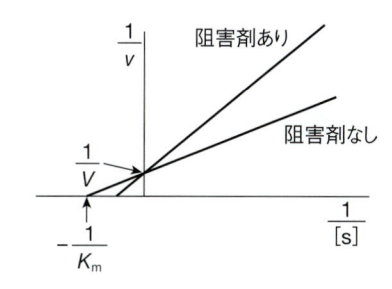

図10.17 競争阻害時のラインウィーバー・バークの二重逆数プロットの変化

には基質が結合しているからである．一方，1万個の基質に対して，1万個の阻害剤が存在していた場合には，おそらく半分程度の酵素の活性部位には阻害剤が結合し，酵素反応速度は著しく低下する．図10.16に示されるように，基質濃度が低い場合に阻害が大きく，高い場合には阻害は小さいため，酵素反応の最大速度は変化しないまま K_m 値の増加が認められる．ラインウィーバー・バークの表示方法でも，最大速度を反映する y 切片の位置は変化しない．一方，K_m 値の増加に伴い，x 切片の位置が正の方向にシフトしたような直線として実験結果が表わされる（図10.17）．

b 非競争阻害

非競争阻害では，阻害剤は酵素の活性中心以外の部位に結合する．この場合，阻害剤が活性部位をふさぐわけではないので，基質と酵素の結合自体には影響を与えない．阻害剤が酵素に結合することにより，活性中心の構造は変化しており，化学反応自体が起きづらくなる状況となる．つまりいくら酵素があっても，反応自体の進みは遅くなる．この阻害形式の場合，酵素と基質の結合は変化しないため，酵素の基質に対する親和性は変化しない．すなわち，K_m 値に変化はない．しかし，反応を触媒する酵素の能力は落ちているた

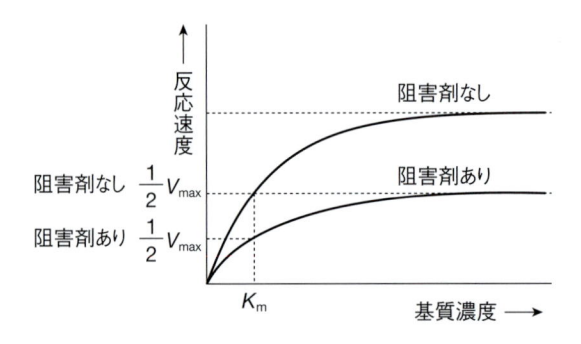

図10.18　非競争阻害時の反応速度の変化

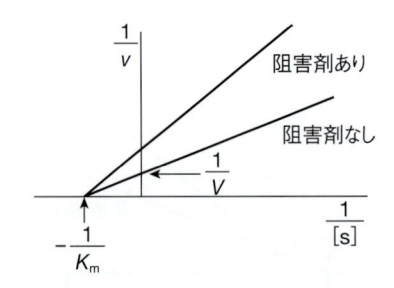

図10.19　非競争阻害時のラインウィーバー・バークの二重逆数プロットの変化

め，最大速度は低下する．この状況を図に示すと，図10.18のような曲線となる．ラインウィーバー・バークの表示方法では，最大速度を反映するy切片の位置が上方にシフトする．一方，K_m値は変化しないため，x切片の位置が固定されたままで，傾きが大きくなった直線として実験結果が表示される（図10.19）．

F　酵素活性の単位

　酵素の活性は，酵素そのものや阻害剤の特性を知るうえで重要であることはすでに説明した．実験的にこの酵素の活性を求める際に，共通の単位であるユニット数が用いられる．1ユニットは，最適条件下（温度30℃で，最も化学反応が進むpH）で毎分1マイクロモル（μmol）の基質を変化することができる酵素量として定義されている．

まとめ

① 酵素とは
　生体内で化学反応が起きる際に，活性化エネルギーを低下させることで，その反応速度を著しく速める働きをもつ触媒としての機能を果たすタンパク質群のことを指す．

② 反応特異性と基質特異性
・反応特異性：ある酵素がある特定の化学反応のみを触媒すること．
・基質特異性：ある酵素がある特定の分子のみを基質とすること．

③ 酵素の化学的特性
　酵素はタンパク質であるため，体温近辺，中性条件下で最大の活性を示す場合が多い．極端な温度やpH条件下では酵素の立体構造が崩れる変性現象が起き，触媒作用を失う．

④ 酵素の分類
・酸化還元酵素，転移酵素，加水分解酵素，脱離酵素，異性化酵素，結合酵素

⑤ 酵素反応の速度
　酵素反応は，一定の時間内に消費される基質の量，あるいは生成物の量として表される．
・一次反応とゼロ次反応：酵素量が一定の条件下において基質濃度が比較的低い場合，反応に供した基質濃度の上昇に比例して反応速度が上昇する．この状態を一次反応とよぶ．基質濃度が高い場合には，さらに基質濃度を上昇させても反応速度は上昇せず，最大速度を維持する．この状態をゼロ次反応とよぶ．
・ミカエリス・メンテン式：基質濃度と反応速度の関係を表した式

$$v = \frac{V_{\max} \times [\mathrm{S}]}{K_{\mathrm{m}} + [\mathrm{S}]}$$

　　　（v：反応速度，$V_{\max}$：最大速度，[S]：基質濃度，K_{m}：ミカエリス定数）

⑥ ミカエリス定数
　反応速度が最大速度の半分となるときの基質濃度を示す．
・K_{m}値が高い＝多くの基質がなければ反応が進行しない．
・K_{m}値が低い＝少ない基質でも反応は速やかに進行する．
　したがって，K_{m}値が低い酵素ほど活性の強い酵素となる．

⑦ ラインウィーバー・バークの二重逆数プロット
　実験的に最大速度や，ミカエリス定数を求める際に使用するプロット法．x切片がK_{m}に関する情報を，y切片が最大速度に関する情報を与える．

❽ 酵素反応の阻害
- 競争阻害：酵素の活性部位に阻害物質が結合する．K_m が増加する．
- 非競争阻害：活性中心以外の部位に阻害物質が結合する．V_{max} が減少する．

第11章 生体エネルギーと代謝概論

　生物には種を問わずいくつかの共通点がある．その1つが，生きるために「外部より栄養をとる」ということである．すべての動物は他の動物や植物を食べ物とし，水や酸素を取り入れながら生命を維持している．植物も水やミネラルと太陽光を取り入れることで生きている．栄養とは，生物が体の機能を維持し，高めるために必要な物質を指す．我々が食する栄養を見てみると，もとは他の動物や植物，あるいはこれらがつくり出したものである．したがって，これまでに学んだ糖質，脂質，タンパク質などが主要な栄養となる．

　生物がこれらの栄養を体の中に取り込むのには，主に2つの理由がある．1つ目の理由は，これらの栄養からエネルギーを得て，たとえば運動といったエネルギーを必要とする生命活動に利用するためである．2つ目の理由は，取り込んだ栄養を材料として，自分の体を構成する物質につくりかえるためである．栄養からエネルギーを取り出す過程では主に化合物の分解反応が進行している．一方，体の構成分子の再構成では化合物の合成反応が進行している（図11.1）．これら一連の化学反応を代謝とよぶ．すべての生物は代謝を行うことで生命活動を営んでいるといってもよい．本章では，とくにエネルギー代謝に関連して，その基礎的な考え方について解説する．

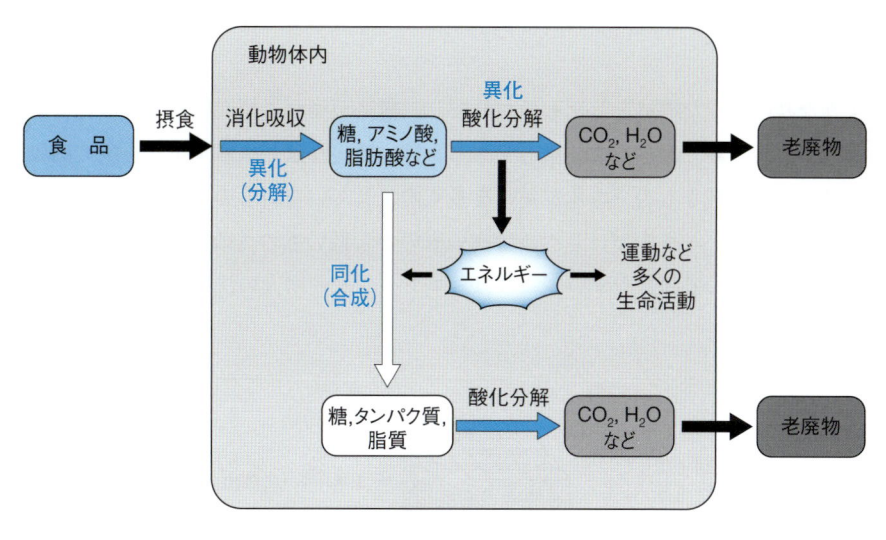

図11.1　代謝の概要

11.1 生体エネルギー概論 ─栄養素のもつエネルギーとその取り出し方─

A 複雑な構造をした化合物がもつエネルギー

　生きている生物と死後すぐの生物を比べると，体重に変化がないのは感覚的に理解できる．また，元素レベルで比較しても，体を構成する基本的な元素組成に変化はないであろう．しかし，時間がたつにつれて死んだ生物はその構造をとどめておくことができない．元素レベルでの組成は変わらないとしても，時間経過とともに体を構成する有機化合物が分解され，明らかに構造が崩れ朽ち果ててゆく．他の例をあげると，砂でできた城はやはり時間経過とともに崩れ落ちてゆく．このように実際に生きている生物以外の世界では，形あるもの（秩序だった構造物）は時間経過とともに崩れ，全体として無秩序な状態が増す傾向にある．これをエントロピー増大の法則という．生物はこの法則に反し，これまでに学んできた非常に複雑かつ秩序だった構造をもつ有機化合物から構成されており，しかもそれらの構造物を維持し利用している．

　一般に複雑な構造をしたものをつくるには，エネルギーが必要であることも感覚的に理解できる．たとえば積み木を考えてみれば，秩序だった構造をもつ建物の模型をつくるには，人間が仕事をして（エネルギーを投入して）積み木を積み上げる必要がある（図11.2）．この過程を経てはじめて秩序だった構造が形成される．言い換えれば秩序だった構造をした化合物は，エネルギーが投入された結果つくられうるもので，化合物中に多くのエネルギーを内包している．

　このような秩序だった構造をしたものが分解し，構造が崩れる傾向にあるのは先に説明したとおりで，自然界で起きやすい反応である．言い換えれば，エネルギーを多く内包したものが壊れて，単純なもの（エネルギーを多く内包していないもの）に変化するのは起きやすいわけである．エネルギーレベルの高いものから低いものへの移り変わり（化学反応）は，発熱反応として起きやすい．これは，エントロピー増大の法則とよく相関した関係にある．

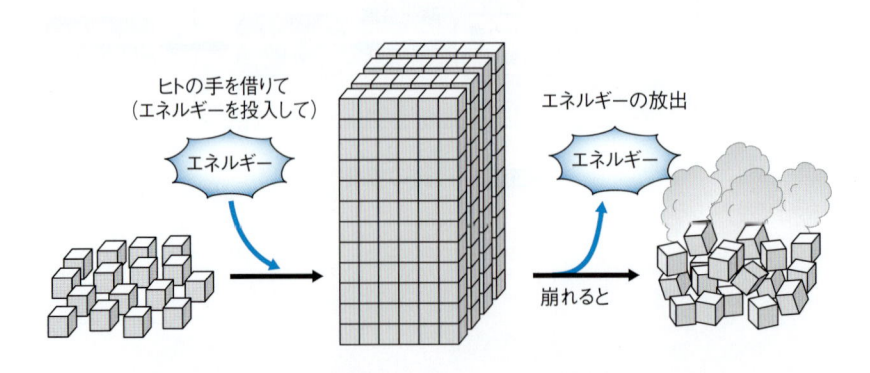

図11.2 秩序立った構造物をつくるにはエネルギーが必要である

B 生命活動とエネルギー状態

　これらの視点で生物を見直してみる．第2章で解説したように，生物には構成成分として水が主要であるが，その他の大部分は有機化合物であり，かつ高分子が多い．つまり生物は高度に秩序だった構造をしており，多くのエネルギーを内包しているものととらえることができる．すでに解説したように生物はその構成化合物を常に新たな物質と置き換えながら生きている．ヒトを構成する細胞でも，たとえば小腸の上皮細胞などは数日の寿命しかなく，常に新しい細胞と置き換わっている．当然，細胞を構成する化合物（すなわち高分子有機化合物）も体内・細胞内で合成されている状況となる．言いかえれば，常に生物は高いエネルギーを内包する化合物をつくり続けている．これらの活動が維持されなければ生物は死を迎え，自然界の一般的な流れに沿って，エントロピーの高い状態，すなわち無秩序かつエネルギー状態の低い低分子に分解されてゆく．つまり，生物は自らの状態を維持するだけでも多くのエネルギーを必要とするし，存在自体が大変コストのかかった構造物であるといえる．さらに動物などは，運動等のエネルギーを多く必要とする活動も行う．このような生命活動を支えるためには，多くのエネルギーを外部から取り入れる必要があるのは自明である．

C 代謝・同化・異化

　生物は，外部よりエネルギーを取り入れる方法として栄養を摂取する．栄養となるものは，その大部分が他の生物，あるいは生物が作り出したものである．このことは，我々人間の生活を考えれば一目瞭然である．我々が日々食しているのは，米，野菜，肉，乳製品等であり，それらはそもそも，植物の種子，植物そのもの，動物，あるいは動物がつくり出したものである．これらの特徴は，水以外の主要成分として高分子有機化合物によって構成されていることである．多くの生物は，他の生物を摂取することにより，生体内に秩序だった化合物を取り入れる．これらの化合物を生体内で分解することで無秩序かつエネルギー状態が低い低分子にし，その差分としてエネルギーを取り出し，自らの生命活動に利用している．このように，生体内で化合物を分解する反応を異化とよぶ．異化反応は，エネルギー的には発熱反応になる場合が多く，起きやすい反応である．この異化反応に対応して，外界から取り入れた化合物を利用して，新たに生体の構成化合物に合成する反応も存在する．この場合には，より秩序だった複雑な化合物をつくるためにエネルギーを必要とする．このエネルギー源は異化反応により供給される場合も多い．これらの合成を中心とした反応を同化とよぶ．生体内では，化合物の合成や分解が連動しながら常に進行しており，これらの生体内の化学反応を総称して代謝とよぶ．

D 生体エネルギーの通貨として機能するATP

　実際に生物が栄養として摂取したものからエネルギーを獲得するには，いくつかの形式がある．主要な栄養を考えてみても，糖，脂質，タンパクなどがあり，これらの化合物の

分解によりエネルギーを得る際にも，各々別経路である複雑な異化反応を受ける（後述）．これらの主要構成物を生体内で合成する際にも，それぞれ特異的な同化反応経路をとる．生体内ではこれ以外にも，筋肉の収縮による運動，光を発する現象など，化学合成以外にも多彩な生命活動が存在し，いずれもエネルギーの消費を伴う．まとめれば，エネルギーの入り口も出口もそれぞれ多数，多種類あることになる．生物が，どのようなタイミングでどのような種類の栄養を獲得できるか一定ではない状況下にあること，かつ獲得したエネルギーはさまざまな形で利用したいことをふまえると，異化代謝反応により獲得したエネルギーをある程度統一した形で一過的に蓄積し，必要に応じて蓄積分を利用する形式が非常に有利となる．そのために，生物は有機化合物の分解によって得られたエネルギーを化学エネルギーの形でATPという分子に蓄える．図11.3に示すように，ATP分子は糖（リボース）にリン酸基が3つ結合した構造をしている．リン酸基は互いに負電荷を有しており，近接することで互いに静電的な反発がある．例えれば，圧縮したバネのようなものである．バネを解放すれば，その力を使って仕事が行われる．同様に，リン酸基が1つ遊離すれば，当初分子内に内包していた反発力分のエネルギーが解放され，さまざまな仕事に利用できる．この時，2つ分のリン酸基が残ったADP（アデノシン二リン酸）とよばれる分子が産生する．

ATPからADPへの加水分解が行われると大きなエネルギーが遊離する化学的な理由は

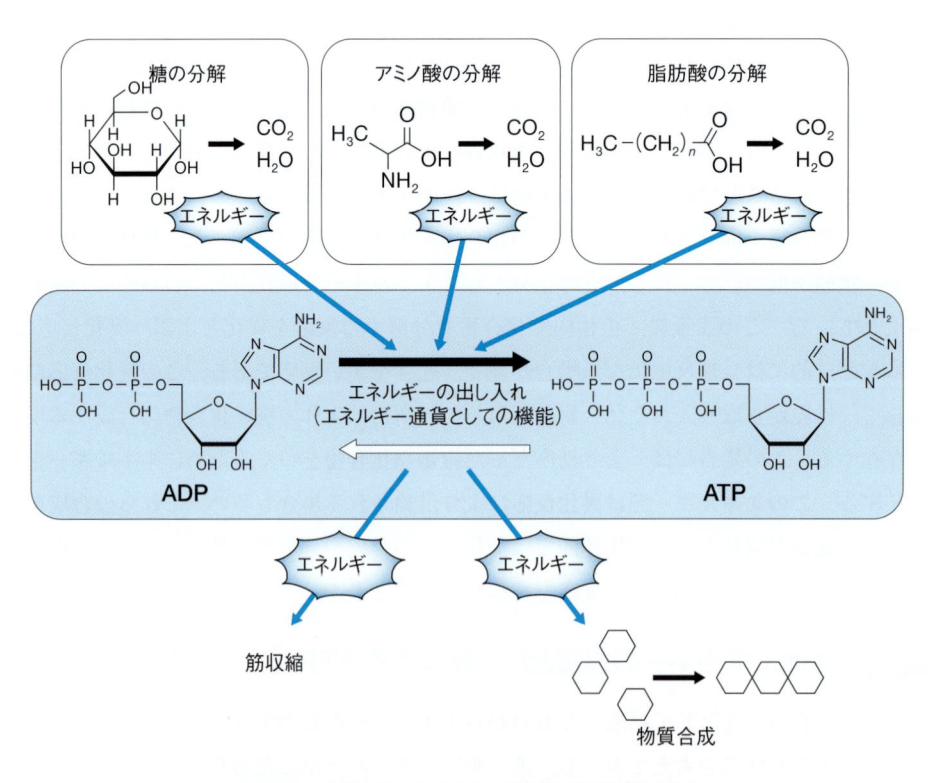

図11.3 ATPはエネルギーを蓄積する物質である

他にもいくつかある．その1つは共鳴安定化である．リン酸基どうしが結合したリン酸無水物結合中では，リン原子の間に配置する酸素原子の非共有電子対を両側から電子吸引性の基が奪い合う形になるが，加水分解することでこの競合がなくなる．遊離したリン酸中に存在する P＝O，P—O⁻ 部分と，ADP 内の P＝O 部分などがとりうる配置が多く共鳴安定化することになる（図 11.4）．このため，ADP は ATP に比べエネルギー状態がかなり低くなるため，その差分のエネルギーをさまざまな生命活動に利用できることになる．

　ATP と ADP は，充電状態と放電状態の電池に例えるとわかりやすい．これらの分子は，リン酸基1個分の結合と遊離によりエネルギーを蓄えたり放出することが可能である．栄養の分解によって遊離したエネルギーは化学エネルギーの形で，高エネルギー状態（充電状態）の ATP 合成に利用される．実際にはエネルギーを利用して，ADP にリン酸基が付加する化学反応が行われる．一方，いったん ATP に化学エネルギーとして蓄えられたエネルギーは，リン酸基が遊離する反応に伴い，エネルギーを放出しさまざまな仕事に使われるこれにより，エネルギー状態の低い（放電状態）ADP になる．この ATP と ADP の変換反応は，同一分子に対してくり返し行われ，ATP サイクルとよばれる（図 11.3）．この ATP サイクルは生物には ATP 以外にも似たような機能をもつ化合物が複数あるが，汎用性が高く，量的にも ATP は主たるエネルギー通貨であるといってさしつかえない．

　生物は，栄養をとることで ATP の形でエネルギーを蓄えた後，ATP を分解することでさまざまな生命活動を行うというサイクルを延々とくり返しているととらえ直すことができる．

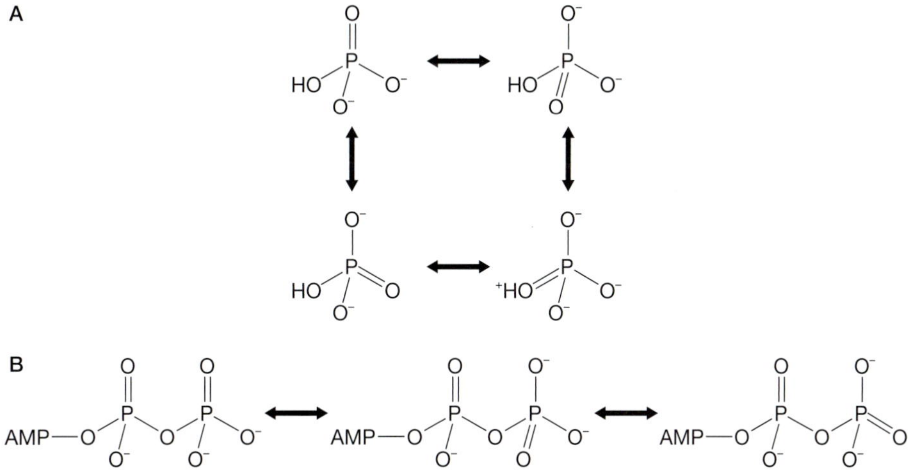

図11.4　リン酸（A）と ATP（B）の共鳴構造の違い
A の方が B よりも共鳴構造のバリエーションが多いことに注意．すなわちリン酸の方が安定である．

11.2 栄養成分からエネルギーを獲得するための基本的な2種類の方法

これまでに解説してきたように，糖や脂質などの生体を構成する主要な有機化合物は食品の主要成分となる．生物はこれらの化合物を摂取し，異化代謝により分解をすることで，食品成分中に内包するエネルギーを取り出し生命活動に用いている．異化代謝の方法は成分により異なり，かつ複雑な複数の化学反応ステップによる．しかし，いずれの栄養に対しても実際にエネルギーを獲得する化学反応ステップには統一したルールがある．ここでは生体が有機化合物からエネルギーを取り出す具体的な反応について解説する．

A 脱水素反応を基盤とした，酸化的リン酸化反応

糖や脂質などの生体を構成する有機化合物の大きな特徴が，炭素化合物として見た場合に，還元が進んだ化合物であるということはすでに解説した（図3.9参照）．言い換えれば酸化される余地が大きい化合物である．実際に化合物が酸化されることによって，燃焼や光などのエネルギーが外部に解放されるイメージは容易につく．実際に生体内で起きる栄養成分の異化代謝反応においても，エネルギーが化合物から取り出される際に利用される化学反応は酸化反応である．ただし，イメージしやすい酸素付加反応ではなく，脱水素反応という形をとる．さまざまな化合物が脱水素反応を受けるが，反応様式は次の2つに大別される．

a 補酵素として NAD^+ を用いる脱水素反応

この反応では，基質中の特定の1つの炭素原子に配位した水酸基と水素原子から，水素イオン2個と電子が2個遊離する．水素イオン1個と電子2個は NAD^+ に受け渡され，NADHとなる（図11.5）．もう1つの水素イオンは溶媒中（細胞内の水）に拡散する．NAD^+ の反応部位はニコチンアミド部位であり，ここで水素イオンと電子を受け止める．この部位は，ビタミンであるニコチン酸から合成される部位である．

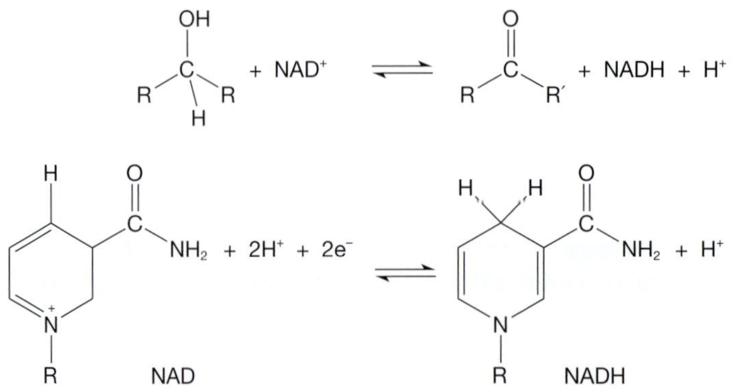

図11.5 補酵素として NAD^+ を用いる脱水素反応

b 補酵素としてFADを用いる脱水素反応

この反応では，基質中の隣接した2つの炭素原子に配位した水素原子から水素イオン2個と電子が2個遊離する．この結果，基質の炭素原子間に二重結合が形成される（図11.6）．水素イオン2個と電子2個はすべてFADに受け渡され，$FADH_2$となる．FADの反応部位はビタミンであるリボフラビンから生体内で合成されたイソアロキシン環部位であり，ここで水素イオンと電子を受け止める．

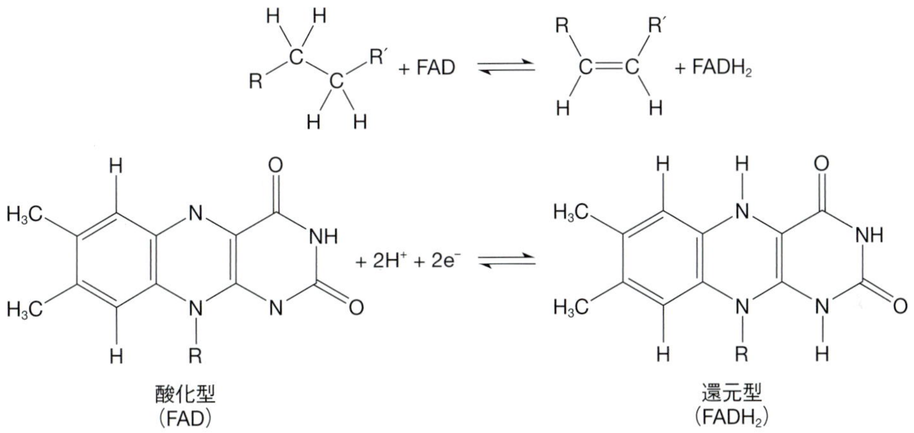

図11.6 補酵素としてFADを用いる脱水素反応

以上の脱水素反応によって，基質から相当分のエネルギーが取り出される．実際には1回の脱水素反応によって，ATP分子が数個できるだけのエネルギーが遊離している．ただし，脱水素反応の後ただちにATPが合成されるわけではない．重要なことは，脱水素反応の結果，電子が補酵素に受け渡されることである．NADHやFADH$_2$はミトコンドリアの内膜に存在する電子伝達系に電子を受け渡す．最終的に電子は電子伝達系という回路網を通過することで，ATPを生成する．このことは少しイメージがつきづらい印象がある．しかし，たとえば乾電池を用いて回路網に電流を流せば，豆電球に光がともることは容易にイメージがつく．このように，電子が制御された形で特定の回路網を流れれば，電子のもつエネルギーが別の形（たとえば，熱や光）で利用できる（図11.7）．

結論として，細胞の中では，栄養成分から脱水素反応の結果取り出された電子が，特定の回路網を流れることで化学エネルギーの形，すなわちATPの形に変換されると考えてよい．実際には，電子伝達系を電子が通過することで，ミトコンドリアの内膜と外膜の間（膜間スペース）に水素イオンがくみ出されるという仕事が行われる（図11.8）．膜間スペースは極めて狭い空間であるので，マトリックス（内膜の内側）側との間で，大きな水素イオン濃度の差が生じる．この濃度差を解消するために水素イオンがマトリックス側に再流入する際に，ADPとリン酸よりATPが合成される．このATP合成酵素は，ダムにおける

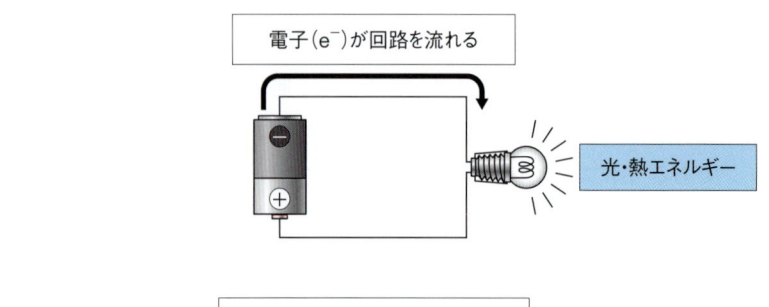

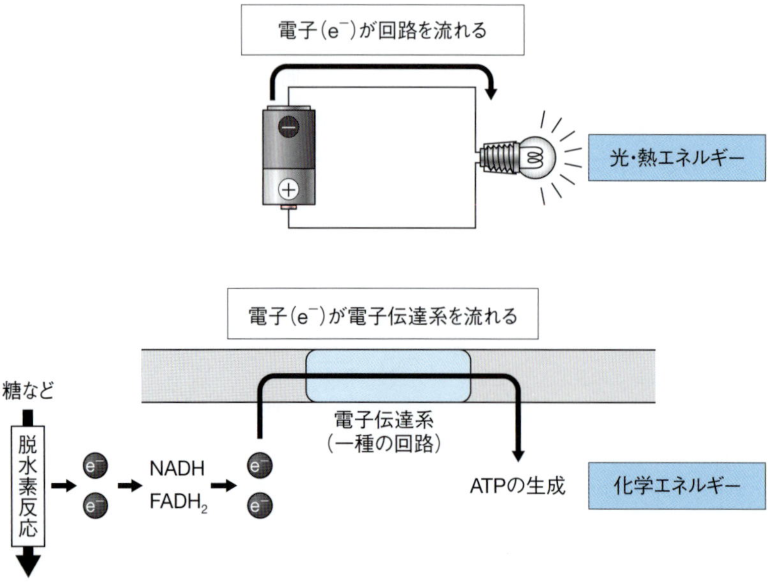

図11.7　電子のもつエネルギー

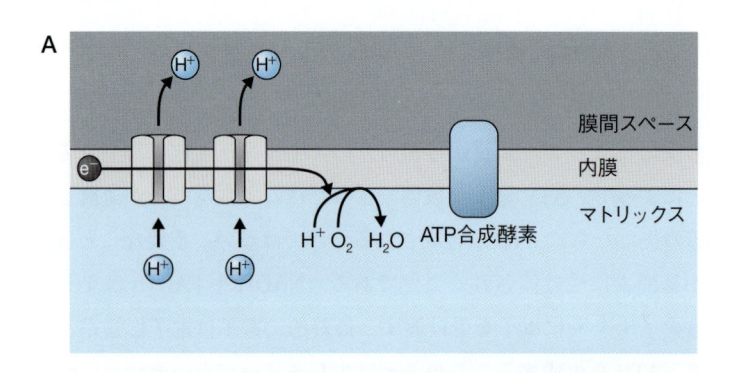

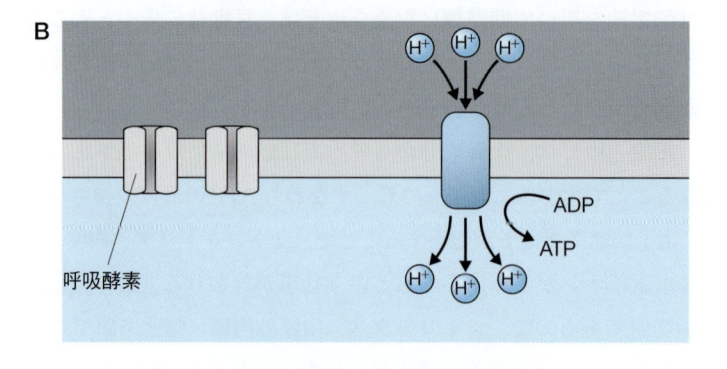

図11.8　電子伝達系の概要

水力発電器に類似した機能を有しており，水素イオンが通過する勢いを利用して酵素分子自体が回転し，ATPが合成される．最終的に電子は酸素に受け渡され水となる．以上のプロセスは，呼吸として吸入した酸素を利用しながら，ADPのリン酸化が実行されている事実をふまえ，酸化的リン酸化とよばれる．

B 高エネルギー化合物による，基質レベルのリン酸化

次章以降で説明する各種主要栄養素の異化代謝では，複数ステップの化学反応により，エネルギーが取り出される．この過程の中で，高エネルギー化合物とよばれる代謝中間体が生成する．実際には高エネルギー化合物分子内にリン酸基を含む，あるいは反応中にリン酸基をいったん付加される化合物が多く，これらの多くは高エネルギーリン酸化合物ともよばれる．これらの化合物が次の生成物に代謝される際に，ある程度以上のエネルギーが遊離するため，その反応と連動する形（共役という）でADPからATPがつくられる．この際，電子伝達系などを介することなく，直接基質中に存在するリン酸基がADPに受け渡されるため，一般にこれらの過程を基質レベルのリン酸化とよぶ．

一般に高エネルギー化合物というと，化学エネルギーの内包量が高い化合物をイメージする．しかし，ここで定義する高エネルギー化合物は，代謝反応によって生成物に変化する際に遊離するエネルギー量が高い中間代謝物を意味する．このことも，ブロックでくみ上げられた構造物をイメージするとわかりやすい．積み上がられた複雑な形をした構造物は，その状態（組み上げられた状態）が最も高いエネルギーを内包している．手をかけて積み上げた分のエネルギーが構造自体に内包されている．ここで，一番下部のブロック数個を外せば，一挙に土台から構造が崩れおちることになる．この際，そもそもの構造体が有していたエネルギーはほとんどすべて解放される．一方で，構造物の中間の高さに位置し，かつ端に存在するようなブロックを外しても，構造物全体は崩れることはないであろう．次にその横のブロックを外せば，構造物すべてが崩れることはなくても，場合によっては，ある程度の構造が崩れ，相当量のエネルギーが遊離するはずである（図11.9）．代謝学で高エネルギー化合物というとき，このような部分的なブロックの取り外し（異化代謝）によって，部分的に一定量（ATP合成に必要な量）以上のエネルギーが遊離される状態の化合物を指していると考えればよい．このような化合物（あと一歩でそれなりのエネルギーを遊離する構造物）は，当然最初の化合物（最初の構造体）より内包するエネルギー量が低く，その意味で高エネルギーというわけではない．あくまでも次のステップでそれなりのエネルギーを遊離する化合物という意味でしかない．しかし，エネルギー通貨を直接つくれるという意味では非常に重要な化合物である．以下に代表的な高エネルギー化合物を示す．

a ホスホエノールピルビン酸（図11.10A）

主要な栄養素である糖の異化代謝経路（解糖）において，中間代謝物として産生する化合物である．リン酸基が結合したために分子がエノールという不安定な構造に固定されて

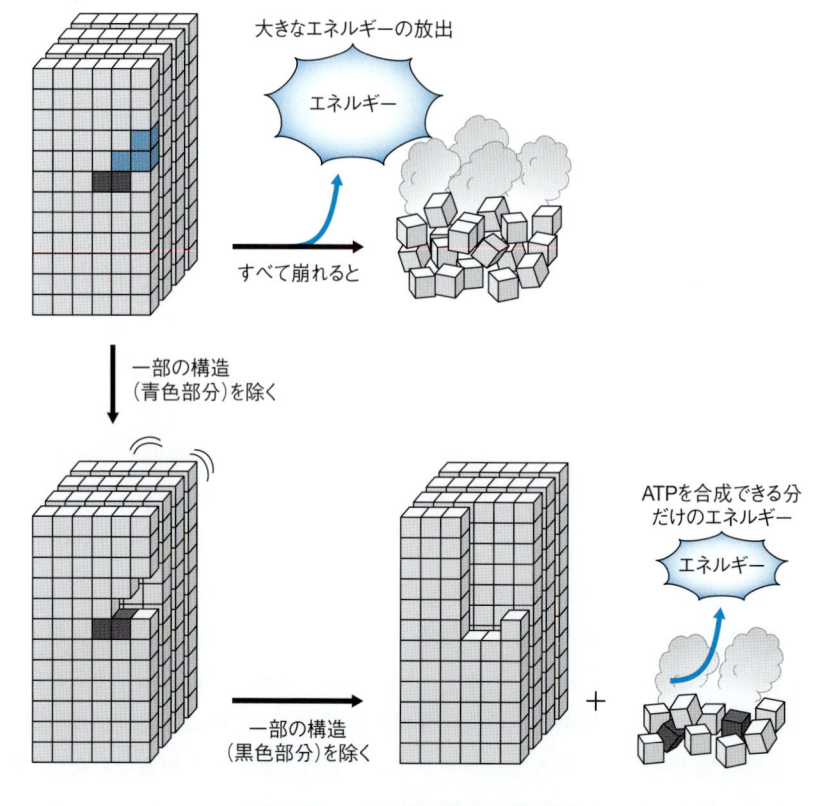

図11.9　エネルギー放出の模式図

図11.10　代表的な3つの高エネルギー化合物

A　ホスホエノールピルビン酸（PEP）
B　1,3-ビスホスホグリセリン酸（1,3-BPG）
C　クレアチンリン酸（ホスホクレアチン）

しまったために，加水分解によるリン酸基の遊離，それに続くケト型への変換により大きなエネルギーが遊離する．遊離したリン酸基は，ADPへ直接受け渡され，ATPとなる．

b　1,3-ビスホスホグリセリン酸（図11.10B）

　主要な栄養素である糖の異化代謝経路（解糖）において，中間代謝物として産生する化合物である．カルボキシ基にリン酸基が結合した混合酸無水物の構造をとる．このために，反応性が高くより安定なカルボン酸に移りやすい．ATP中に見られるピロリン酸構造と同

じく，混合酸無水物の構造中では電子の反発に抵抗する形で結合が形成されているため，加水分解によって結合が解消された分子は共鳴安定化する．このため，大きなエネルギーが遊離する．遊離したリン酸基は，ADPへ直接受け渡され，ATPとなる．

c クレアチンリン酸（図11.10C）

筋肉において主に機能する化合物である．栄養素の異化代謝によって得られるATPはATPサイクルによってADPとの間でエネルギーの蓄積と遊離を激しくくり返しており，普通の細胞では1分程度でATPは消費されてADPになっている．このため，ATPはエネルギーの貯蔵物質としては適していない．そのため，筋肉ではATPの化学エネルギーを一度クレアチンリン酸の形に変換して蓄積する方法をとる．クレアチンにはグアニジウム基があり，ここにリン酸が結合したものがクレアチンリン酸である．この結合は，他の高エネルギー化合物と同様，分子の共鳴構造を制限するため，結合にエネルギーが蓄積した化合物となる．エネルギーが必要な際には再度クレアチンリン酸が加水分解を受けて，ATPを合成して利用される．

d アセチルCoA，スクシニルCoA

アセチルCoAは，糖や脂肪の異化代謝（解糖，β酸化）過程において産生する中間代謝物である．また，スクシニルCoAは，これらの代謝過程に引き続き進行する代謝過程であるクエン酸回路において産生する中間代謝物である．いずれもカルボキシ基に硫黄が結合したチオエステル結合を有した化合物である．一般的に見られる酸素エステル結合では，C=O結合とC—O結合の間で安定な共鳴構造をつくれるが，チオエステル結合ではC=O結合とC—S結合間で安定な共鳴結合をつくれない（図11.11B）．このため，加水分解によりチオエステル結合が解消されることにより安定化が起きる．遊離するエネルギーが大きいため，ATPを産生することができる．なお，これらの高エネルギー化合物中にはリン

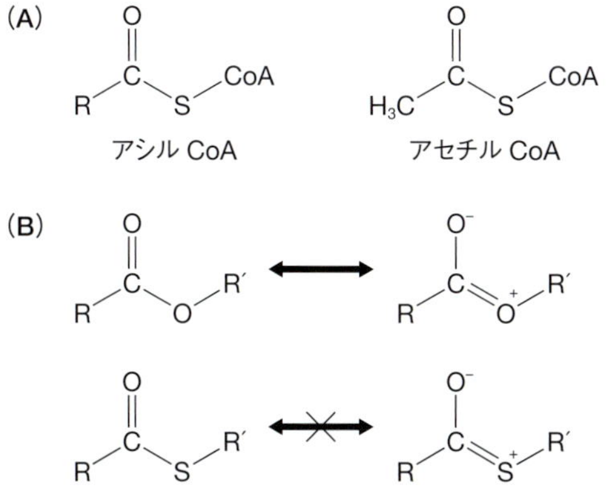

図11.11 （A）アシルCoA，アセチルCoAの構造，（B）酸素エステルとチオエステルの共鳴構造の違い

酸基が存在しない．これらの分子が加水分解反応を受ける反応の中間体に，リン酸基を取り込む反応が含まれており，いったん取り込まれたリン酸基が最終的に ADP に転移する．

C　エネルギーを取り出す反応と代謝過程全体の関係

　これまでに解説した脱水素反応は，実はエネルギー遊離量が，高エネルギー化合物の異化代謝（多くは加水分解）より大きい．1回の反応で ATP 数個を合成する分のエネルギーが遊離し，それが電子を回路網に流す形で利用される．これから解説を行う，体内で行われるエネルギー獲得のための異化代謝とは，大きなエネルギーを内包する栄養素を材料として，以下の3つの化学反応を組み合わせながら，徐々にエネルギーを取り出している反応過程と考えればよい．

① 構造変化を行うことで，基質から高エネルギー化合物として機能できる構造体をつくる．あるいは，基質から脱水素反応を行える構造に変化させる反応ステップ．ブロックを1つ1つ取り外し，（化学エネルギーとして）大きな構造変化を行うための準備を行っているイメージの反応ステップ．

② 高エネルギー化合物を異化代謝することで，その場で ATP を合成する反応ステップ．ブロックを1つ取り外すことで，化学エネルギーとして少し大きな構造変化を伴う反応ステップであり，ADP のリン酸化による ATP 生成と共役する．

③ 脱水素反応を行い，電子伝達系に電子を供給することで最終的に多くの ATP を合成するステップ．化学エネルギーとして大きな構造変化を伴う反応ステップであり，遊離したエネルギーは電子伝達系に電子を供給することで，ATP 合成につながる．

11.3　体内の主要栄養素の異化代謝概略

　これまでに，食物に含まれる主要な栄養素（糖，脂質，タンパク質）が多くのエネルギーを内包した化合物であることを学んできた．前述のようにこのような栄養素を摂取する生理学的な理由は主に2つある．第1の理由は，摂取した栄養素をいったん単位ユニットである単糖，脂肪酸，アミノ酸にまで分解して吸収し，体内でポリマー化し，新たな構成成分をつくるためである．すなわち，体の原材料とするためである（図11.1参照）．第2の理由は，摂取した栄養素を異化代謝により低分子にまで分解し，内包されていたエネルギーを ATP の産生に用いるためである．産生された ATP がエネルギー通貨として機能し，運動をはじめとしたさまざまな生命活動に用いられる（図11.3参照）．ここでは，この異化代謝の全体像について解説する．

A　好気的な代謝経路の全体像

　主要な栄養素の代謝は，細胞がおかれた状況として，酸素が供給されている状況（好気的）か，酸素が供給されていない状況（嫌気的）かで異なる．まず，前者の場合について

解説する．

　消化管において，主要栄養素はそれぞれの構成単位に分解され体内に吸収される．主に小腸などの消化管内において，炭水化物の場合は単糖（主にグルコース），脂質の場合はグリセロールと脂肪酸（正確にはその後再びトリグリセリドに合成し直される），タンパク質はアミノ酸に分解され体内に取り込まれる．その後，各組織内の細胞において新たな生体高分子の材料として利用される，あるいは異化代謝を受けてエネルギーを供給する（図11.12）．

　各組織内の細胞における主要栄養素の異化反応は主に3ステップの代謝系より構成される．一番重要なこととして，糖や脂質，タンパク質はその化学構造も生理的機能も異なる化合物であるが，ある段階以降は同じ代謝経路によって分解を受けるということである．エネルギー源，燃料としてこれらの化合物を利用する場合に，共通のシステムを利用することはきわめて合理的であると考えられる．

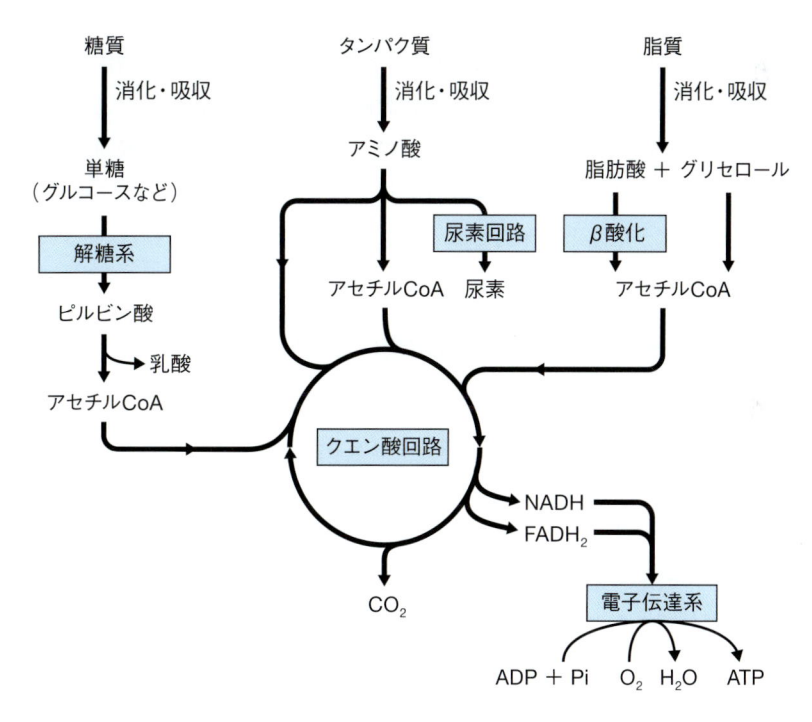

図11.12　主要異化代謝経路の概要

a　第1段階：アセチルCoAあるいはクエン酸回路代謝中間体への代謝

　これらの代謝段階は，脱水素反応や基質レベルのリン酸化反応を含む場合もあり，直接栄養素からのエネルギーの取り出しに関与する．しかし，各種の栄養素に内包されていた大半のエネルギーは，産生したアセチルCoAが引き続きクエン酸回路によって完全燃焼することにより，取り出される．その意味において，これらの段階は多くのエネルギーを取

り出すための準備段階ともとらえることができる．

① 単糖は解糖系とよばれる代謝系により，ほぼ半分のサイズのピルビン酸に代謝される．ピルビン酸はその後，アセチル CoA に変換される．

解糖系には基質レベルのリン酸化反応が含まれている．このため，第二段階以降のステップをふまずに ATP を得ることが可能である．嫌気的条件では，解糖のみによって ATP を産生することがあり，これを発酵という．

② 脂質（脂肪）は脂肪酸とグリセロールで別々の代謝経路に入る．脂肪酸は β 酸化経路により分解されアセチル CoA となる．グリセロールは解糖系により，アセチル CoA に変換される．

③ アミノ酸は，アミノ基転移反応等を経て，アセチル CoA あるいはクエン酸回路の代謝中間体に変換される．アミノ酸より遊離したアミノ基は肝臓に存在する尿素回路によって尿素に変換され，体外へ排出される．

b 第 2 段階：クエン酸回路による栄養素の完全酸化

主要栄養素の異化代謝によって産生したアセチル CoA，クエン酸回路代謝中間体は，クエン酸回路により完全酸化を受ける．この代謝回路により，栄養素に内包されていたエネルギーの大半が取り出されることになる．このことを反映し，クエン酸回路の多くの反応は脱水素反応であり，電子が栄養素より遊離している．遊離した電子は，補酵素（NAD^+, FAD）に捕捉され電子伝達系に輸送される．クエン酸回路以降の過程は細胞内のミトコンドリアで行われる．

c 第 3 段階：電子伝達系，ATP 合成酵素による ATP 合成

クエン酸回路により栄養素より取り出された電子は補酵素に運ばれる形で，ミトコンドリア内膜に存在する電子伝達系により ATP が合成される．電子伝達系とは栄養素より取り出され，補酵素により運ばれてきた電子を流す回路網であり，実際には膜間スペースに水素イオンをくみ出す仕事を行うシステムをさす（図 11.8 参照）．この電子伝達系の末端において，酸素が最終的に電子を受け止めることになる．いわゆる細胞呼吸とよばれる現象の本体はこの部分である．呼吸によって体内に取り込まれた酸素が電子の最終受容体として利用され水となる．このため，電子伝達系は呼吸鎖ともよばれる．この電子伝達系に連動する形で，ミトコンドリア内膜に存在する ATP 合成酵素が ATP を合成する．実際には，先に解説したように，水素イオン濃度の解消のために水素イオンが内膜を通過する際に，その力を使って ATP が合成される．

B 嫌気的な代謝経路の全体像

エネルギーを栄養素から得ようとしている細胞が，酸素を最終的な電子受容体として利用できる状況の場合には，脱水素反応を盛んに行うことで，電子を利用した ATP 合成が可能となる．しかし，無酸素運動をしている筋肉細胞や嫌気的な環境で生育している微生物

においては，酸素を利用することができない．したがって，基本的に電子伝達系を利用したエネルギー獲得系が利用できないことになる．この場合，エネルギー獲得は基質レベルのリン酸化反応に依存することになる．

クエン酸回路では多くの脱水素反応が行われるため，エネルギー獲得の意味からはあくまでこの回路が中心的な役割を果たしている．しかし，その電子の受け入れ先として，すなわち電子伝達系の最終電子受容体として酸素が必要となるため，この代謝経路は原則として酸素存在下でしか機能できない．三大栄養素（糖，脂質，タンパク質）がクエン酸回路に至るまでの代謝経路である解糖系，β酸化，アミノ酸異化代謝・アミノ基転移反応の中で，基質レベルのリン酸化反応が含まれているのは解糖系のみである．したがって，嫌気的な状況でのエネルギー獲得のための栄養源は糖に依存することになる．

この場合，糖を代謝することでATPを生成することは可能であるが，ピルビン酸までの解糖経路では脱水素反応も行われるため，NADHが産生する．酸素は利用できない状態であるため，NADHから電子を受容する化合物がなければ，NADHがNAD$^+$に再生されないため，すぐに解糖系が止まってしまいATPを継続的に産生することができなくなる．ATPを継続的に産生するためには，NADHから電子を受け止める酸素以外の化合物が必要となる．解糖系の生成物であるピルビン酸は，このような場合の電子受容体として機能する（図11.13）．ピルビン酸が直接NADHより電子を受け取り還元された場合，乳酸となる．脱炭酸を伴いながら還元を受けた場合にはエタノールとなる．これらの嫌気的な条件での代謝を発酵とよび，産業レベルでも重要な反応として用いられている．

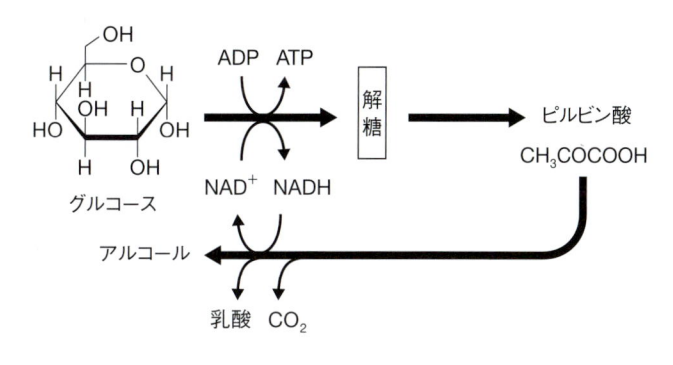

図11.13　発酵経路の概要

11.4　生体内の主要栄養素の同化代謝概略

動物においては，消化吸収した単糖，アミノ酸などを基質として，生体高分子である多糖やタンパク質などを合成する．これらの反応は生体分子のポリマー化，すなわち合成反応であるので同化反応となる．これ以外にも，栄養状態に応じて，たとえばアミノ酸を原

材料として糖を合成する，あるいは，糖の異化代謝物を原材料として脂肪酸を合成することもあり，代謝物を介する形で生体高分子の相互変換や，体内で栄養素の再供給などが頻繁に行われている．このように，動物の体内では，これまでに説明した代表的な異化代謝以外にさまざまな代謝反応が存在し，その中での多くが合成反応，すなわち同化反応である．植物や菌類と異なり，無機元素を取り込んで有機化合物を一から合成することはないが，代謝中間体を巧みに利用して常に活発な合成反応が起きている．ここでは，主要な三大栄養素の構成単位である単糖，脂肪酸等をはじめとしたいくつかの重要な化合物について，代表的な同化反応の概略を説明する．

A 糖新生

文字通り，より低分子の化合物から単糖を生体内で合成する経路である．ヒトは，通常半日から1日程度絶食状態になると，最後の食事によって直接摂取した単糖が体内において使い切られて枯渇する状況となる．生体内には，脳神経細胞や赤血球など細胞活動のエネルギー源を完全に糖に依存している細胞が存在する．したがって血中の単糖の濃度（血中グルコース濃度，血糖値という）が低下するのは個体の生存にとって非常に大きな影響を与えかねない．そこで，絶食時間が長引いた場合，肝臓において，筋肉などで産生する乳酸や，末梢組織において分解されたタンパク質由来のアミノ酸（主にアラニン）を原材料としてピルビン酸を生成する．このピルビン酸が肝臓内で糖新生経路によってグルコースに合成され，全身に供給される（図11.14）．糖新生経路自体は解糖系を逆行する部分が多いが，ピルビン酸がホスホエノールピルビン酸に変換される際にオキサロ酢酸を介した経路になるなど，いくつかの反応ステップが解糖系とは異なっている．

B グリコーゲン合成

食事より消化吸収したグルコースを原材料として，動物性の多糖であるグリコーゲンを合成する．食事直後に吸収した単糖（グルコース量）は必要な量よりも多く，半日程度の生命活動に必要な量となっている．消化吸収したグルコースの多くは，肝臓あるいは筋肉にグリコーゲンとして貯蔵されている．代謝経路としては，解糖系代謝中間体であるグルコース6-リン酸を経由して，グリコーゲン合成酵素の働きなどにより合成される（図11.14）．グリコーゲン合成酵素は，食後すぐ血糖値が高い際に，代謝制御のためにすい臓より分泌されるインスリンの制御下に活性化される．すなわち，この合成系は血中グルコース濃度が高い食後にのみ機能する．その後，時間経過に伴い腸管からの糖の吸収が減少すると，肝臓中のグリコーゲンは適時分解されて，全身にグルコースを供給する．筋肉中のグリコーゲンはもっぱら筋肉運動に利用される．グリコーゲンの分解に関与する酵素である，グリコーゲンホスホリラーゼは血糖値が低くなりかねない時に，代謝制御のためにすい臓より分泌されるグルカゴンの制御下に活性化される．すなわち分解系は血中グルコース濃度が低くなりがちな食間あるいは次の食前のタイミングで機能する．

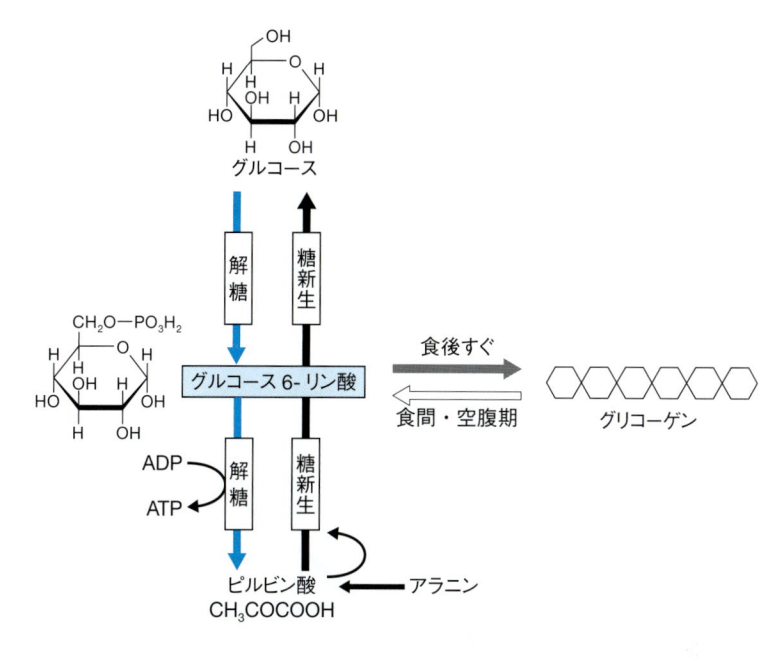

図11.14 糖新生経路とグリコーゲン代謝の概要

C 脂肪酸合成系

　脂質は細胞膜の主要構成成分であり，脂質の合成は細胞によって不可欠なものである．とくに脂肪酸は細胞膜の主要構成成分の中でも含量の高いリン脂質を構成する分子であり，エネルギーの最もコンパクトな貯蔵形態である中性脂肪を構成する分子でもある．したがってその合成系は生物にとって非常に重要である．一方で，ヒトの場合，脂質の生理学的な必要量は食事による摂取でまかなえるため，成人では脂肪酸を体内で合成する必要があまりない．しかし，脂肪組織や肝臓をはじめとする多くの組織では脂肪酸合成能力が高く，胎児の発育や乳腺における乳汁分泌の際には脂肪酸の合成が必要となってくる．

　現代社会においては一般的な問題として，成人が過剰に栄養を摂取した場合の脂質合成があげられる．生体にとって，単糖は水によく溶けるため血流を介した体内での運搬も容易であり最も主要なエネルギー源として利用されている．事実，我々が主食とする米や小麦もその主成分は多糖である．一方，中性脂肪等の脂質は水に難溶性で体内の運搬は糖ほど容易ではない．しかしこのため自己集合しコンパクトにまとまる性質があり，また糖より還元された化合物となるためより多くの化学エネルギーを内包することより，空間あたりに貯蔵できるエネルギー量としては中性脂肪の方が多糖よりもかなり高い．このため，糖の栄養を過剰に摂取すると脂質（中性脂肪）の形で体内に貯蔵することになる．肝臓や脂肪組織は脂肪酸合成能力に優れているので，いわゆるメタボリックシンドロームなどで脂肪肝や内臓脂肪が問題となるのは，栄養過多状態をよく表しているといえる．

脂肪酸生合成は細胞質において行われる．脂肪酸をエネルギー源として異化代謝する場がミトコンドリア内部であるのと対照的である．脂肪酸はアセチル CoA を材料として，脂肪酸合成酵素の働きで合成される（図 11.15）．アセチル基単位（C_2）が結合していくため，体内の主要な脂肪酸の炭素数は偶数である．

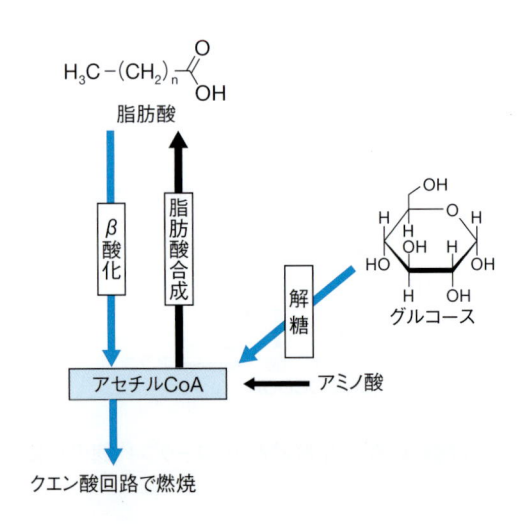

図11.15 脂肪酸合成系の概略

D　コレステロール合成系

　主に肝臓などで合成される．脂肪酸と同様アセチル CoA を材料として HMG-CoA，メバロン酸，スクアレンなどを中間体として合成される．HMG—CoA 還元酵素によって触媒される過程が律速段階（全体の合成速度を決定する段階）である．高コレステロール血症などの治療薬として処方される薬剤は，この酵素の阻害剤である．

E　アミノ酸合成系

　アミノ酸の化学構造と，糖や脂質の主要代謝経路の中間代謝物とよく似ていることに気づく．実際に，アラニン，グルタミン酸，アスパラギン酸はそれぞれ，解糖系の代謝物であるピルビン酸，クエン酸回路の代謝物である 2-オキソグルタル酸，オキサロ酢酸と炭素骨格の構造が同一である（図 11.16）．違いは，アミノ酸において，アミノ基が配置している部分にカルボニル基が配置することである．これらはわかりやすい例であるが，タンパク質の構成ユニットとなるアミノ酸は基本的には，糖の異化代謝過程で生じる中間代謝物を炭素骨格としてアミノ基を付加し，その後骨格部分を改変することで合成可能である（図 11.17）．

　このアミノ酸に含まれるアミノ基はグルタミン酸のアミノ基から供給されることが多い．以上をまとめると，多くのアミノ酸は炭素骨格を糖代謝産物から，アミノ基をグルタミン

図11.16 3組の似た化学構造

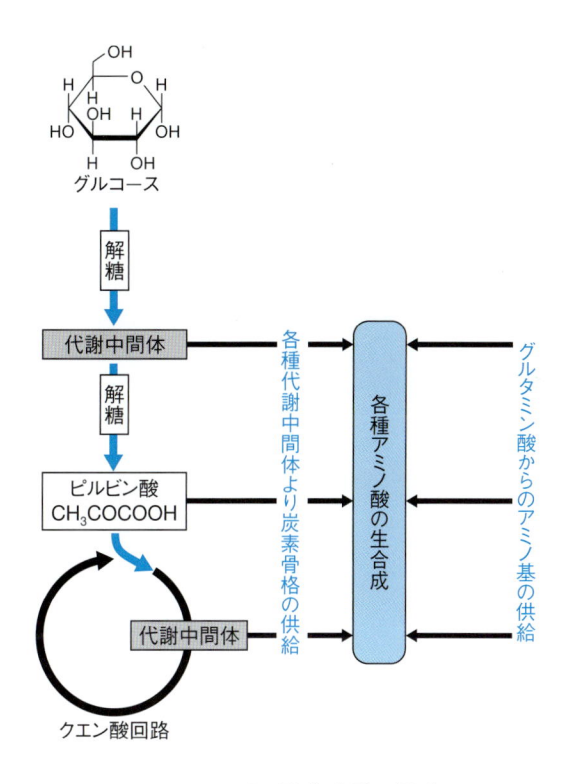

図11.17 アミノ酸合成系の概略

酸から供給されることとなる．グルタミン酸のアミノ基は，窒素固定菌と共生している植物により，環境中の窒素分子（N_2）が最終的に2-オキソグルタル酸に取り込まれる形で導入される（第13章参照）．

11-4 生体内の主要栄養素の同化代謝概略

微生物や植物は20種類のアミノ酸すべてを合成できる．一方，ヒトはすべてを体内で合成することはできず，食事よりアミノ酸を摂取する必要がある．合成に必要な反応ステップ数が多いアミノ酸は進化の過程で排除され，高等動物では食事より摂取することになったものと考えられる．ヒトにおいて，食事より摂取する必要のあるアミノ酸，すなわち自ら合成できないアミノ酸を必須アミノ酸とよぶ．一方，ヒトが必ずしも食事より摂取しなくても，自ら体内で合成することでまかなうことのできるアミノ酸を非必須アミノ酸とよぶ（表12.2参照）．

まとめ

❶ 栄養素のもつエネルギーとその取り出し方
　生物を構成する高分子有機化合物は，分子内に化学エネルギーを内包している．これらの有機化合物を分解することで，生命活動に必要なエネルギーを得ている．

❷ 代謝・同化・異化
- 代謝：生体内で起きている化学反応全体を総称して代謝という．
- 同化：代謝反応の中で，化合物を合成する反応を同化という．
- 異化：代謝反応の中で，化合物を分解する反応を異化という．食品中に含まれる高分子有機化合物を分解してエネルギーを得る過程も異化に含まれる．

❸ ATP
　生体のエネルギー通貨として機能する．食品等から異化反応により取り出したエネルギーを，さまざまな生命現象に利用する際にエネルギーをやりとりするために利用される化合物．実際には，ATP（高エネルギー状態）とADP（低エネルギー状態）の間を循環しながらエネルギーの出し入れを行う．

❹ 栄養成分からエネルギーを獲得するための2種類の方法
- 酸化的リン酸化反応：脱水素反応により，有機化合物からエネルギーを取り出す方法．脱水素反応により得られた電子は，補酵素であるNAD^+やFADに捕捉された後，電子伝達系に運ばれATPを産生することになる．電子は最終的に酸素に受け渡される．これら一連のATP合成システムは，呼吸として吸入した酸素を利用しながら，ADPのリン酸化が行われることより，酸化的リン酸化とよばれる．
- 基質レベルのリン酸化：栄養成分の異化代謝の過程で，ある特定の中間代謝物がADPから直接ATPを合成できる量のエネルギーを遊離しながら代謝される場合がある．このような中間代謝物を高エネルギー化合物とよび，多くの場合リン酸の遊離反応を伴い，ADPに直接リン酸基を転移する．電子伝達系などのシステムを利用せず直接ADPのリン酸化を行うため，基質レベルのリン酸化とよばれる．

❺ 高エネルギー化合物の例
　ホスホエノールピルビン酸，1,3-ビスホスホグリセリン酸，クレアチンリン酸，アセチルCoA，スクシニルCoA

❻ 体内の主要栄養素の異化代謝
　好気的な状況にある細胞では，糖質，中性脂肪，タンパク質はそれぞれ，解糖系，β酸化，アミノ基転移反応などにより異化代謝を受けた後，クエン酸回路で完全に燃焼される．脱水素反応による電子取り出しに続き，電子伝達系を用いた酸

化的リン酸化システムを用いることで大部分のエネルギーを得る．栄養成分より取り出された電子は呼吸活動によって供給される酸素に受け渡される．

　嫌気的な状況にある細胞では，解糖系に存在する基質レベルのリン酸化反応によってATPを得る．クエン酸以降の代謝は用いられない．しかし，解糖系には電子を取り出す過程があり，最終的な電子受容体としてピルビン酸を利用する．このため，最終生成物としてピルビン酸や乳酸が生成する．これらの過程を発酵とよぶ．

❼ 体内の主要栄養素の同化代謝経路

　糖の合成には主として2種類ある．グリコーゲン合成では食事より得た単糖（グルコース）を材料として，肝臓や筋肉中でグリコーゲンとよばれる多糖を合成する．次の食事までの間に，合成したグリコーゲンを分解してグルコースを供給する役割をもつ．糖新生では，より長期間の絶食が生じた場合に，骨格筋由来のアミノ酸などを材料として，肝臓で単糖（グルコース）を供給する．

　脂質の合成では，脂肪酸の合成とコレステロールの合成が重要である．脂肪酸の合成は，細胞が脂肪酸を必要とする際や，過剰の糖分が供給されたときにエネルギーの保管形態として有利なため行われる．糖由来のアセチルCoAを原材料として，細胞質で脂肪酸合成酵素の働きで合成される．コレステロールもアセチルCoAを原料として合成される．

　アミノ酸の合成は，糖の代謝産物を炭素骨格の材料として，主にグルタミン酸からアミノ基を転移する形で合成される．比較的単純な反応経路で合成されるアミノ酸は，ヒトは自ら合成できるため非必須アミノ酸とよばれる．一方，複雑な過程を経て合成されるアミノ酸は，自ら合成できず，植物や微生物が合成したものを食する必要があるため，必須アミノ酸とよばれる．

第12章 代謝各論

　ある環境に生育している生物が，外界から摂取した無機物質や有機化合物を素材として自らの生命活動のために必要な物質を合成する活動と，食物中の，あるいは体内の糖質，脂質，タンパク質に蓄えられているエネルギーや緑色植物や光合成細菌で吸収した光エネルギーを生体内の化学反応に利用できる形に変換する活動を代謝（metabolism）という．生物の種類が異なっていても，生化学の反応という観点から見ると，驚くべき類似があることがわかる．代謝は2つに分けて記述されるが，この分類は必ずしも論理的ではない．

① **異化**　分解反応のことをいうが，栄養素や細胞の成分を分解したり，再利用する過程でエネルギーを取り出す．

② **同化**　すなわち生合成．より簡単な化合物から生体分子を合成する．

　同化に必要なエネルギーの大部分は，異化によりアデノシン三リン酸（ATP）の形で与えられる．たとえば，光合成や養分の酸化のエネルギーでアデノシン二リン酸（ADP）と無機リン酸イオンからATPができる．

　エネルギーを使う反応，たとえば生合成，能動輸送（濃度勾配に逆らって分子を移動させる反応），筋収縮などは，ATPの加水分解によりエネルギーが供給される．

$$ATP + H_2O \rightleftharpoons ADP + HPO_4^{2-}\ ^{*1}$$

　同化と異化はATPという分子によって共役することになる．

12-1 呼吸代謝

A 解糖系

　解糖系[*2]とは，グルコース（glucose）がピルビン酸（pyruvic acid）に変化する過程でATPが生産される反応をいう．好気的生物では，解糖はクエン酸回路と酸化的リン酸化の前段階である（図12.1）．好気的条件では，ピルビン酸はミトコンドリアへ反応の場を移し，ここで完全にCO_2とH_2Oに酸化される．酸素の供給が不十分だと，ピルビン酸は乳酸になる．また，酵母のような嫌気性微生物の場合，ピルビン酸はエタノールになる[*3]．このように乳酸やエタノールが生じる反応を発酵という．

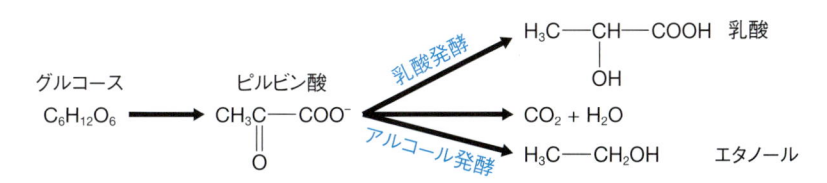

グルコース　　　　ピルビン酸　　　乳酸発酵　　$H_3C-CH-COOH$　乳酸
$C_6H_{12}O_6$ → CH_3C-COO^-　　　　　　　　　　　|
　　　　　　　　　　||　　　　　　　　　　　　　　OH
　　　　　　　　　　O　　　　　　→　$CO_2 + H_2O$
　　　　　　　　　　　　　アルコール発酵　H_3C-CH_2OH　エタノール

用語　[1] HPO_4^{2-}をP_iと書くこともある．P_iは無機リン酸（inorganic phosphate）のこと．
[2] 解糖系…エムデン－マイヤーホフ経路（Embden-Meyerhof pathway）ともいわれる．
[3] こうしてエタノールが生成される反応がブドウ酒製造の原理である．

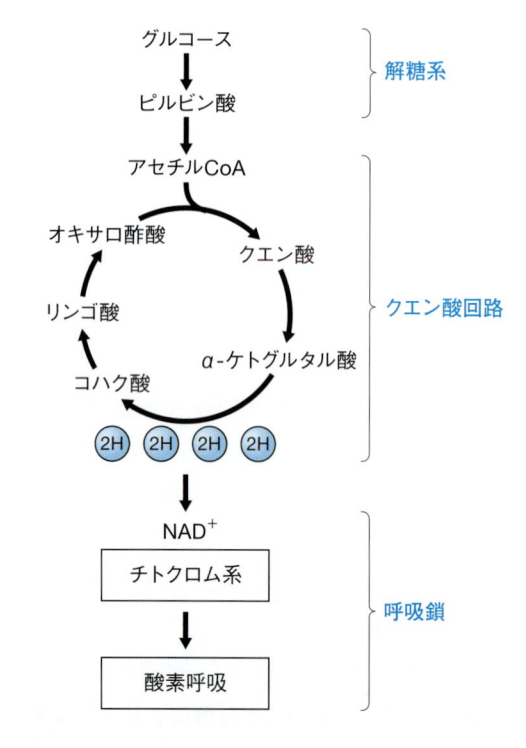

図12.1 呼吸代謝は3つの系からなる

a 解糖の主な中間体の構造と反応

解糖系に関与する物質は C_6 または C_3 化合物である．C_6 化合物の糖はグルコースとフルクトースで，C_3 化合物はジヒドロキシアセトン，グリセリン酸，そしてピルビン酸である．

ジヒドロキシアセトン　グリセルアルデヒド　グリセリン酸　ピルビン酸

グルコースとピルビン酸の中間体はどれもリン酸化されている．リン酸はエステルか酸無水物として結合している．

エステル　酸無水物

b 解糖系の反応形式

ⅰ) リン酸基の転移　ATPから基質にリン酸基を移す.

$$R-OH + ATP \rightleftharpoons R-O-P(=O)(O^-)O^- + ADP + H^+$$

ⅱ) リン酸基のシフト　分子内の—OH基間をリン酸基が移動する.

ⅲ) ケトースとアルドースの相互変換.

ⅳ) 脱水　1分子の H_2O が消失する.

ⅴ) アルドール開裂　アルドール縮合の逆反応でC—C間結合が切断される.

フルクトース 1,6-二リン酸がグルコースから生成される. この反応を細胞内で推進させているのは, 各々の段階に特有の酵素で, それぞれ名前をもつがその名称は省略する. 以上の過程で生じた C_3 化合物からエネルギーが生産される.

$$グルコース + ATP \rightleftharpoons グルコース 6\text{-}リン酸 + ADP + H^+$$
$$グルコース 6\text{-}リン酸 \rightleftharpoons フルクトース 6\text{-}リン酸$$
$$フルクトース 6\text{-}リン酸 + ATP \rightleftharpoons フルクトース 1,6\text{-}二リン酸 + ADP + H^+$$

c C—C 結合の切断と異性化

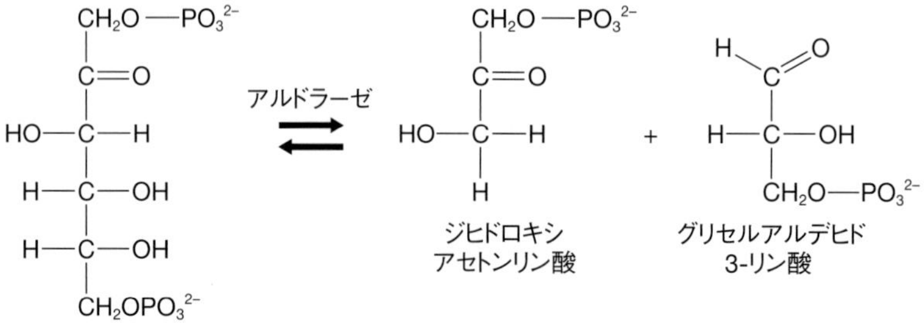

上記のようにグルコース 1 mol から 2 mol のグリセルアルデヒド 3-リン酸が生産される．そしてグリセルアルデヒド 3-リン酸の酸化によって ATP 生産が起こる．これまでの反応では，ATP は消費されるが，ATP が生産されることはなかった．

グリセルアルデヒド 3-リン酸 + NAD^+ + P_i ⇌ 1,3-ビスホスホグリセリン酸 + NADH + H

(P_i は無機リン酸)

この反応の生成物である 1,3-ビスホスホグリセリン酸が高エネルギーリン酸化合物である．C_1 アルデヒド基がアシルリン酸に変換する．

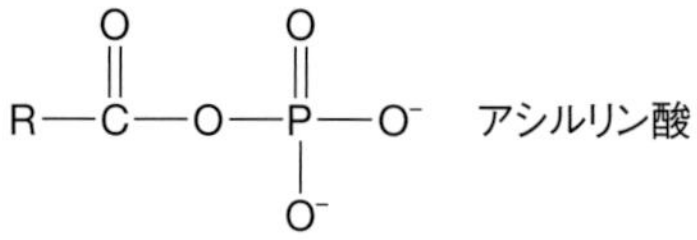

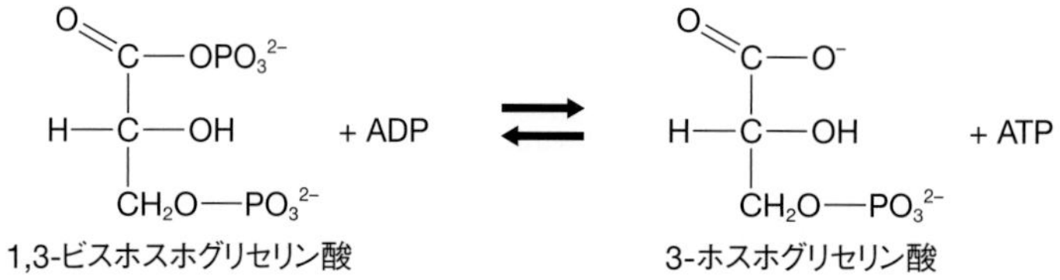

d ピルビン酸の形成と ATP 生産

解糖系の最終段階に到達する．次の 3 段階を通して，3-ホスホグリセリン酸はピルビン酸に変換し，解糖系で第 2 の ATP が生産される．

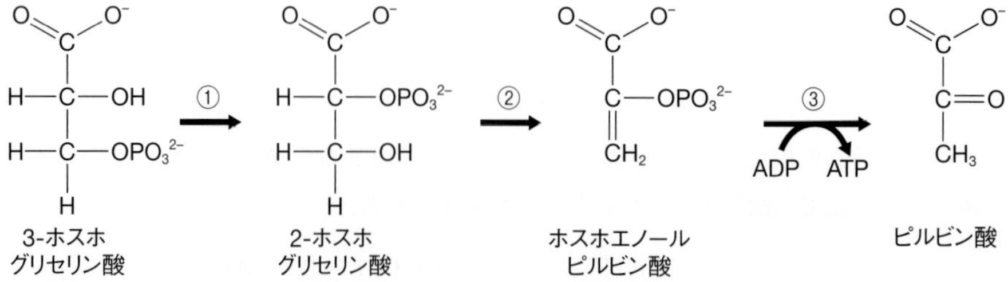

③の酵素をピルビン酸キナーゼという．

e 解糖系の経路

グルコースからピルビン酸が生じる過程でエネルギー生産が起こる.

$$C_6H_{12}O_6 + 2P_i + 2ADP + 2NAD^+ \rightarrow 2CH_3COCOOH + 2ATP + 2NADH + H^+$$
　　グルコース　　　　　　　　　　　　　　ピルビン酸

1 mol のグルコースから 2 mol の ATP が生じ, フルクトース 1,6-二リン酸 1 mol から C_3 化合物が 2 個生産されることが要点である.

f エタノール発酵と乳酸発酵

解糖系はすべての細胞に普遍的な系であるが, エネルギー獲得の手段としてのピルビン酸のその後の運命は細胞によって異なる.

①エタノール発酵

酵母を含む微生物において, ピルビン酸はエタノールに変換される. グルコースがエタノールに変換する過程をエタノール発酵という. 全体としてみると, エタノール発酵では酸化, 還元は起こっていない.

ピルビン酸　→　アセトアルデヒド　→　エタノール

②乳酸発酵

ピルビン酸から乳酸への変換は, 種々の微生物が行っている. この場合もアルコール発酵と同様, 全体としては酸化, 還元反応は起こっていない.

ピルビン酸 + NADH + H^+ ⇌ 乳酸 + NAD^+

注意点

解糖系に関与する酵素の中には, 反応を制御するものもある. この系の酵素の中で次の3つの反応は生理的条件下で不可逆的である.

　　　　グルコース + ATP → グルコース 6-リン酸 + ADP　　　　①
　　フルクトース 6-リン酸 + ATP → フルクトース 1,6-二リン酸 + ADP　　②
　　　ホスホエノールピルビン酸 + ADP → ピルビン酸 + ATP　　　　③

解糖系の速度はこの3つの酵素によって制御されていて, ②が最も重要である. また, ADP, AMP によって反応は促進され, ATP により阻害を受ける.

B クエン酸回路（TCA 回路）

解糖系で生成したピルビン酸が酸化的条件下で CO_2 を生成する過程でエネルギーを獲得する系を，クエン酸回路，TCA 回路またはトリカルボン酸回路という（図 12.2）．アミノ酸，脂肪酸，炭水化物などの生体がつくり出した燃料物が酸化されるときの最終的な経路がクエン酸回路である．すべての生体燃料となる分子は，アセチル CoA としてクエン酸回路に入る．クエン酸回路は生合成系の中間体を供給する．

解糖系の反応が細胞質で起こるのに対して，クエン酸回路の反応はミトコンドリア内で起こる．

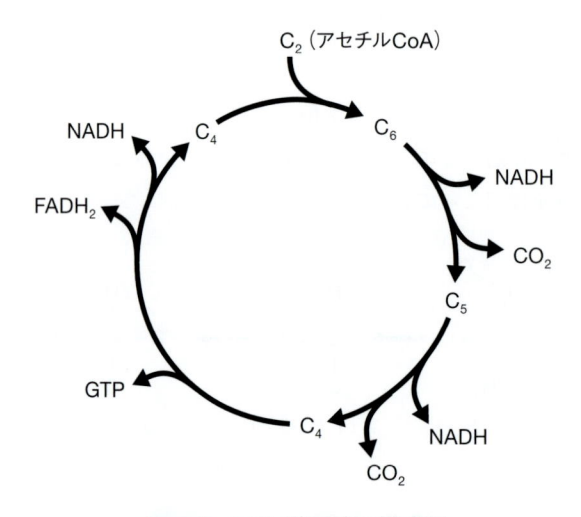

図12.2 クエン酸回路の模式図

a ピルビン酸からアセチル CoA の生成

ピルビン酸が酸化的に脱炭酸されてアセチル CoA を生じる反応は，ミトコンドリアのマトリックス内で進行する．この反応は解糖系とクエン酸回路を結ぶ重要な反応である．

$$\text{ピルビン酸} + \text{CoA} + \text{NAD}^+ \rightarrow \text{アセチル CoA} + CO_2 + \text{NADH}$$

上記の反応は不可逆的で，ピルビン酸デカルボキシラーゼとよばれる酵素複合体によって触媒される．

コラム 代謝異常と遺伝病

　これまでに述べたグルコースのアルコール発酵（解糖系）を代謝阻害剤で遮断すると，中間体が蓄積する．たとえば酵母抽出液にヨード酢酸を加えると，フルクトース 1,6-二リン酸が蓄積し，フッ化物イオン（F^-）を加えると 3-ホスホグリセリン酸と 2-ホスホグリセリン酸が蓄積する．このような現象はヒトにも見られる．ヒトの場合は解糖系のある酵素タンパクの遺伝子が破壊されたために起こるので，遺伝性の病気となって表れる．

　アルカプトン尿症とフェニルケトン尿症は，フェニルアラニン分解経路の欠損によって起こる遺伝病である（図）．

　アルカプトン尿症の患者は，尿中に大量のホモゲンチジン酸を排泄する．ホモゲンチジン酸は尿中に排泄されると空気によって酸化されて黒色になる．この患者は晩年に関節炎にかかるが，命をおびやかすほどの病気ではない．

　対してフェニルケトン尿症（PKU）は深刻で，生後ただちに病気を発見して治療しないと数ヶ月で知能障害が現れる．ヒトの先天性代謝障害で生化学的欠損が解明された最初の例である．チロシン分解経路は正常であるため，患者に低フェニルアラニン食を与え，5～10歳になるまで育てると病気にならないですむ．これはアミノ酸の代謝異常の例である．

図　フェニルケトン尿症，アルカプトン尿症のメカニズム

b クエン酸回路の全体像

クエン酸回路の反応の全体像を図12.3に示す．C_4 物質（オキサロ酢酸）が2個のアセチル CoA と縮合し，C_6 のトリカルボン酸（クエン酸, citric acid）を生じる．クエン酸の異性体が酸化的に脱炭酸される．このときに生じる C_5 化合物（α-ケトグルタル酸）が再び酸化的脱炭酸を受けて C_4 化合物（コハク酸）ができる．

コハク酸からオキサロ酢酸が再生産されて，クエン酸回路が1回転する．C_2 化合物はアセチル基を単位として回路に入り，クエン酸回路から2分子の CO_2 として出てゆく．アセチル基より CO_2 のほうが酸化された型であるから，なんらかの酸化還元反応が起こっていると考えられる．主に4個の酸化還元反応があり，6個の電子が NAD^+ にわたされ，1つのペアの H 原子（2個の電子）は FAD（フラビンアデニンジヌクレオチド）にわたされる．NAD^+，FAD のような物質を電子伝達物質という．

これらが酸化される過程で11分子の ATP が生産される．これを電子伝達系による ATP 生成というが，クエン酸回路の反応中，もう1ヶ所で ATP が生成される．

C_4 化合物（オキサロ酢酸）と C_2 化合物（アセチル CoA のアセチル基）と H_2O とが縮合してクエン酸と CoA が生産される．この反応はアルドール縮合とよばれる．次に加水分解が起こり，クエン酸が生成するのでクエン酸合成酵素とよばれる．

このような一連の反応によって，細胞は十分な ATP を保持している条件ではクエン酸回

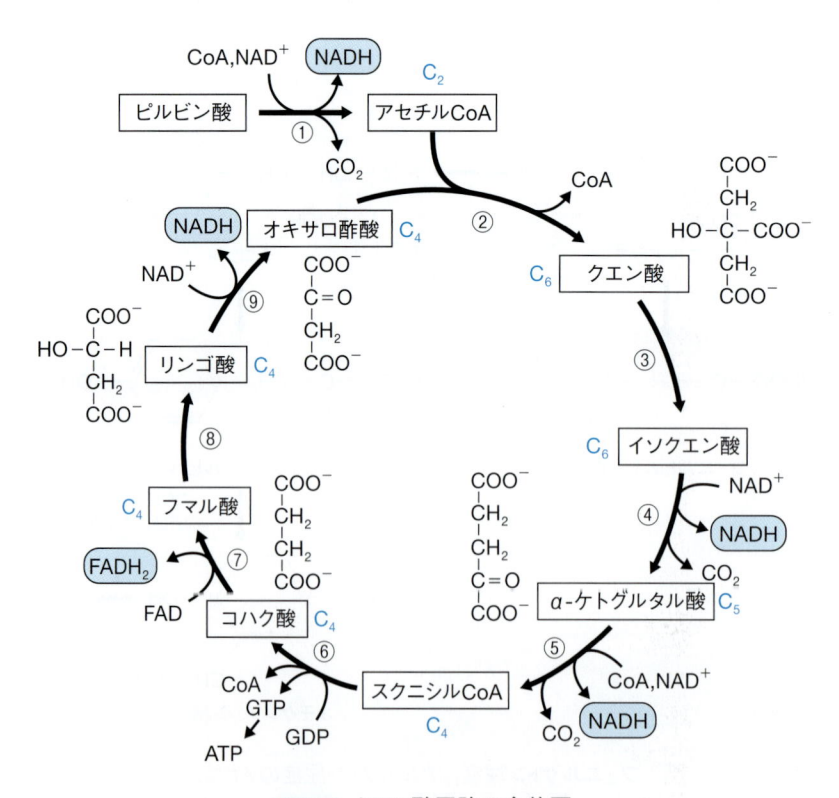

図12.3 クエン酸回路の全体図

路に C_2 化合物の投入を減少させることにより，クエン酸回路の速度を調節しているのである．

C 酸化的リン酸化

原核細胞のなかで，絶対嫌気性菌は O_2 存在下では成育できない．この場合，細菌はグルコースが与えられると，これを分解する過程でエネルギー（ATP）を獲得する．グルコース1分子から2分子の ATP が生産される．一方，好気性生物に存在するミトコンドリア（細胞内器官）では，グルコースは O_2 によって CO_2 に完全に酸化される．触媒系によって生産されたピルビン酸はミトコンドリアに運ばれ，O_2 によって CO_2 に酸化される（図12.4）．

$$CH_3-\underset{\underset{O}{\|}}{C}-COOH + \frac{5}{2}O_2 \longrightarrow 3CO_2 + 2H_2O$$

解糖系で生成される NADH は，ミトコンドリアで NAD^+ を還元する．

NADH（細胞質）+ NAD^+（ミトコンドリア）→ NAD^+（細胞質）+ NADH（ミトコンドリア）

ミトコンドリアで NADH は O_2 により酸化される．

$$2NADH + 2H^+ + O_2 \rightarrow 2NAD^+ + 2H_2O$$

この反応過程で34分子の ATP が生産される．

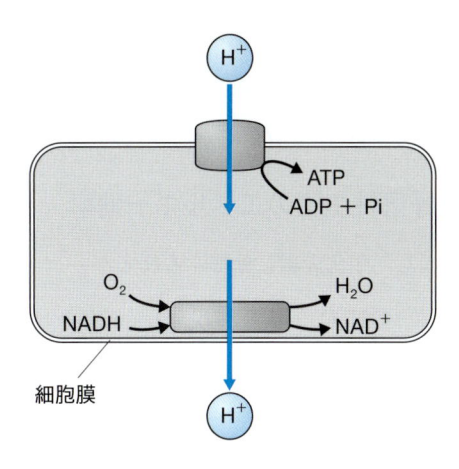

図12.4 酸化的リン酸化の概要

a ミトコンドリアのはたらき

ミトコンドリアは光学顕微鏡でも見えるが，詳細な膜構造は電子顕微鏡でなければ見えない．ミトコンドリアには外膜と内膜があり，この2つの膜で内腔を仕切っている．両膜

間の膜間腔とマトリックスとよばれる中央の部分がある．

外膜は多くの低分子（分子量 10,000 以下）が自由に透過できる膜である．内膜は細胞質とミトコンドリアのマトリックスを仕切る透過性を遮る膜である．ミトコンドリア内膜は他の細胞膜に比べるとタンパク質の含量が多い．内膜にはジホスファチジルグリセロール（カルジオリピン）があり，リン脂質二重膜が水素イオン（H^+）に対する透過性を減少させる役割を果たしている．

内膜とマトリックスはピルビン酸や脂肪酸を CO_2 と H_2O に分解したり，この反応に共役して ADP と P_i（無機リン）から ATP を合成する反応の場である．

b　ミトコンドリアで起こる反応

① ピルビン酸や脂肪酸を CO_2 に酸化する．この反応はマトリックス中で，またはそれに面した内膜で起こる．このとき，NAD^+，FAD はそれぞれ NADH，$FADH_2$ に還元される．

② NADH と $FADH_2$ から O_2 への電子の伝達反応は内膜内で起こり，内膜を隔てた電気化学水素イオン勾配の生成に共役している．

③ 膜の外膜と内膜に生じた水素イオン濃度勾配により生じるエネルギーを利用して，内膜の F_0F_1ATP アーゼ複合体によって ATP が合成される．

細胞質の解糖系で生じたピルビン酸は，ミトコンドリア膜を通ってマトリックス内に輸送される．ピルビン酸はただちに重要な中間体アセチル CoA に変化される．この時にはたらく酵素をピルビン酸デヒドロゲナーゼといい，分子量 450 万の巨大分子で最も複雑な酵素の 1 つである．

ミトコンドリア内に生じたアセチル CoA のアセチル基は CO_2 になる．NADH から O_2 まで一度に電子を伝達せずに段階的に伝達することで，各々の中間体の自由エネルギーを少しずつ放出し，ATP を生産するようにした機構こそ酸化的リン酸化の本質といえよう．

D　嫌気性生物と好気性生物のエネルギー効率

グルコースを酸化して水と二酸化炭素に分解する反応が

$$C_6H_{12}O_6 + 6O_2 \rightarrow 6H_2O + 6CO_2$$

となることはすでに学んだ．この時に生じるエネルギーは 2870 kJ/mol である．一方，生化学的には上記の反応は

$$C_6H_{12}O_6 + 6O_2 + 38ADP + 38Pi \rightarrow 44H_2O + 6CO_2 + 38ATP$$

と表される．ATP がもつエネルギーを 1 モルあたり 29.3 kJ とすると，38 モルの ATP のエネルギーは

$$38 \text{ mol} \times 29.3 \text{ kJ/mol} = 1113 \text{ kJ}$$

となる．したがってエネルギー効率は

$$1113/2870 \times 100 ≒ 38.8\,(\%)$$

　以上より，好気的代謝によって得られるエネルギーは理論値の約40%にすぎないが，嫌気的代謝（解糖系）の場合に比べるとエネルギーとして約13倍，ATPの収量としては19倍も大きい．

　嫌気性生物から好気性生物へ進化することが，エネルギー生産に大きな飛躍であったことが理解できるであろう．

12.2　糖質（炭水化物）の分解系

A　多糖の分解

　植物の光合成によってCO_2とH_2Oで合成された糖（デンプン）やスクロースは，植物が成育するためのエネルギーを得るための物質となっている．一方，動物は植物によってつくられた糖を食べることでエネルギーを得ている．

　デンプンやグリコーゲンのような α-グルカンが分解される経路の1つは，加水分解によりグルコースまで分解されるものである．その後，グルコース1-リン酸へと変化してゆく．

　もう1つの経路は，ホスホリラーゼという酵素によって加リン酸分解され，グルコース1-リン酸ができる経路である．グルコース1-リン酸はグルコース6-リン酸に変換され，解糖系とクエン酸回路を経て代謝され，ATPとなりエネルギー源となる．

　グルコースの代謝には，この経路ではなくペントースリン酸経路とよばれる経路があり，ペントースや電子供与体としてのNADH(H^+)がつくられる．

B　デンプンの分解

　植物のデンプンは夜間に分解されて主にスクロースの形に変化し，種子，根，地下茎などの細胞においてデンプンに再構成され，不溶性粒子の貯蔵デンプンとして貯えられる．この経路に関する酵素は α-アミラーゼ，β-アミラーゼ，イソアミラーゼ，α-グルコシダーゼなどがある．

　デンプン粒は，はじめ α-アミラーゼの作用により分解され，より低分子のデキストリンとなる．それらの生成物はさらに α-アミラーゼや β-アミラーゼあるいは枝切り酵素の働きでマルトースをはじめとする一連のマルトデキストリン*にまで分解される．デキストリンのうちの α-リミットデキストリンは枝切り酵素によって α-1,6-グルコシド結合が切断される．

　このように生成したグルコースは，ヘキソキナーゼによりグルコース6-リン酸に変換される．グルコース1-リン酸はホスホグルコムターゼによりグルコース6-リン酸に変換される．

用語　マルトデキストリン…食品添加物として汎用される．

> **コラム** デンプンが体内で分解されるしくみ
>
> ヒトがデンプンを摂取した後，体内中でどのように代謝されるかを考えてみよう．
> ① まず唾液中の α-アミラーゼの作用を受けてデキストリンとなる．
> ② さらに，小腸内で肝臓 α-アミラーゼの作用によってマルトースをはじめとするマルト少糖類や α-限界デキストリンにまで分解される．
> ③ それらは小腸刷子縁膜にある α-グルコシダーゼによって，最終的に1分子のグルコースまで分解される．なお，小腸粘膜上皮細胞におけるグルコースの吸収は，ATPエネルギーを消費する能動輸送による吸収である．グルコースが十分に吸収されないと，脳がうまく働かない．

C グリコーゲンの分解

グリコーゲン分子は，ホスホリラーゼによって非還元末端からの α-グルコース1-リン酸となり分解される．その反応は加リン酸分解である（図12.5）．

$$\text{グリコーゲン}(G_n) + H_3PO_4(P_i) \rightleftharpoons \text{グリコーゲン}(G_{n-1}) + \text{グルコース1-リン酸}$$

グリコーゲンのグルコース単位への直接的な分解がホスホリラーゼのみによって起こる

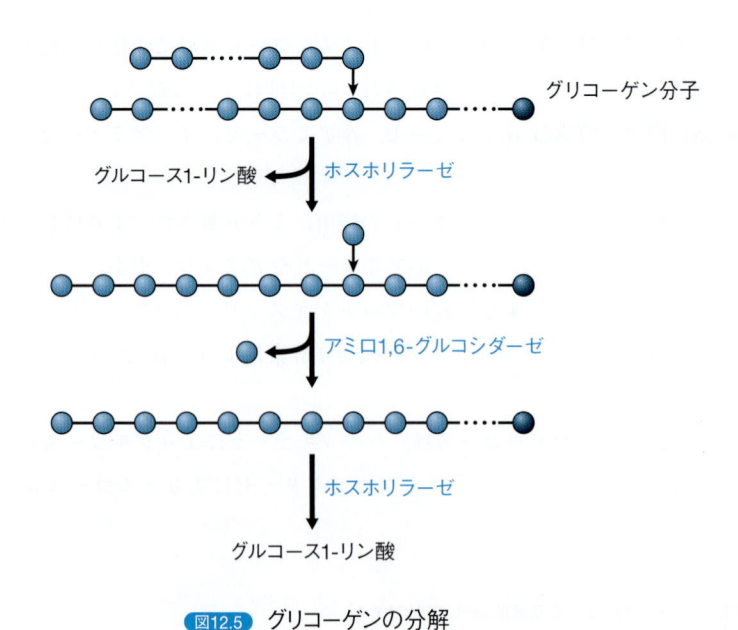

図12.5 グリコーゲンの分解

とは限らない．ヒト糖原病といわれる先天性異常のうちⅡ型（ポンペ病[*1]）は組織中の酸性 α-グルコシダーゼの遺伝的欠損によって起こり，全器官にグリコーゲンが過剰に蓄積される．

12-3 糖質の生合成系

A ペントースリン酸経路

多くの細胞は，グルコースの代謝経路として解糖系のほかにペントースリン酸経路とよばれる重要な代謝系をもっている．この経路の重要な役割は，還元的生合成反応の電子供与体である NADPH（H^+）を生成することである．もう1つの重要な役割は，ヘキソース[*2]からペントースを生成することにあり，とくに核酸の構成成分としての D-リボースを供給する．図 12.6 にこの経路の概略を示す．

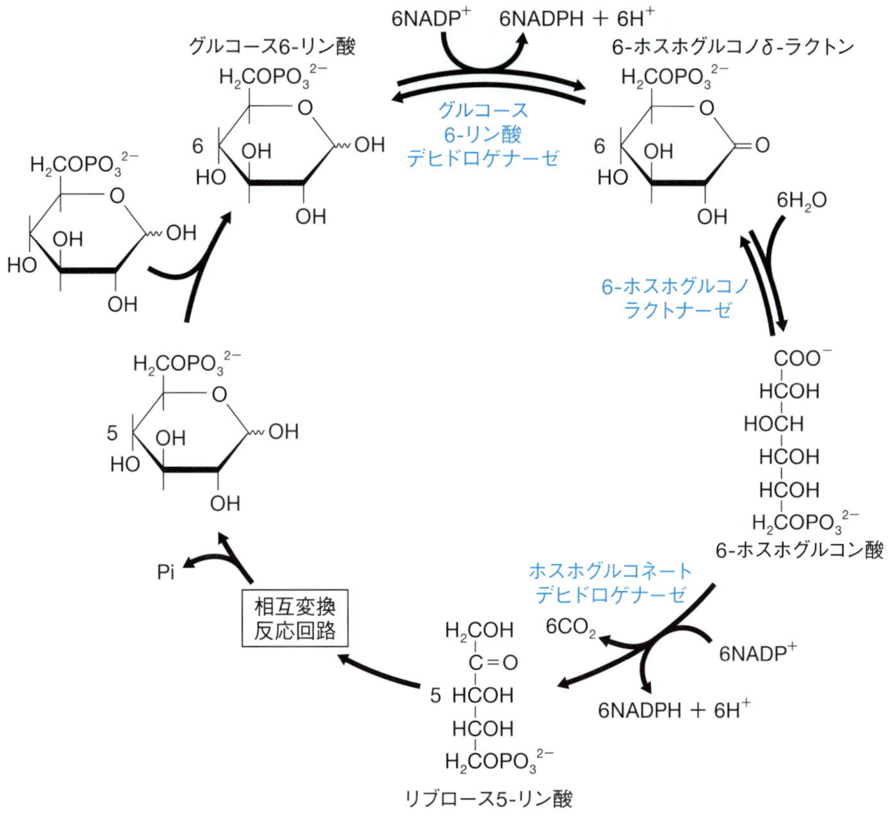

図12.6 ペントースリン酸経路

用語 [1] ポンペ病…糖原病Ⅱ型で特に乳児型をいう．生後1年以内に死亡する．
[2] ヘキソース…六炭糖のこと．炭素数6の単糖の総称．また，ペントースは五炭糖のこと（p.34 参照）．

B　スクロースの生合成

　高等植物におけるスクロース（ショ糖）の生合成と分解は，デンプンの生合成と分解に深く関連している．スクロースは図12.7に示すように葉緑体内のCO_2固定反応により生成されたジヒドロキシアセトンリン酸から生合成される．

　ジヒドロキシアセトンリン酸は，細胞質においてイソメラーゼによりグリセルアルデヒド3-リン酸に異性化され，アルドラーゼによってフルクトース1,6-二リン酸，ついでグルコース1-リン酸に変換される．

　グルコース1-リン酸はウリジン三リン酸（UTP）と反応してウリジン二リン酸-グルコース（UDP-グルコース）となる．この反応は可逆（⇌）であるが，生成するピロリン酸が酵素により加水分解されるのでUDP-グルコース合成の方向へ不可逆的に進行する．ここではじめて登場したUDP-グルコースやADP-グルコースなどのヌクレオシド二リン酸は少糖や多糖の生合成に重要な化合物である．

　UDP-グルコースはフルクトースの受容体として，スクロース合成酵素の以下の反応にかかわる．

$$\text{UDP-グルコース} + \text{D-フルクトース} \rightleftharpoons \text{スクロース} + \text{UDP}$$

　この反応はむしろスクロースの分解系として働いている．スクロースの合成反応によって生成される無機リン酸（P_i）は葉緑体内へ還流され，トリオースリン酸の生成に利用される．

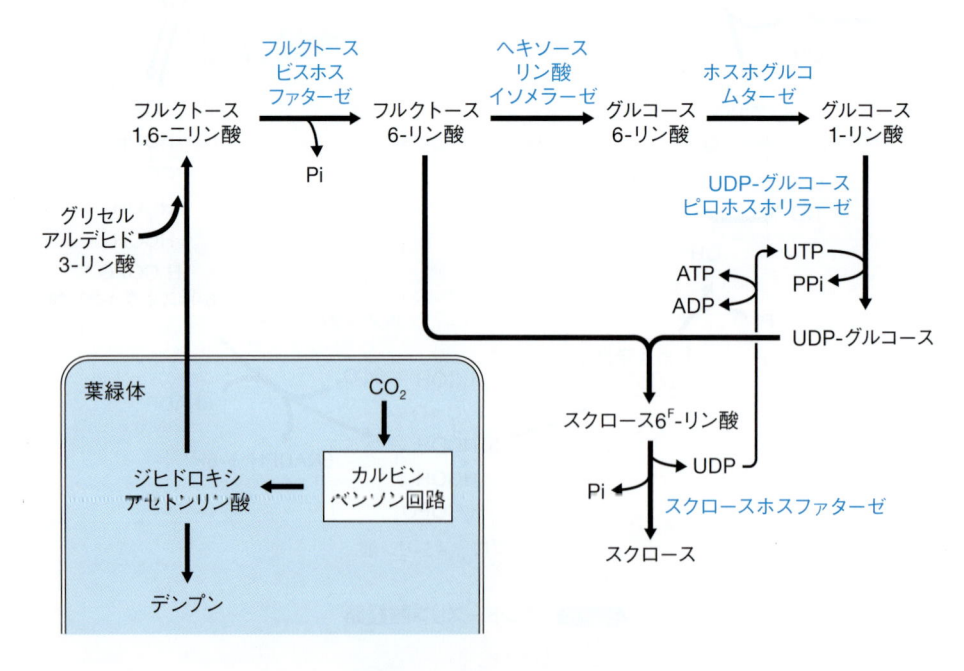

図12.7　スクロースの生合成
（出典：小野寺一清ら編，『生物化学』，朝倉書店，図2.9, p.128）

C デンプンの生合成

カルビン回路によって生成されたトリオースリン酸はスクロースの合成に利用される．一方において，葉緑体内でデンプンに変換される．

日中の光合成によって合成されたデンプンは同化デンプンとよばれるが，夜間に分解消失して主にスクロースとして他の組織へと流れてゆく．そこでエネルギー源あるいは他の物質の生合成などに利用される（図12.8）．

このようにして貯蔵デンプンとしてアミロプラスト内に生成されるデンプンは，植物の種によってそれぞれ特有の形をした結晶性のデンプン粒を形成する．

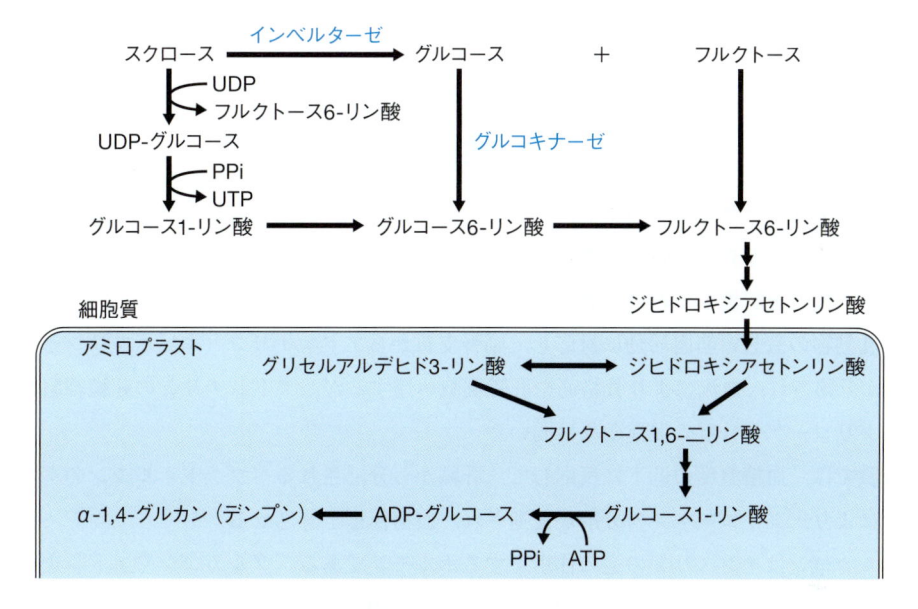

図12.8 デンプンの生合成
（出典：小野寺一清ら編，『生物化学』，朝倉書店，図2.10, p.129）

D グリコーゲンの生合成

動物は筋肉活動をしている時，大量のATPが必要になるため貯蔵グリコーゲンを分解し，解糖系によりすみやかに乳酸にまで代謝する．その乳酸は血流によって肝臓に運ばれ，糖新生経路によりグルコースに再生され，さらに血流によって筋肉に戻されグリコーゲンに再合成される．

グルコースはヘキソキナーゼによりグルコース6-リン酸となり，続いてホスホグルコムターゼによりグルコース1-リン酸に変換される．

$$\text{グルコース} + \text{ATP} \rightarrow \text{グルコース6-リン酸} + \text{ADP} \Leftrightarrow \text{グルコース1-リン酸}$$

グルコース1-リン酸とUTPからUDP-グルコースが生成される．グルコースの多糖類をグ

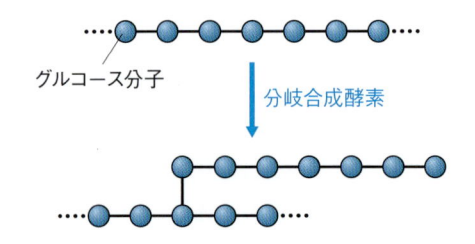

図12.9 分岐合成酵素によるグリコーゲン分子の分岐

ルカンといい，結合様式や分岐の仕方に関係なく1つの系統名として使われる．グルカンの合成は分岐合成酵素の介入によって行われると考えられるが，その詳しいメカニズムは不明である．

E グリコーゲンの代謝とその調節

　肝臓のグリコーゲンはすみやかにグルコースに分解されて血中のグルコース濃度を一定に保持するのに役立っている．グリコーゲンの分解と合成は密接に関わり合って調節されている．代謝を制御するのに特異的なホルモンが関与している．

　哺乳動物の激しい筋肉活動に対応し，副腎皮質からアドレナリン（エピネフリンともいう）が分泌され，血流により骨格筋や肝臓細胞へ達するが，アドレナリンの肝臓細胞におけるグリコーゲン分解の促進効果は弱い．

　肝臓では，血糖濃度の低下に反応して，肝臓から分泌されるペプチドホルモンのグルカゴンにより，グリコーゲンの分解が促進され，血糖値を上昇させる．

　グルカゴンはインスリンの逆の作用をするホルモンである．グルカゴンやアドレナリンは標的細胞の細胞膜にある'受容体'に結合して膜のアデニル酸シクラーゼを活性化し，

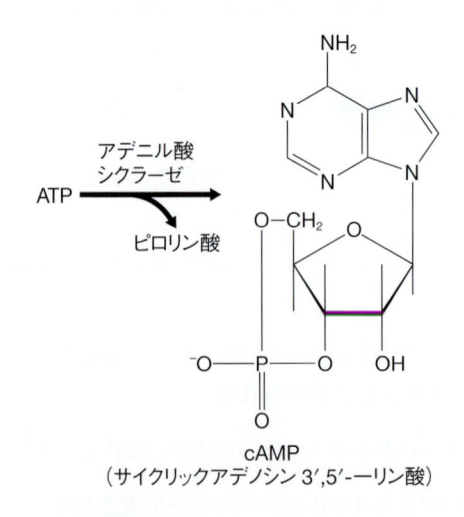

図12.10 ATPからのcAMPの生成

ATPからサイクリックAMP（cAMP）を生成させる（図12.10）．グルカゴンあるいはエピネフリンによる酵素活性の最初の入力信号が，活性化の段階ごとに急速に増幅される機構を"カスケード（cascade）"系とよんでいる．カスケードとは滝という意味である．グリコーゲン代謝とカスケード系を図12.11に示す．

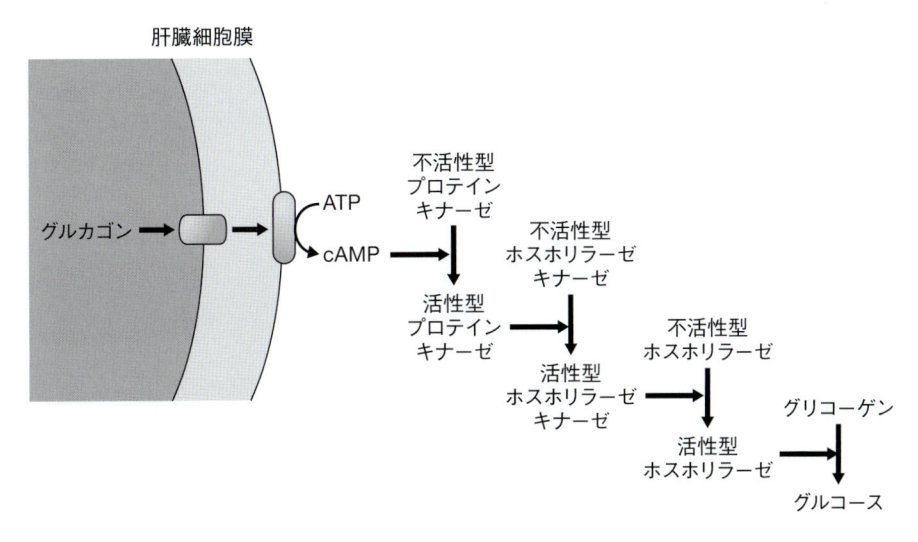

図12.11 グリコーゲン代謝の概略

12.4 脂質代謝

脂質は生体を構成する主要成分の1つであり，細胞の構成成分やエネルギー源として非常に重要な機能を有している．ここでは，細胞膜の主要構成成分であるリン脂質や，エネルギーの貯蔵物質として機能する中性脂肪の主要成分である脂肪酸の合成と分解について解説する．

A エネルギー源としての脂肪酸の体内動態

食事として摂取する脂質の大部分は中性脂肪である．中性脂肪は3分子の脂肪酸がグリセロールにエステル結合した構造をしており，糖やタンパク質に比べて重量あたりに内包するエネルギー量が約2倍（アトウォーター係数という尺度で，脂質は9 kcal/g，炭水化物，タンパク質は4 kcal/gとされる）と高エネルギーである．そのため，食事から摂取した脂質（とくに中性脂肪）はすぐ燃焼して利用するために有用であるだけでなく，過剰に摂取したエネルギーの貯蔵形態としても非常に有利な化合物である．このように，エネルギー源として有利な形態をとる中性脂肪であるが，水に難溶であるため，単糖やアミノ酸と異なり，そのままの形態では血流を介して全身を巡ることができない．このため，リン

脂質で最外殻をコートしたリポプロテインという特殊な構造体を形成し，その内側に中性脂肪やコレステロールを格納した形で体内を循環する（図12.12）．リポプロテインはその大きさや密度が異なる数種類に分類される．各々機能も異なるが，いずれも脂質を輸送するために働くという点では共通の機能性構造体である．

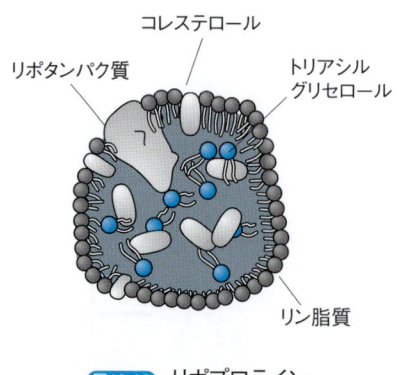

図12.12 リポプロテイン

腸管より吸収された中性脂肪は，リポプロテイン（キロミクロン）として全身を循環し，末梢の細胞に中性脂肪を供給した後に，残渣が肝臓に回収される．肝臓からは別のリポプロテイン（VLDL）が分泌され，これも全身に中性脂肪を供給する．VLDLは全身の細胞に中性脂肪を与えることにより，内部のコレステロール濃度が相対的に上昇し，LDLとよばれるリポプロテインに変化する．このLDLは肝臓やLDL受容体をもつ細胞に吸収される（図12.13）．

以上のように，中性脂肪は体内において非常に複雑なルートで分配・供給される．リポ

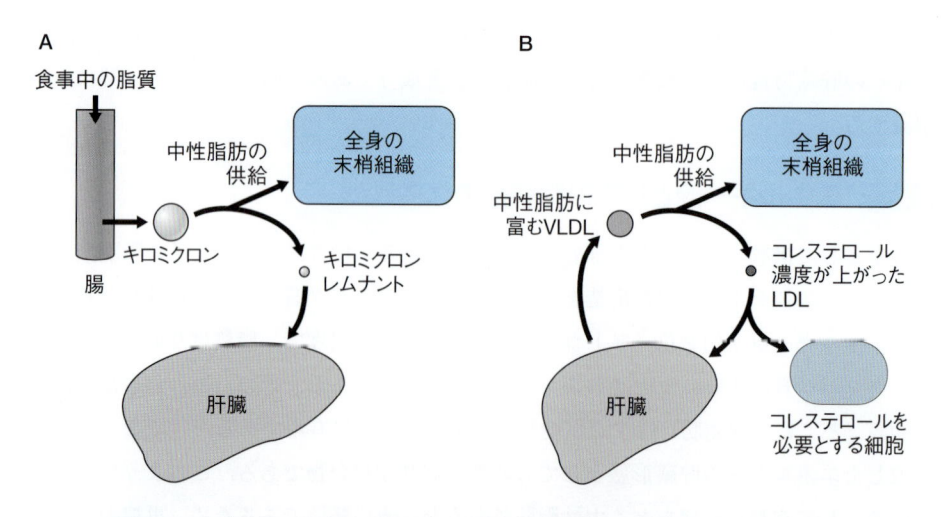

図12.13 A. 食事から得た中性脂肪が全身の細胞に供給されるルート，B. 肝臓から全身の細胞への中性脂肪とコレステロールの供給

プロテインより中性脂肪を供給された多くの細胞は，これをβ酸化系により燃焼しATPを産生する形で利用する．肝臓や脂肪組織等の細胞は，たとえば過剰に摂取された糖を原料に脂肪酸を合成し，中性脂肪の形で貯蔵することもある．この場合には脂肪酸合成系が機能している．このようにして脂肪組織に貯蔵された中性脂肪は，絶食時などのエネルギー源として利用される．この場合，中性脂肪はまずリパーゼという酵素によりグリセロールと脂肪酸に分解される．

$$R_2-\overset{O}{\overset{\|}{C}}-O-\overset{H_2C-O-\overset{O}{\overset{\|}{C}}-R_1}{\underset{H_2C-O-\overset{O}{\overset{\|}{C}}-R_3}{CH}} + 3H_2O \xrightarrow{\text{脂肪細胞リパーゼ}} \overset{H_2C-OH}{\underset{H_2C-OH}{HO-CH}} + \begin{matrix}R_1-COO^-\\R_2-COO^-\\R_3-COO^-\end{matrix} + 3H^+$$

トリアシルグリセロール　　　　　　　　　　　　　グリセロール　　脂肪酸

この後，脂肪酸はアルブミンタンパク質に結合し，血流を介して全身の細胞に供給される．その後，β酸化により燃焼されて利用される（リポプロテインを介さないことに注意）．

B 脂肪酸分解系（β酸化）

　脂肪酸を異化代謝してエネルギーを得る反応はミトコンドリアで行われる．この反応経路はβ酸化とよばれる．カルボキシ基を有する有機酸である脂肪酸においてβ位に位置する炭素原子の部分が酸化するために，この名称がついている．β酸化反応は，1つの脂肪酸にくり返し脱水素反応が行われる系であるため，補酵素により捕捉された電子を電子伝達系に受け渡しやすいようにミトコンドリア内部（マトリックス）に酵素が局在している．

　中性脂肪の形で，あるいはアルブミンにより輸送され細胞に供給された脂肪酸は，ATPの加水分解を伴う反応により，カルボキシ基にCoA分子の付加を受けアシルCoAとなる（図12.14A）．エネルギーを獲得するためなのに，あえてATPの消費を伴う反応が最初に起きることには違和感があるが，これには2つの理由がある．

　第1に，ミトコンドリア内部に脂肪酸を輸送させるために，膜を通過させる補助役としてカルニチンという分子と共有結合する必要があり，その結合のために，高エネルギー物質（脂肪酸の活性化ともいわれる）にする必要があるためである．脂肪酸部分はマトリックスに運ばれてから再度CoA付加を受け直す．

　第2に，CoA付加を受けた部分が最終的にアセチルCoAとなるためである．すでに糖代謝で学んだように，アセチルCoAはクエン酸回路により完全燃焼される化合物である．クエン酸回路により，多くの脱水素反応が行われてエネルギーが取り出されるため，初期に少しのエネルギーを投じて最終的に大きなエネルギーを獲得することになる．例えてみれば，ビルが崩れることにより大きなエネルギーが解放されるが，最初はどこか一部の構造を破壊する（たとえば端の柱の部分を壊す）などのエネルギー投入は必要であるということである．

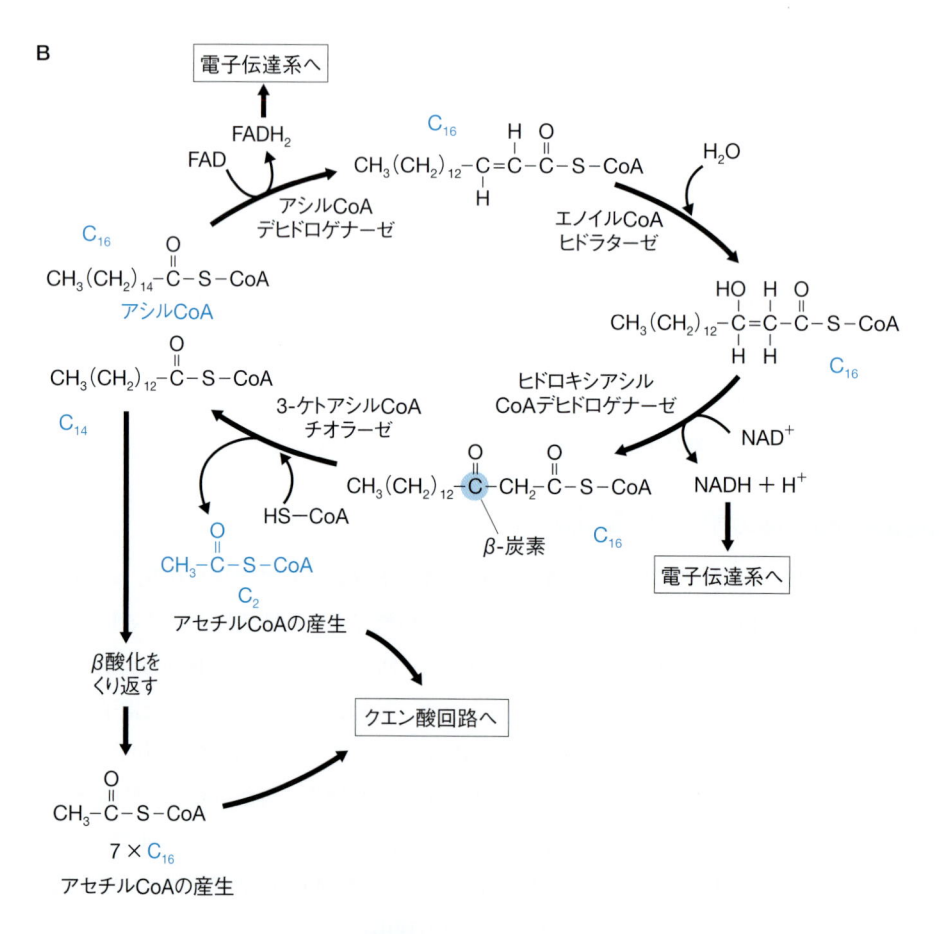

図12.14 脂肪酸のβ酸化
パルミチン酸が CoA 付加を受けたパルミトイル CoA を例とする．炭素として 2 つずつ
アセチル CoA となって遊離してゆくことがポイントである．

このように，空間的に，そしてエネルギー獲得のために，最初に脂肪酸に対して CoA 付加が行われ，その後，以下の 4 段階からなる β 酸化が連続的に起きる（図 12.14B）．
① FAD を補酵素として行われる脱水素反応（アシル CoA デヒドロゲナーゼが触媒）
② 次の脱水素反応を行う準備としての水付加反応（エノイル CoA ヒドラターゼ）
③ NAD^+ を補酵素とする脱水素反応（ヒドロキシアシル CoA デヒドロゲナーゼ）．この反応により β 位の炭素原子が酸化されカルボニル基となる．
④ チオール開裂反応．すでに CoA 付加を受けていた部分がアセチル CoA として遊離するとともに，③の反応により導入されたカルボニル基を利用して，炭素数が 2 つ少な

い新たなアシル CoA が産生する.
　以降,④の反応で産生したアセチル CoA はそのままクエン酸回路によって燃焼する. 炭素数が 2 つ減った形で新たに産生したアシル CoA は,再度①から④までの反応を経て,アセチル CoA と炭素数がさらに 2 つ減ったアシル CoA を産生する. この反応が連続的に進行し,最終的に脂肪酸の炭素はすべてアセチル CoA のアセチル基に変換され,クエン酸回路で完全燃焼する.

　以上の β 酸化経路とクエン酸回路により,脂肪酸が酸素存在下で完全燃焼すると非常に多くの ATP が産生される. たとえば,炭素数 18 個のパルミチン酸が酸化されると約 120 個の ATP が産生される. 一方で,グルコース（炭素数 6 個）が解糖系とクエン酸回路により完全燃焼した場合,32 個の ATP が産生する.
　炭素数を双方でそろえて比較すると,グルコース 3 分子（つまり炭素数 18 個）と考えると ATP 量は 96 個となる. このことを見てもわかるように,糖の ATP 収量は脂肪酸の約 80 %にすぎない. 第 1 章でも解説したように脂肪酸は糖よりも還元された化合物であるため,脱水素反応（酸化反応）によってより多くの電子を遊離できることをよく示している.

C　β酸化に付随したケトン体の産生

　絶食が長引いた際には,体内に貯蔵された糖（グリコーゲン）が枯渇するため,アミノ酸などを利用して糖新生が行われる（図 12.15）. 脳神経細胞や赤血球など細胞内で β 酸化系が機能しない細胞では,脂肪酸を直接利用できない. このような細胞では,糖新生によ

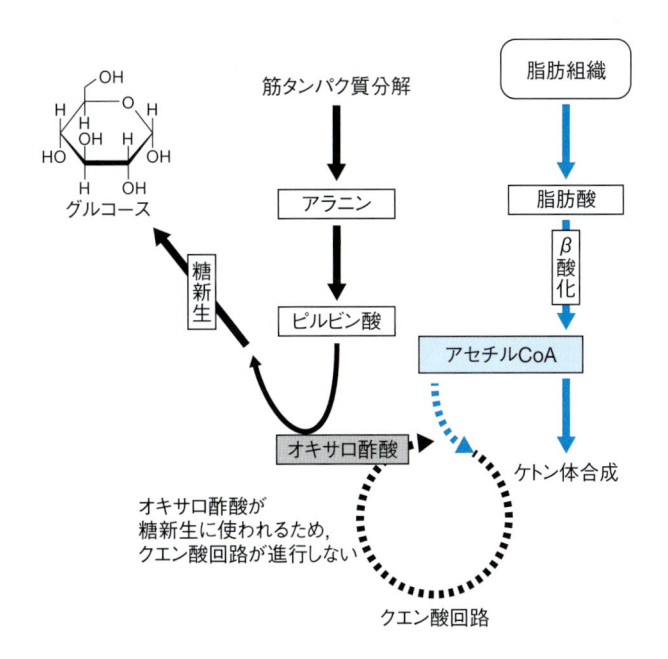

図12.15　β酸化と関連代謝系の流れ

り得られるグルコースのみ栄養源とする．一方で，多くの組織の細胞では脂肪組織より動員された脂肪酸（アルブミンで輸送されている）を代謝のための燃料とする．さらに絶食期間が長引くと，糖新生能力も落ち，脳神経細胞は糖の代替燃料として**ケトン体**とよばれる化合物群を利用しはじめる．

　ケトン体は肝臓において脂肪酸を原材料として合成される．脂肪酸は先に解説したように，β酸化によりアセチルCoAを産生する．好気的な代謝が盛んに行える状況ではクエン酸回路により完全燃焼できるが，絶食が長引いている際には状況が異なってくる．絶食時には肝臓では糖新生が優先的に進行しているため，オキサロ酢酸が枯渇状況となる．クエン酸回路はアセチルCoAがオキサロ酢酸との間で結合反応を起こしクエン酸を産生することにより開始する．したがって，絶食時に脂肪酸が大量に動員されても，すべてをクエン酸回路により燃焼することができなくなる．このような場合肝臓においては，クエン酸回路で燃焼することができないアセチルCoAを基質としてケトン体が合成される．ケトン体は，3-ヒドロキシ酪酸，アセト酢酸，アセトンの3種類の化合物をさす．これらの分子は，3分子のアセチルCoAより合成されるHMG-CoAを中間体として合成される（図12.16）．このうち，3-ヒドロキシ酪酸，アセト酢酸は燃料分子として機能する．これらの分子は脂肪酸由来の化合物であるが，水溶性であるため血流を介して脳などの標的組織に容易に輸送され，そこでアセチルCoAを産生する形で利用される．この燃焼は標的細胞中ではクエン酸回路で行われるため，脳神経細胞などβ酸化系が機能しない細胞でも利用可能となる．

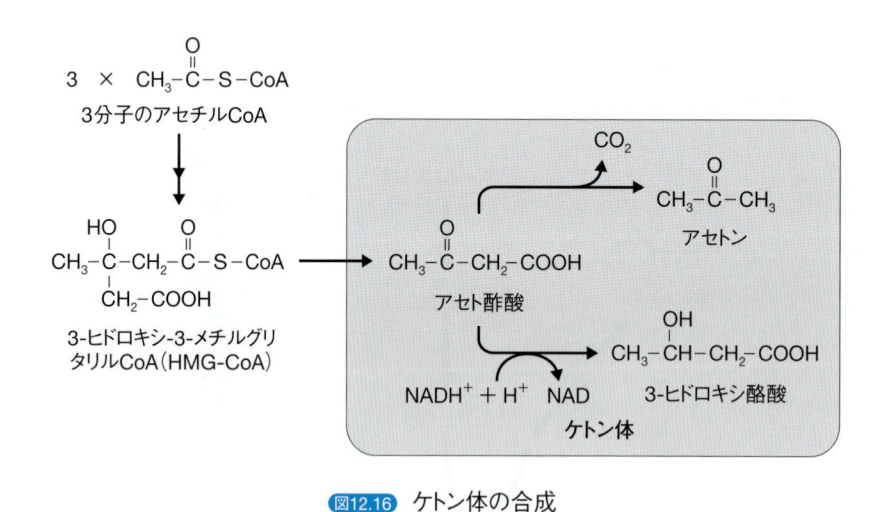

図12.16 ケトン体の合成

D　脂肪酸合成系

　我々ヒトが摂取する主要な栄養素である炭水化物は消化吸収され，グルコースとして血流により全身を循環する．細胞ではグルコースは好気的な条件においてアセチルCoAを経由してクエン酸回路で代謝される．しかし，過剰に栄養を摂取した際には，糖由来のアセ

チルCoAは脂肪酸へ合成し直され貯蔵される（図11.15参照）．先に解説したように，多糖としてよりは，中性脂肪として貯蔵する方が生体には有利であるからである．このように糖由来のアセチルCoAを原材料として脂肪酸を合成する反応は，生体内のさまざまな組織で行われるが，肝臓，脂肪組織などがとくに活発である．いわゆる飽食の時代になり，メタボリックシンドロームとして内臓脂肪や脂肪肝が注目されていることは合成反応系の強度をよく反映している．

脂肪酸合成は細胞質で行われる．脂肪酸の分解系であるβ酸化系はミトコンドリア内部に配置されており，合成・分解系が細胞内で混在しないよう区分けされている．脂肪酸はアセチルCoAを原材料とし，アセチルCoAカルボキシラーゼと脂肪酸合成酵素の2種類の酵素の働きにより合成される．前者はアセチルCoAからマロニルCoAを産生する酵素であり，後者は以降の反応すべてを触媒する酵素である．実際の反応は以下の6段階の反応により進行する（図12.17）．

①マロニルCoAはアセチルCoAが水中の炭酸分子と結合することで生じる化合物である．このマロニルCoAとアセチルCoAは，CoA部位を利用して，脂肪酸合成酵素中に存在するアシルキャリアータンパク質部位（Acyl-Carrier Protein）に結合する．脂肪酸合成酵素にこのような形で結合した脂肪酸部位を，それぞれアセチルACP，マロニルACPとよぶ．

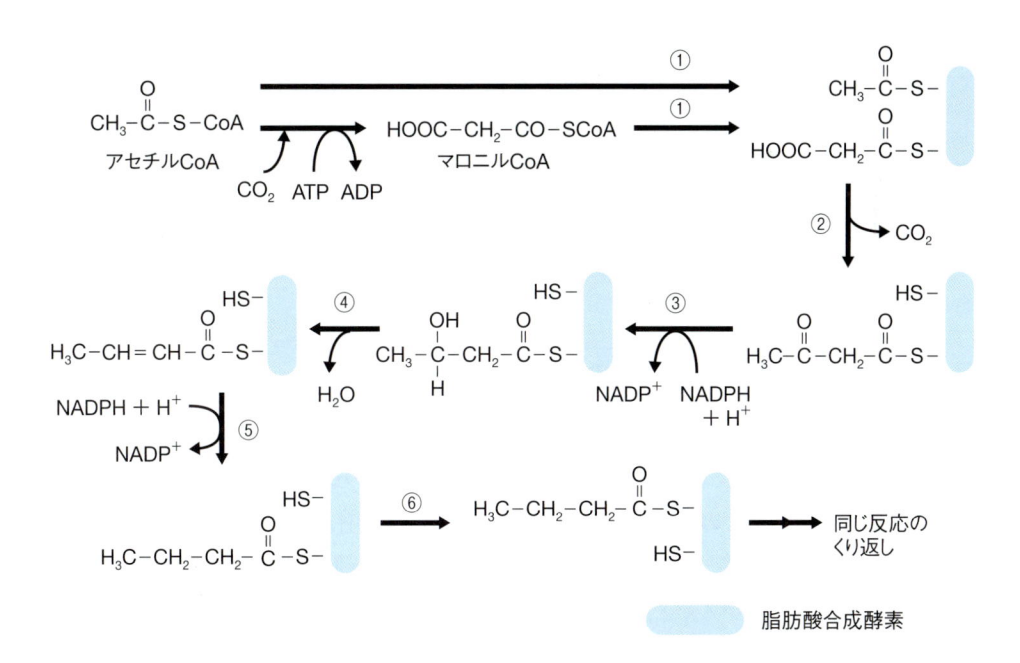

図12.17 脂肪酸の炭素鎖伸長のしくみ
ステップ①：アセチルCoAとマロニルCoAが脂肪酸合成酵素に結合する過程．ステップ②〜⑥：脂肪酸の炭素鎖伸長反応．
②の説明：脱炭酸反応を伴い，アセチルCoA部がマロニルCoA部位に転移する（炭素2個分炭素骨格が伸長）．
⑥の説明：次のマロニルCoAが結合できるように伸長した炭素鎖を移す．

②このようにして脂肪酸合成酵素中の活性部位に，マロニル ACP 部位とアセチル ACP 部位が近接して存在する形となり，これらの部位が脱炭酸をしながら縮合してアセトアセチル ACP が産生する．これにより，脂肪酸合成酵素に結合した形で，炭素 2 個分が伸長した脂肪酸の骨格が形成される．

③〜⑤　このアセトアセチル ACP の骨格部分の炭素にはカルボニル基が存在するので，この部位について，〔還元・脱水・還元〕の 3 反応を行うことで，炭化水素鎖を形成する．この部分の反応は β 酸化系の逆反応となる．このようにして，炭素 2 個分伸長したアシル ACP 部位が合成される．

⑥脂肪酸合成酵素には，次のマロニル CoA が結合する．この部位が脱炭酸する際に，すでにつくられたアシル ACP 部位が転移し，さらに炭素骨格の伸長が行われる．その後①〜⑤までの反応をくり返す．

以上の反応が進行し，炭素鎖の伸長が十分に行われた段階で，脂肪酸として遊離する．脂肪酸の合成は，常に炭素 2 個分ずつ炭化水素鎖が伸長する形で進行する．このため，生体に存在する大部分の脂肪酸の炭素数は偶数個となっている．

12.5 タンパク質・アミノ酸代謝

タンパク質は 20 種類のアミノ酸がペプチド結合により重合することによってつくられている．実際に生体内に存在するタンパク質は，各々のもつ寿命にしたがい，合成と分解をくり返している．また，食品として摂取するタンパク質は消化管内で分解されアミノ酸として血流を介して体内循環している．生体を構成していたタンパク質より分解されて生じたアミノ酸と，食品由来のアミノ酸に本質的な差異はなく，これらは混じり合って新たなタンパク質の原材料になったり，エネルギー源として用いられたりする．あるいは，核酸などの窒素含有化合物の原材料ともなる．本節では主にタンパク質を構成するアミノ酸の合成や分解について解説を行う．

A　タンパク質とアミノ酸の体内動態概略

体重 70 kg の成人の場合，約 10 kg が体タンパク質である．このうち 1 日あたり 200〜300 g が合成・分解されている．体内にはおよそ 70〜100 g の遊離アミノ酸が存在するとされ，この遊離アミノ酸との間で体タンパク質の合成と分解が行われている．遊離アミノ酸のうち約 80g がエネルギー産生のために異化代謝されたり，他の窒素化合物につくりかえられたりする．この分がアミノ酸として体内から失われるため，食事より 80 g 程度のタンパク質を摂取することが望ましいとされる（図 12.18）．

ヒトなどの動物の場合，糖や脂質にはグリコーゲンや中性脂肪といった貯蔵に適した形態が存在するが，タンパク質の場合いわゆる貯蔵タンパク質は存在しない．筋タンパク質やコラーゲンなどの体内に豊富にあるタンパク質はいずれも筋収縮や組織構造の維持のた

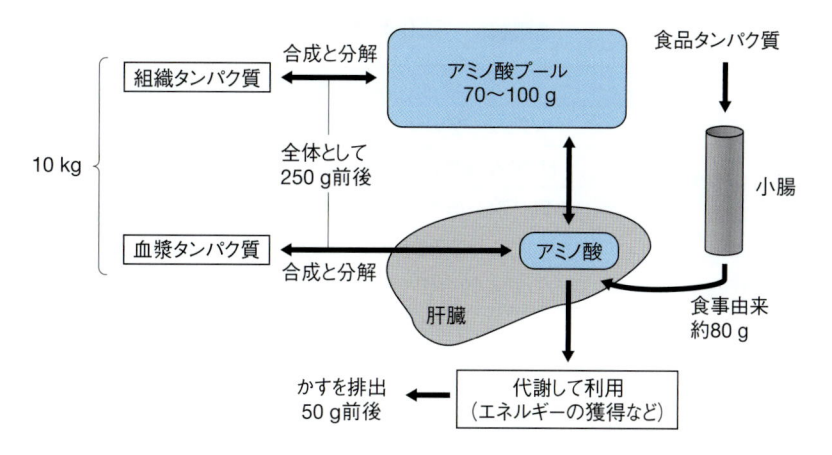

図12.18 タンパク質・アミノ酸の全身動態
アミノ酸プールとは特定の臓器を意味するわけではなく，全身に遊離のアミノ酸が分布していることを意味している．

めに存在しており，いずれも貯蔵タンパク質ではない．このため，余剰に摂取されたタンパク質やアミノ酸は，燃焼されるか脂肪や糖に変換される．

a タンパク質を分解する酵素

タンパク質が分解されるとアミノ酸になるが，このとき働く酵素をプロテアーゼ（タンパク質分解酵素）という．細胞の外側で働くプロテアーゼとして消化管プロテアーゼ，微生物が菌体外に分泌するプロテアーゼ，血中プロテアーゼなどがある．プロテアーゼはその最適pHに基づいて酸性プロテアーゼ，中性プロテアーゼおよびアルカリ性プロテアーゼに分類される．また，ポリペプチドの内部にあるペプチド結合を加水分解する酵素をエンドペプチダーゼ，ポリペプチド鎖のいずれかの一端から分解する酵素をエキソペプチダーゼという．エキソペプチダーゼには，N末端側から作用するアミノペプチダーゼとC末端側から作用するカルボキシペプチダーゼがある．

b タンパク質分解酵素の生理的役割

動物の消化管内に分泌されるプロテアーゼは，外部から取り込まれたタンパク質を栄養素として吸収するために加水分解を行う．消化管や血液中で起こるチモーゲン（酵素の前駆体）の活性化反応，および細胞内で起こる生物活性ポリペプチド前駆体の活性化反応，あるいは活性型分子の不活性化反応は，該当するペプチドが加水分解反応をすることで行われるため，このような調節機構においてプロテアーゼは重要な役割をもっている．

c 動物の消化管におけるタンパク質分解

タンパク質は，動物の消化管に取り込まれると，胃やすい臓から分泌されるタンパク質分解酵素によって加水分解される．これらの酵素は，必要とされるときまで不活性な形（チ

表12.1　消化酵素の種類

	不活性型（=チモーゲン）	活性型
胃	ペプシノーゲン	ペプシン
すい臓	トリプシノーゲン	トリプシン
	キモトリプシノーゲン	キモトリプシン
	プロカルボキシペプチダーゼ	カルボキシペプチダーゼ
	プロエラスターゼ	エラスターゼ

モーゲン）で蓄えておかれる．こうすることで，活性型の酵素を蓄えた場合，細胞や組織自身が損傷を受けないようになっている．チモーゲンはそれが蓄えられていた細胞から消化管へ放出され，活性化される．

B アミノ酸の機能

体タンパク質の分解産物や食事より供給される体内の遊離アミノ酸には，主に4つの機能がある．

①タンパク質合成のための原材料．
②異化代謝によりエネルギー源として利用される，あるいは糖，脂肪酸，コレステロール，ケトン体の原料となる．
③他の窒素含有化合物の原材料となる．たとえば，核酸の構成要素であるヌクレオチドを構成するプリン塩基，ピリミジン塩基が代表例である．
④アミノ基を他の有機酸に受け渡すことで，新たなアミノ酸を合成する．

これらの機能のうち，①に関しては分子生物学の範囲に該当するので，他の成書を参照されたい．ここでは，主に②と④について解説を行う．③については核酸代謝（12.6参照）で説明を行う．

C アミノ酸の異化代謝

化合物としてみた場合，タンパク質やアミノ酸には他の主要な生体分子である糖や脂質と大きく異なる点がある．それは，アミノ酸分子中に基本骨格としてアミノ基，すなわち窒素原子が存在することである．タンパク質の場合でも，アミノ基部位がペプチド結合に使われている．したがって，タンパク質，アミノ酸，いずれの場合も他の主要生体物質にはあまり含まれない窒素を基本構成原子として含む．この窒素原子を除いた構造を詳しく見てみると，アラニンはピルビン酸と，グルタミン酸は2-オキソグルタル酸と，アスパラギン酸はオキサロ酢酸と炭素骨格の構造がまったく同一である（図11.16参照）．すなわちこれらのアミノ酸は，アミノ基を遊離し，その部位にカルボニル基が導入されれば，糖や脂質の中間代謝物としてすぐに燃焼することができる．生体内には実際にこの反応を触媒する酵素が存在する．アミノ基転移酵素はアミノ酸のアミノ基と2-オキソグルタル酸のカ

ルボニル基を入れかえる反応を触媒し，α-ケト酸とグルタミン酸を生じる（図 12.19）．実際に，ピルビン酸，オキサロ酢酸は α-ケト酸である．グルタミン酸の場合には，グルタミン酸脱水素酵素の働きにより，アンモニアを遊離する形で 2-オキソグルタル酸を産生する．

この 3 種類のアミノ酸ほど単純ではないが，他のすべてのアミノ酸も炭素骨格に存在する炭素原子数にある程度応じてグループ分けされた形で異化代謝される．いずれも数段階の代謝反応とアミノ基の遊離を経て，クエン酸回路中間体や，アセチル CoA，ピルビン酸，アセトアセチル CoA などに変換できる（図 12.20）．アミノ基の遊離の反応は基本的にすべて同一であり，やはりアミノ基転移酵素の触媒作用により，2-オキソグルタル酸にアミノ基を移し，自らは α-ケト酸になる．

以上をまとめると，多くのアミノ酸はアミノ基を遊離（脱アミノ反応）することで代謝燃料として各組織で利用されることとなる．遊離したアミノ基は，後述する尿素回路により，無毒な尿素に変換され体外へ排出される．

このように，すべてのアミノ酸はクエン酸回路を介してその炭素骨格部分を完全燃焼することが可能である．これが，アミノ酸がエネルギー源として利用できる理由である．一

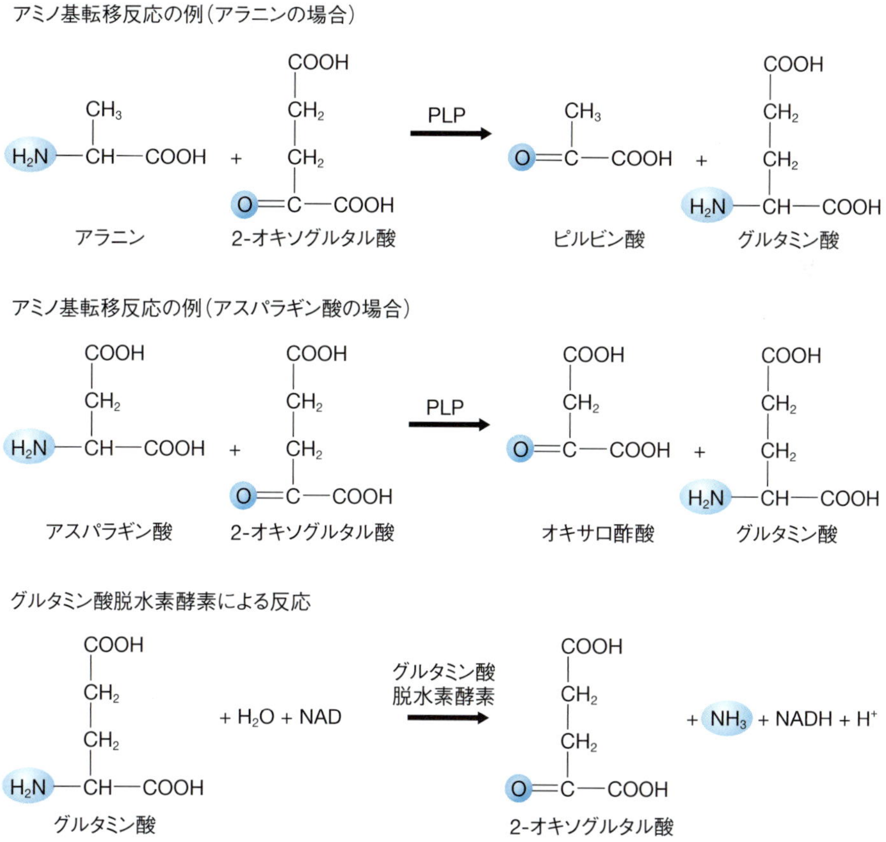

図12.19 アミノ酸は脱アミノ反応によりさまざまな中間代謝物に変換される

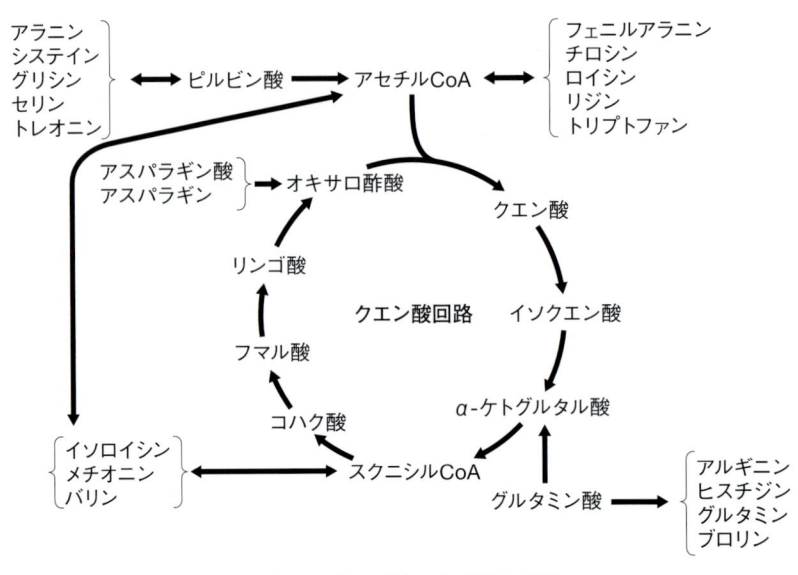

図12.20 いろいろなアミノ酸の分解

方で，アミノ酸はさまざまな生体分子を個体内で合成するための材料ともなり得る．ピルビン酸やクエン酸回路の中間体に代謝されるアミノ酸は，糖新生経路を利用してグルコースを合成できる．絶食が長引いた際などは，筋タンパク質を分解して得られたアミノ酸を利用して，脳神経細胞のエネルギー源としてグルコースを体内で合成する必要がある．このような場合にこの代謝経路が用いられる．このようなアミノ酸をグルコースの材料になり得るという意味で糖原性アミノ酸という．また，アセチルCoAやアセトアセチルCoAに代謝されるアミノ酸は，ケトン体に変換され得るのでケト原性アミノ酸という．ケト原性アミノ酸は脂肪酸やコレステロールの原材料ともなり得る．

D 尿素回路

これまで解説したように，各種アミノ酸が異化代謝により利用される際にはアミノ基を遊離する必要がある．実際には，ほとんどのアミノ酸の異化代謝は肝臓で行われることが多く，アミノ基は2-オキソグルタル酸に受け渡されグルタミン酸となり，続いて肝臓内に存在するグルタミン酸脱水素酵素によりアンモニアと2-オキソグルタル酸が産生する．

筋肉でアミノ酸が異化代謝される際には，アラニンの形でアミノ基が運搬される．肝臓内でアラニンよりアミノ基が2-オキソグルタル酸に受け渡されグルタミン酸が産生する．結局，全身のアミノ酸の異化代謝の結果遊離するアミノ基は，肝臓でグルタミン酸として回収され，アンモニアと2-オキソグルタル酸が産生する形となる．

肝臓内で脱水素酵素の働きでグルタミン酸より遊離したアンモニアは，生体にとって毒性があるため，そのまま排出することができない．肝臓内にはアンモニアを尿素に変換して排出する代謝経路として尿素回路が備わっている（図12.21）．この経路では，アンモニ

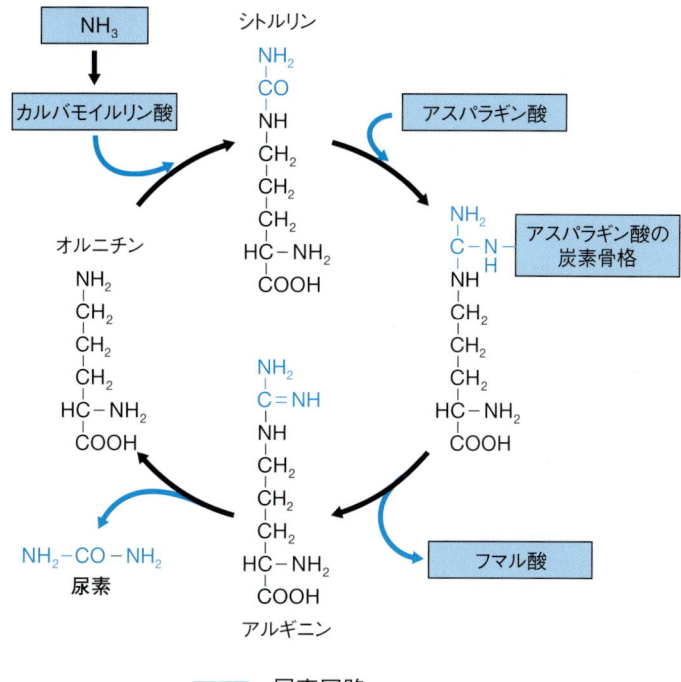

図12.21 尿素回路

アよりカルバモイルリン酸がつくられた後，**オルニチン**というアミノ酸にカルバモイル基（アンモニア由来の窒素原子を含む部位）が転移し，シトルリンとよばれるアミノ酸が合成される．その後，アルギニンが合成され，尿素部分が遊離することでオルニチンが再生する．この過程を経て，水に可溶で毒性の低い窒素含有分子として尿素が産生され，腎臓を介して尿中へ放出される．

E　アミノ酸合成

　アミノ酸の基本的な炭素骨格の構造はクエン酸回路や糖代謝経路の代謝中間体に酷似していることはすでに解説した．このことは，アミノ酸の分解（異化代謝）の場合に重要な意味をもち，アミノ基を遊離し中間代謝物に変換することでエネルギー源として利用し，また他の生体成分の原材料とすることができた．この構造上の特徴は，アミノ酸自体を生体内において合成する場合にもきわめて重要な意味をもつ．すなわち，クエン酸回路の代謝中間体などにアミノ基を付加することで，アミノ酸を合成することが可能である．先に解説したアラニン，アスパラギン酸，グルタミン酸は，単純にピルビン酸，オキサロ酢酸，2-オキソグルタル酸に対して1段階のアミノ基付加反応を行うことで，合成することが可能である．

　このようにして，標準アミノ酸（タンパク質を構成する全20種類のアミノ酸）は基本的にクエン酸回路を中心としたさまざまな代謝中間体を炭素骨格として合成されうる（図

11.17参照).多くの場合,アミノ基の供給源はグルタミン酸となる.ただし,実際の合成反応はかなり複雑であり,10段階を超える反応を経ないと合成されないものも多い.微生物や植物はすべてのアミノ酸を合成することが可能であるが,ヒトの場合には11種類しか合成できない.ヒトが食事より摂取しなくても自ら体内で合成可能なアミノ酸を非必須アミノ酸とよぶ.これらのアミノ酸の多くは,上記の3種類のアミノ酸を含め,比較的少ない反応段階により合成可能なものである.一方,反応段階が多いアミノ酸はヒトでは合成できず,食事より摂取する必要のあるアミノ酸として必須アミノ酸とよばれている(表12.2).

表12.2 非必須アミノ酸と必須アミノ酸

非必須アミノ酸 (体内で合成可)	グリシン,アラニン,セリン,アスパラギン酸,グルタミン酸,アスパラギン,グルタミン,アルギニン,システイン,チロシン,プロリン
必須アミノ酸 (体内で合成不可)	イソロイシン,ロイシン,リシン,メチオニン,フェニルアラニン,トレオニン,トリプトファン,バリン,ヒスチジン*

*注:ヒスチジンは非必須アミノ酸に分類される場合もある.

12.6 核酸代謝

　核酸とは,DNA(デオキシリボ核酸)とRNA(リボ核酸)を指し,各々ヌクレオシド三リン酸を原料として重合した化合物である.DNAはデオキシリボースを基本骨格にもつヌクレオシド三リン酸を原料とし,RNAはリボースを基本骨格にもつヌクレオシド三リン酸を原料としている.

　DNAは基本的に細胞が生存しているかぎり分解はされない.細胞増殖の際にDNAは複製されるため,ヌクレオシド三リン酸を原料として重合反応(同化)が起きる.一方,RNAは細胞内では代謝が盛んに行われる.とくにタンパク質合成の際にDNA上にある遺伝情報(アミノ酸の配列情報)を写し取り利用されるmRNAは非常に合成と分解が盛んであり,安定的に細胞内に存在することは少ない.RNAはヌクレアーゼとよばれる核酸分解酵素により重合が切断され,プリンヌクレオチドやピリミジンヌクレオチドとなる.これらは,再利用されることもあれば,さらに分解されることもある.

　ここでは,DNAやRNAの構成単位となるヌクレオシド一リン酸の合成と分解について解説を行う.DNAやRNAの原料となるヌクレオシド三リン酸は,ヌクレオシド一リン酸を原料としてリン酸化反応が進むことで合成されるため,ヌクレオシド一リン酸の合成と分解を学ぶことで,全体像を把握することができる.以降,とくに説明がない場合,ヌクレオシド一リン酸をヌクレオチドとよぶ.また,高分子化合物であるDNA,RNAの合成と分解については分子生物学の範囲となるため,他の成書を参照されたい.

A   リボヌクレオチド，デオキシリボヌクレオチドの構造と代謝概略

　ヌクレオチドの合成や分解を考える際，その構造を詳細に見ると理解しやすい．ヌクレオチドはリボースという五炭糖を土台として，5位の炭素にリン酸基が結合している．また，1位の炭素に窒素原子を多く含む塩基とよばれる構造体が結合している（図12.22）．

　リボースとリン酸部分は，グルコースの基本的な代謝系である解糖系の中間代謝物であるグルコース6-リン酸より調達される．具体的には，ペントースリン酸経路により脱炭酸反応が生じ，グルコースより炭素原子1つ分除かれたリボース5-リン酸が生成する（図12.23）．一方で，塩基部分には窒素原子が多く含まれ，この部分はアミノ酸を主な原料として合成される．すなわち，ヌクレオチドの構成要素は糖とタンパク質より調達可能であり，体内で合成できる．このため，核酸は生命情報を担う非常に重要な分子であるにもかかわらず，いわゆる3大栄養素や5大栄養素に含まれない．

　このように，糖代謝系から供給されるのはリボース5-リン酸であるため，2位の炭素原子には水酸基が結合している（図7.3参照）．すなわち代謝上は，RNAの構成分子であるリボヌクレオチドが先に合成されることになる．DNAの構成要素であるデオキシリボース含

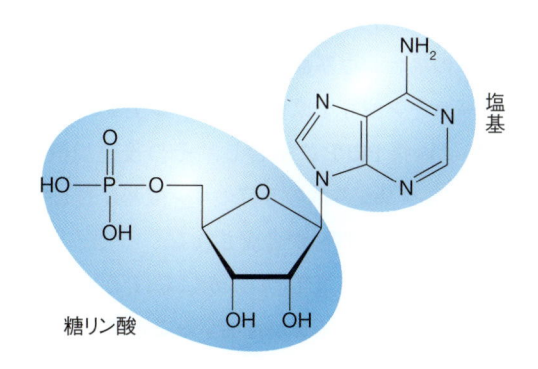

図12.22　ヌクレオチドの基本図

図12.23　グルコース6-リン酸からのリボース5-リン酸の生成

有ヌクレオチドは，リボース含有ヌクレオチドが合成された後，2位の炭素原子が還元されることによって合成されることとなる．

B リボヌクレオチド（RNA）の合成

リボヌクレオチドの合成は糖代謝系より供給される糖リン酸の土台の上に，塩基部分が構築される形で合成される．まずリボース 5-リン酸より，ATP の加水分解を伴う形で 5-ホスホリボシル 1-ピロリン酸（PRPP）が合成される（図 12.24）．この分子は，リボースの 1位の炭素原子にピロリン酸が結合した構造をしており，このピロリン酸部分が遊離し，その部分に塩基部分が結合することでヌクレオチドが完成する．

実際の塩基部分の結合はプリンヌクレオチドとピリミジンヌクレオチドで異なる*．プリンヌクレオチドの場合，PRPP に対してグルタミン，アスパラギン酸，グリシンなどのアミノ酸から順々にアミノ基等が結合し，プリン骨格をもつイノシン酸（IMP）とよばれる合成中間体が形成される（図 12.25）．このイノシン酸にアミノ基が付加することにより，グアニル酸（GMP），アデニル酸（AMP）が形成される（図 12.26，グアニル酸，アデニル酸は，それぞれリボース 5-リン酸にグアニン，アデニンが結合したヌクレオシド一リン酸のことである）．これらの分子の 5位のリン酸基に対して，さらにリン酸化が 2回生じることで RNA の原料となる GTP，ATP が合成される．

ピリミジンヌクレオチドの場合，塩基部分は糖リン酸の土台とは別途に独立して合成される．グルタミン，アスパラギン酸等を原料として，ピリミジン骨格をもつオロチン酸が合成される．オロチン酸は直接 PRPP に結合し，その後脱炭酸反応を経てウリジル酸（UMP）となる（図 12.27）．ウリジル酸の 5位のリン酸基に対して，さらにリン酸化が 2回生じることで RNA の原料となる UTP が合成される．

RNA の原材料としては ATP，GTP，UTP のほかに CTP が必要である．CTP は UTP に対して，グルタミンを原料としてアミノ基が付加することにより調製される．

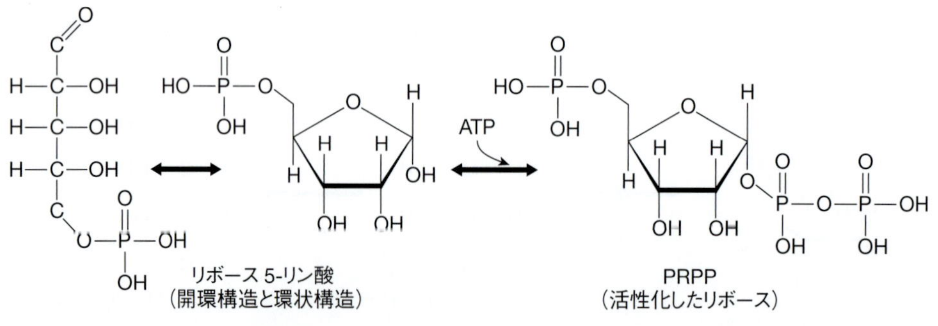

図12.24 リボース 5-リン酸からの PRPP の合成

（開環構造と環状構造）　　　（活性化したリボース）

用語 プリン塩基＝アデニン，グアニン　　ピリミジン塩基＝シトシン，ウラシル，チミン（図 7.5 参照）

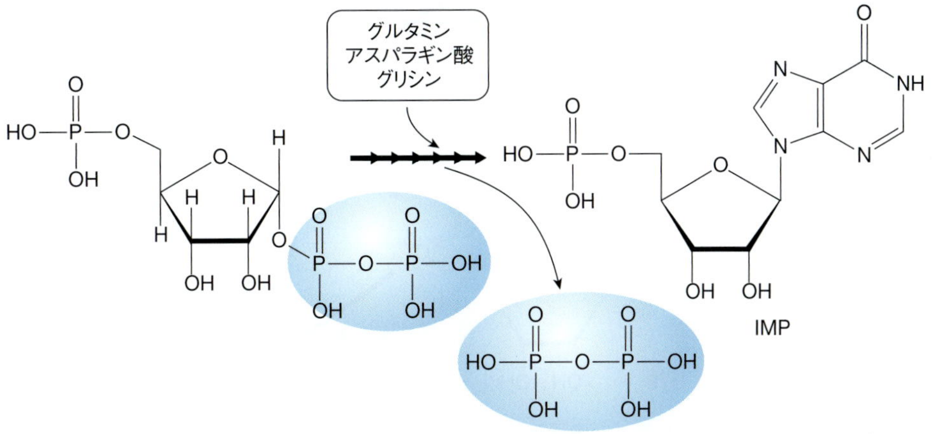

図12.25 イノシン酸（合成中間体）の形成

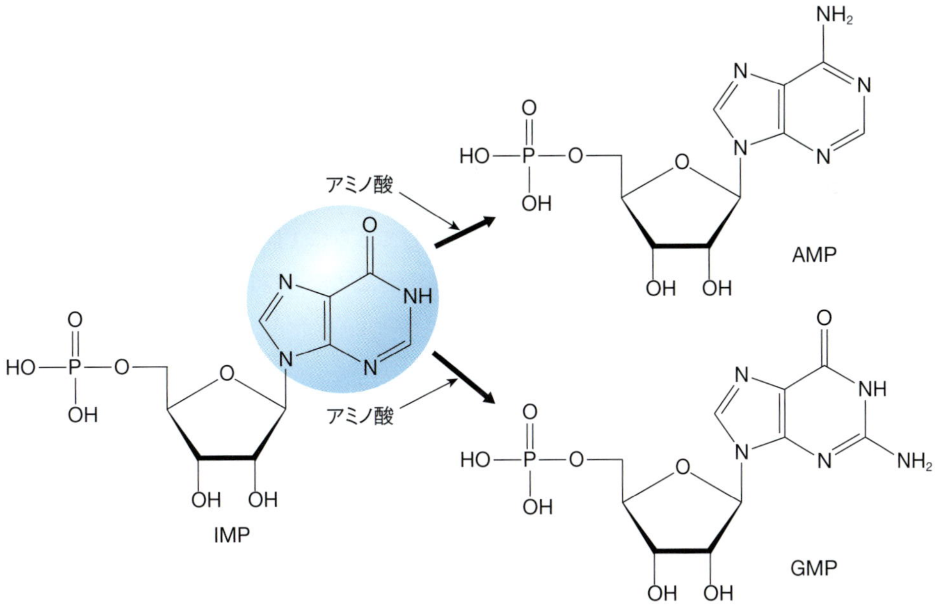

図12.26 イノシン酸からのグアニル酸，アデニル酸の形成

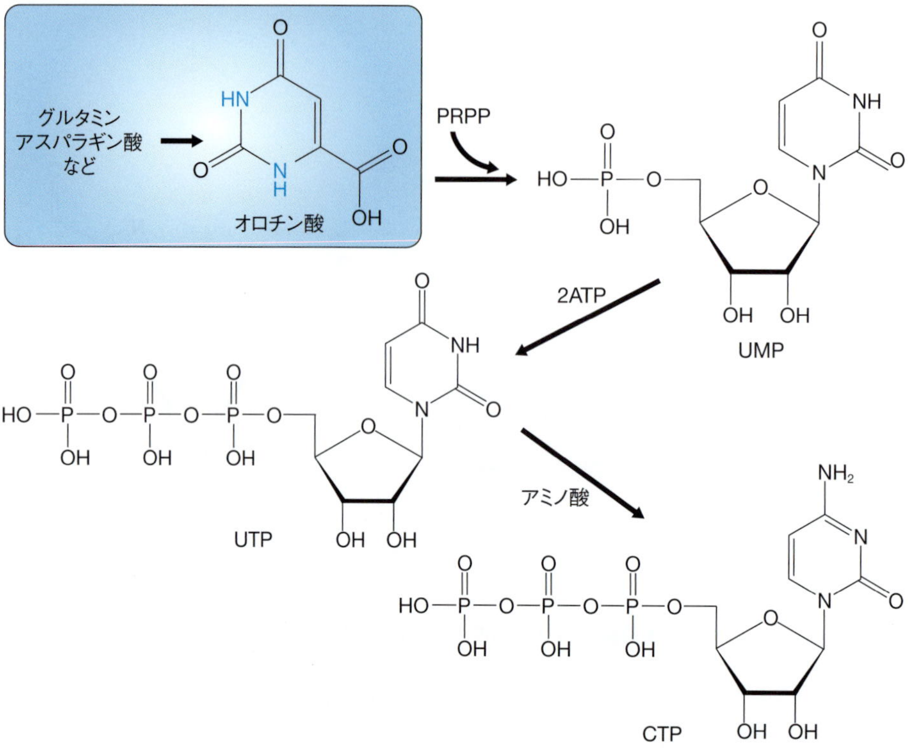

図12.27 ウリジル酸（UMP）からのウリジン三リン酸（UTP）の合成

C デオキシリボヌクレオチド（DNA）の合成

DNA の原料となるヌクレオチドは，リボヌクレオチドの 2 位の炭素原子の還元によって合成される．この還元は，リボヌクレオチドに対してさらに 1 回リン酸化が進んだ，リボヌクレオシド二リン酸に対して行われる（図 12.28）．この際の還元力は NADPH によって

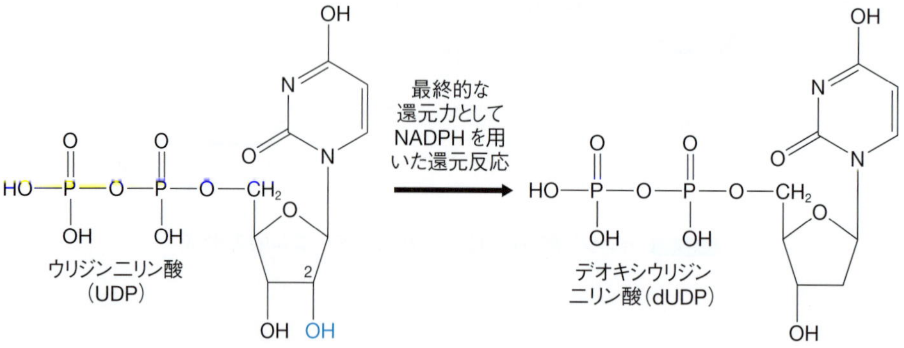

図12.28 2 位の炭素原子の還元（UDP → dUDP）

まかなわれるが，このNADPHはリボース5-リン酸と同様にペントースリン酸経路より供給される（図12.6参照）．

以上の還元により，デオキシアデニル二リン酸（dADP），デオキシグアニル二リン酸（dGDP），デオキシシチジル二リン酸（dCDP）が生成する．これらの分子がさらにもう1回リン酸化を受けることで，DNAの原料となる，dATP, dGTP, dCTPが得られる．なお，デオキシチミジル三リン酸（dTTP）は，dUDPを原料として，dUDP → dUMP → dTMP → dTDP → dTTPという経路により合成される．

D ヌクレオチドの新生経路と再利用経路

プリンヌクレオチドの合成経路についてはすでに解説したが（図12.25参照），この経路では1分子のヌクレオチドを合成するために8ないしは9個のATPの加水分解を必要とし，とてもエネルギー要求性の高い反応となる．このため，生体内では，新たにヌクレオチドを合成する（新規合成経路，新生経路，de novo合成経路ともいう）よりは，ヌクレオチドの分解過程で生じる塩基部分を直接PRPPに結合させて再生する方がエネルギー的に有利となる（図12.29）．実際の生体内では約9割近くのヌクレオチドがこの再生経路（再利用経路，サルベージ経路ともいう）を利用している．

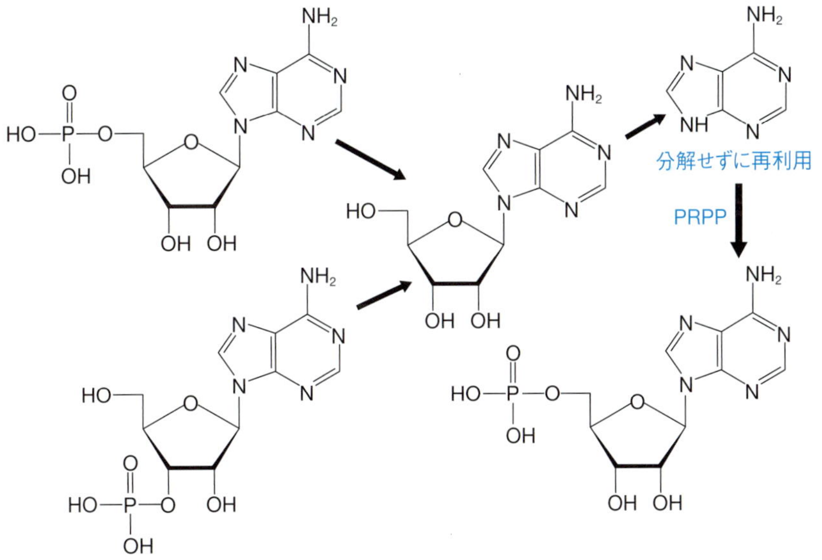

図12.29 サルベージ経路

E ヌクレオチドの分解

RNAの分解で生じるヌクレオチドのうち，糖リン酸部分はペントースリン酸経路や，解糖系などで糖代謝系を利用して燃焼することが可能である．一方で，塩基部分は窒素原子

を多く含んでおり，とくにプリンヌクレオチドの場合，アミノ酸の異化代謝と同様に窒素の排出のための代謝システムが必要となっている．図 12.30 に示すように，RNA の分解によって生じたアデニル酸やグアニル酸の塩基部分はキサンチンという化合物を経て最終的に尿酸となり排出される．尿酸はナトリウム塩として体内に存在するが，血中溶解度が 7 mg/mL である．健常者の血中尿酸値は 3～7 mg 程度であるため，ヒトの栄養状態により，溶解度を超えた値となると関節に尿酸の結晶が生じ，激しい痛みを伴う痛風となる．すでに解説したように，アデニル酸やグアニル酸は，ヌクレオチドの再生経路で利用される化合物でもある．したがって，再生経路の機能不全，プリン体の過剰摂取，尿酸の排出能低下などによって痛風が生じる．

ピリミジンヌクレオチドの場合には，塩基部分は β-アラニンや β-アミノイソ酪酸として尿中に排出される．一部は脱アミノ反応の後，アセチル CoA などに変換され代謝される．一般にピリミジン塩基はプリン塩基と比べ再利用される割合はきわめて少ない．

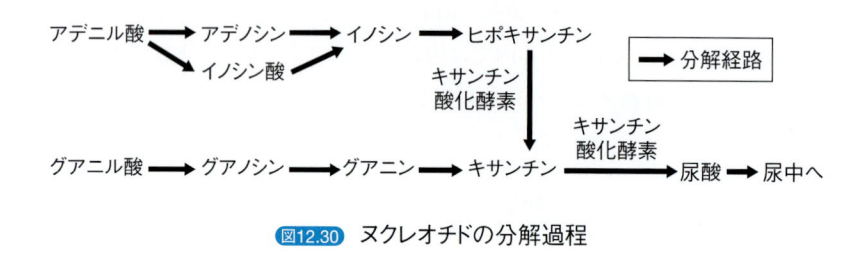

図12.30 ヌクレオチドの分解過程

まとめ

① 脂質代謝
- 脂質の体内動態：体内を脂質が輸送する際には，リポプロテインの形態をとる．キロミクロン，VLDL，LDLの役割を理解する．
- 脂肪酸の異化代謝はβ酸化によってミトコンドリア内で行われる．脂肪鎖から炭素2つ単位で切り出され，アセチルCoAが産生される．
- 絶食時は，β酸化で産生したアセチルCoAをクエン酸回路で燃焼しづらいため，アセチルCoAよりケトン体が合成される．
- 脂肪酸の同化代謝（合成）は，アセチルCoAを原料として，脂肪酸合成酵素の働きで合成される．

② アミノ酸代謝
- アミノ酸の異化代謝：アミノ酸はアミノ基転移酵素によってアミノ基を脱離することで，糖代謝系の中間代謝物，あるいは類似の構造をもった化合物に変換され，代謝燃料として利用される．あるいは糖などの合成のための原材料となる．
- 尿素回路：アミノ酸の異化代謝において，アミノ酸より遊離したアミノ基は，グルタミン酸やグルタミンの形で肝臓に輸送され尿素回路によって尿素に変換され，体外に排出される．
- アミノ酸の同化代謝：体内でアミノ酸の合成が必要とされる際には，糖代謝系の中間代謝物より供給される炭素骨格と，グルタミン酸等より供給されるアミノ基を原材料として，各種のアミノ酸が合成される．
- 必須アミノ酸と非必須アミノ酸：反応ステップ数が多いアミノ酸は，ヒトは体内で合成することができない．このようなアミノ酸は，微生物や植物が合成したものを摂取する必要があるため，必須アミノ酸とよばれる．これに対してヒトが体内で合成できるアミノ酸を非必須アミノ酸とよぶ．

③ 核酸代謝
- ヌクレオチドの構造：ヌクレオチドは糖リン酸に塩基が結合した構造をしている．このことが，ヌクレオチドの合成や分解を理解するうえで重要となる．
- ヌクレオチドの合成（1）：ヌクレオチドの土台となる糖リン酸構造は，糖代謝の一経路であるペントースリン酸経路によって供給されるリボース5-リン酸である．ATPの加水分解を伴う形で，この糖リン酸の1位の炭素にピロリン酸が結合したPRPPが実際の合成のヌクレオチド合成の基質となる．
- ヌクレオチドの合成（2）：プリンヌクレオチドの合成は，糖リン酸構造の上に，塩基部分が段階的に合成されていく形式で行われる．塩基部分の合成には，グルタミンなどのアミノ酸から窒素原子が供給される．合成中間体としてイノシン酸が作られる．

- ヌクレオチドの合成（3）：ピリミジンヌクレオチドの合成においては，まず糖リン酸部分とは独立して，塩基部分の骨格が合成される．その後，一段階の反応で，糖リン酸部分が塩基部分と結合する．合成中間体としてオロチン酸が合成される．
- ヌクレオチドの合成（4）：ヌクレオチドの合成においては，RNAの構成要素であるリボヌクレオチドの合成が先行する．DNAの構成要素であるデオキシリボヌクレオチドは，リボヌクレオチドが合成された後，2位の炭素部分が還元されることにより合成される．
- サルベージ経路：プリンヌクレオチドは合成するために，多段階にわたる反応ステップを必要とするために，別途サルベージ経路が存在する．この経路では，必要なくなった古いプリンヌクレオチドより塩基部分のみを取り出し，PRPPに直接結合させることで新しいヌクレオチドを供給する．
- ヌクレオチドの分解：RNAの分解で生じる糖リン酸部分は，糖代謝経路で燃焼される．塩基部分は，窒素を有するため独自の代謝経路を有する．プリンヌクレオチドの場合は，最終的に尿酸となり体外に排出される．

第13章 植物の生化学

13-1 光合成

地球上の生物は太陽のもつエネルギーに依存している．植物（真核生物）とシアノバクテリアを含めた原核生物が光合成をしている．光エネルギーを化学エネルギーに変換して，CO_2 を固定して糖（炭水化物 $(CH_2O)_n$）をつくる．

$$CO_2 + H_2O \xrightarrow{光} (CH_2O) + O_2$$

この反応によりつくられた糖は，光合成生物だけではなく，直接，間接に光合成生物を摂取するヒトを含む光合成能力をもたない生物のエネルギー源となる．また，この反応で水が分解されて酸素 O_2 が発生する．この酸素がないと生物は生育できない．

イギリスの聖職者で科学の先覚者，プリーストリー（Joseph Priestley）は植物が酸素をつくることを初めて報告した．彼は O_2 を'脱フロジストン空気'と名づけたが，燃焼と呼吸における酸素の役割を現代的意味で解明したのはラヴォアジェ（Antoine Lavoisier）である．さらに 1842 年，ドイツの生物学者メイアー（Robert Mayer）が光合成とは光エネルギーを化学エネルギーに変換することを明らかにして近代化学への道を拓いた．

光合成は，光エネルギーで ATP と NADPH を合成する明反応と，生成した ATP と NADPH を使って CO_2 と H_2O から糖を合成する暗反応からなる．葉緑体のストロマにおいて二酸化炭素から有機物が生産される反応を炭酸同化という．その概略と，それに関連する光合成・その他の代謝経路を図 13.1 にまとめた．

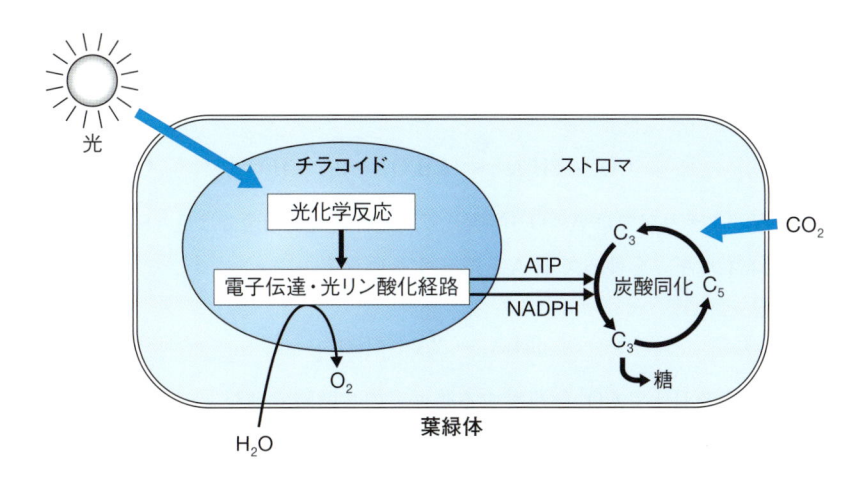

図13.1 光合成代謝経路の概要

A 葉緑体（クロロプラスト）

真核生物（藻類と高等植物）で光合成を行う器官は葉緑体で，これは植物特有のプラスチド（色素体）の一種である．葉緑体は細胞中 1～1000 個で大きさも形もまちまちだが，長さ 5 μm の回転楕円体である（図 1.7 参照）．葉緑体内膜の内部をストロマという．ここには高濃度の酵素のほかに，葉緑体タンパクの一部を合成する DNA，RNA リボソームが含まれている．ストロマには膜で囲まれたチラコイドがある．チラコイドは単一の小嚢だが何層にも折りたたまれ，グラナという円盤を重ねて所々をストロマラメラという構造でつないだ形をとる．グラナの数は細胞当り 10～100 個である．

チラコイド膜の脂質は他の細胞膜の脂質とは異なっている．リン脂質は 10％，中性ガラクトシルジアシルグリセロールとジガラクトシルジアシルグリセロールが 80％，残りの 10％がスルホリピドである．アシル基は高度に不飽和で，チラコイド膜の流動性が高い原因になっている．

B 光合成反応

光合成の反応は，大きく次の 2 つに分けられる．
① **明反応**…光エネルギーを使って NADPH と ATP を生産する反応．チラコイド膜で行われる．
② **暗反応**…光とは関係なく NADPH と ATP を用いて CO_2 と H_2O から糖を合成する反応．

a 明反応

1931 年にニール（Cornelia van Niel）は緑色嫌気細菌が光合成に H_2S を使い，硫黄ができることを発見した．

$$CO_2 + 2H_2S \xrightarrow{光} (CH_2O) + 2S + H_2O$$

この式を一般化すると以下のようになる．

$$CO_2 + 2H_2A \xrightarrow{光} (CH_2O) + 2A + H_2O$$

植物，シアノバクテリアでは A＝O（酸素）で，光合成硫黄細菌では A＝S（硫黄）である．光合成は光エネルギーを使って H_2A を酸化する明反応

$$2H_2A \xrightarrow{光} 2A + 4[H]$$

と，生じた還元性の [H] で CO_2 を還元する暗反応の 2 段階で進む．

$$4[H] + CO_2 \rightarrow (CH_2O) + H_2O$$

酸素発生型の光合成では，光分解するのは H_2O であり，CO_2 から O_2 が生じるのではない．

b 暗反応

これまで光エネルギーがATPとNADPHの生産に利用される仕組みをみてきたが，ATPとNADPHを使ってCO_2から糖や他の化合物がどのようにつくられるかを説明しよう．

カルビン（Melvin Calvin），バッサム（James Bassham），ベンソン（Andrew Bensen）らが1946～1953年にかけて，クロレラを材料にして，経時的に^{14}C（放射性同位元素，ラジオアイソトープ）がどのような物質に取り込まれるかを調べた*．以下が実験手順の概要である．

① 成長中のクロレラの細胞に光照射の条件を変えて，一定時間 $^{14}CO_2$ を与える．
② 沸騰アルコールに投入して反応を止める．
③ 細胞を壊し内部の成分を得る．
④ 二次元ペーパークロマトグラフィーを使って物質を分離し，その物質の構造を決定する．

カルビンらの初期の実験では，クロレラを$^{14}CO_2$に1分以上さらすとラベルには糖，アミノ酸などを含む多くの物質が検出されるが，$^{14}CO_2$にさらす時間を5秒以内で止めると3-ホスホグリセリン酸（3PG）のカルボキシル基だけがラベルされた．

最初，3PGはC_2化合物のカルボキシル化で生じると考えてC_2の前駆体を模索したが，これを同定することができなかった．そこで，クロレラを光照射のもと$^{14}CO_2$に10分さらし，ラベルされた光合成中間体が定常状態になるまで待った．ここでCO_2の供給を断つと，予想通りカルボキシル化生成物3PGは経路の先の化合物に変わるので濃度が減少するが，同時にリブロース1,5-二リン酸（RuBP，図13.2）の濃度が上がる結果が得られた．このRuBPがカルビンサイクルのカルボキシル化の基質である．カルボキシル化されればC_6化合物になるはずであるが，2分子のC_3化合物に開裂したに違いないと推察された．RuBPとCO_2および3PGの酸化状態を比べて，外部から酸化や還元なしで2分子の3PGに変わることがわかった．

以上の実験より得られた反応行程をカルビンサイクル，または還元的ペントースリン酸サイクルという（図13.3）．

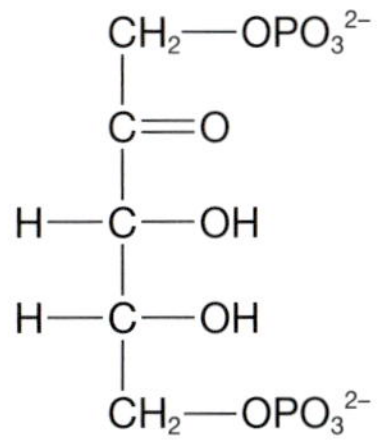

図13.2 RuBP（リブロース1,5-二リン酸）の構造

用語 天然の炭素は^{12}Cであるが，同位元素に^{13}C，^{14}Cがある．同位元素を用いることで，どの物質に炭素が取り込まれるかを調べることができる．

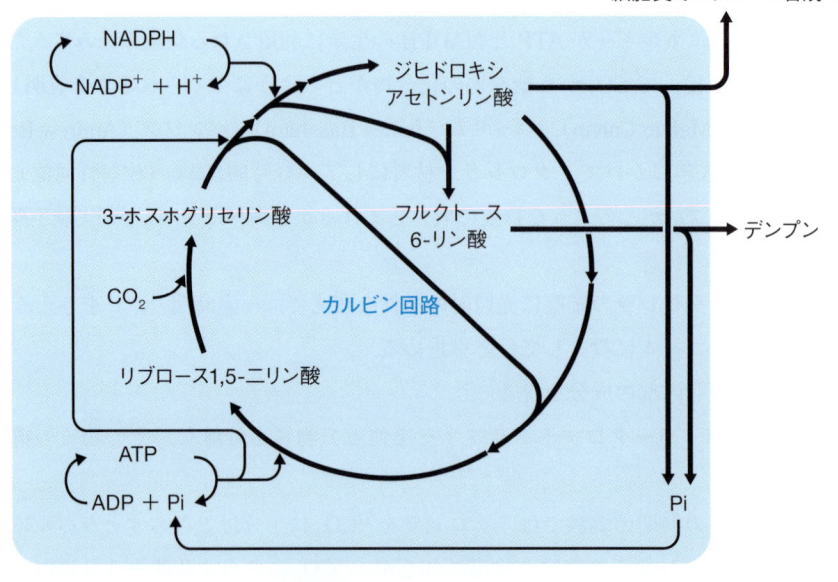

図13.3 カルビン回路

　この研究はその後 ^{13}N を用いた窒素固定，^{31}P を用いた DNA，RNA 研究の道を拓くこととなった．物質の代謝，生合成など生化学研究のための重要な方法ということができるだろう．

C 光呼吸

　光照射下の植物が，酸化的リン酸化とは異なる経路で O_2 を消費し，CO_2 を放出することは1960年代から知られていた．これを光呼吸とよぶ．CO_2 が低濃度で O_2 が高濃度である環境下では，光呼吸は光合成による CO_2 固定を上回ることがある．光呼吸による植物の成長速度は制限される．

　夏の日差しの強い日には，光合成により葉緑体の CO_2 濃度が低下し，O_2 濃度が上がると光呼吸は光合成速度に近づく．このため多くの植物の成長速度には限界がある．光呼吸は植物がどこに植えられたかによって成長が異なることを示す説明の1つである．

D 光合成のしくみ

　光合成の一連の反応は次の4つの過程に分けられる．
(a) 葉緑体のチラコイド膜に存在するアンテナ色素分子が光エネルギーを吸収し，そのエネルギーを反応中心の色素分子へ伝達し，反応中心で酸化還元反応を引き起こす（集光，光化学反応）．
(b) 反応中心の光化学反応によって放出された電子はそれにつながる電子伝達系へ伝達さ

れる．そのとき，反応中心の強力な酸化力で水が分解され，H^+ と O_2 が放出される．電子伝達系では NADPH が生産される共役輸送でチラコイド膜の内外に H^+ の濃度勾配が生じ，その電気化学ポテンシャルを利用して ATP が生産される（電子伝達，光リン酸化反応）．

(c) (b)で生産された ATP と NADPH を利用して，CO_2 の受容体である糖リン酸を生産し，葉緑体のストロマまで拡散してきた CO_2 を固定する．

(d) CO_2 を組み込んだ有機物の一部の糖リン酸から，スクロースやデンプンを貯蔵物として生産する．その過程で脱リン酸された無機リン酸は，ATP 生産のリン酸源として再利用される．

a 集光・光化学反応

最初のステップは光のエネルギーの獲得反応からはじまる．この反応を集光反応という．光エネルギーの獲得の多くは，葉緑体のチラコイド膜に存在する光合成色素，クロロフィルで行われる．

高等植物のクロロフィルには *a* 型と *b* 型とがある（図 13.4）．基本構造は 4 個のピロールからなるテトラピロール環（ポルフィリン）で，環の中央に Mg^{2+} イオンが配位してい

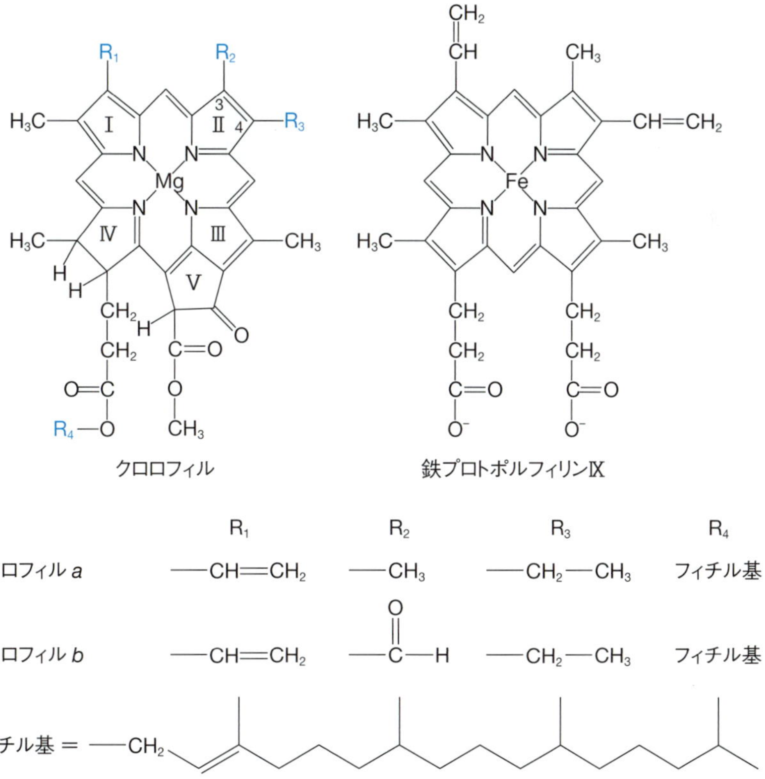
クロロフィル
鉄プロトポルフィリンⅨ
R1 R2 R3 R4
クロロフィル a —CH=CH2 —CH3 —CH2—CH3 フィチル基
クロロフィル b —CH=CH2 —CHO —CH2—CH3 フィチル基
フィチル基 = —CH2

図13.4 クロロフィル *a*，*b* の構造

る．クロロフィル分子は脂溶性でチラコイド膜内において安定であるが，タンパク質と結合し，480 nm 以下および 550〜700 nm の波長の光を吸収する．

光化学系（PSⅡ）のアンテナの一部（PSⅡ色素タンパク質複合体）とその中心を含む無色素タンパク複合体の 3 種に分類される．

光合成色素には，クロロフィルの他にカロテノイドとフィコビリンがあり，タンパク質と結合して光合成色素として働いている．光エネルギーを吸収したクロロフィル分子やカロテノイド分子は励起状態になる．この励起エネルギーは色素分子間でエネルギー転移しながら，反応中心クロロフィルへ伝達される．

b　電子伝達・光リン酸化反応

反応中心クロロフィルの電荷分離によって放出された電子はすみやかに電子伝達系に伝達され，同時に生じる強力な酸化力で H_2O が分離され，O_2 が放出される．他方，電子伝達系では還元物質となる NADPH が生産される．図 13.5 にチラコイド膜上での集光・電子伝達およびそれらに伴う H^+ と ATP 合成を担う分子複合体の配置について示す．この図から電子の流れを確認してほしい．

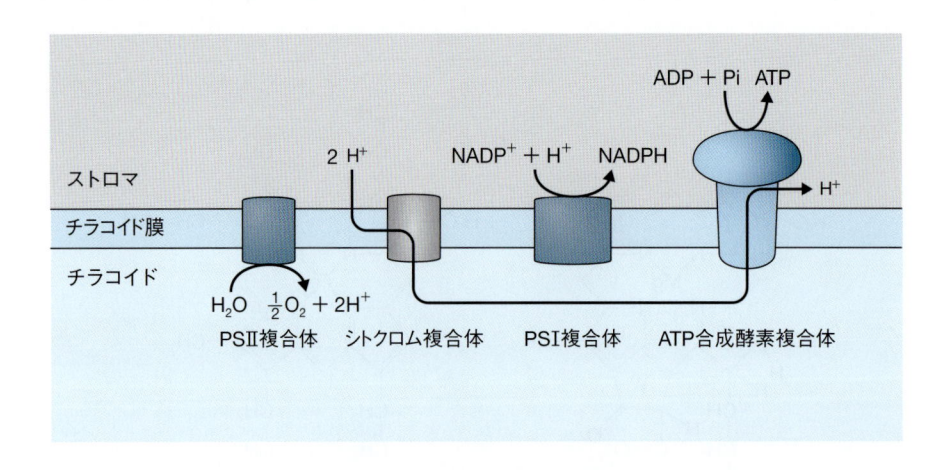

図13.5　チラコイド膜上での反応

E　光合成の全景

図 13.6 に光合成における炭素代謝の全体を示す．すべてを暗記しようとせず，炭素の流れをつかみとるようにしてほしい．

葉緑体の
ストロマ

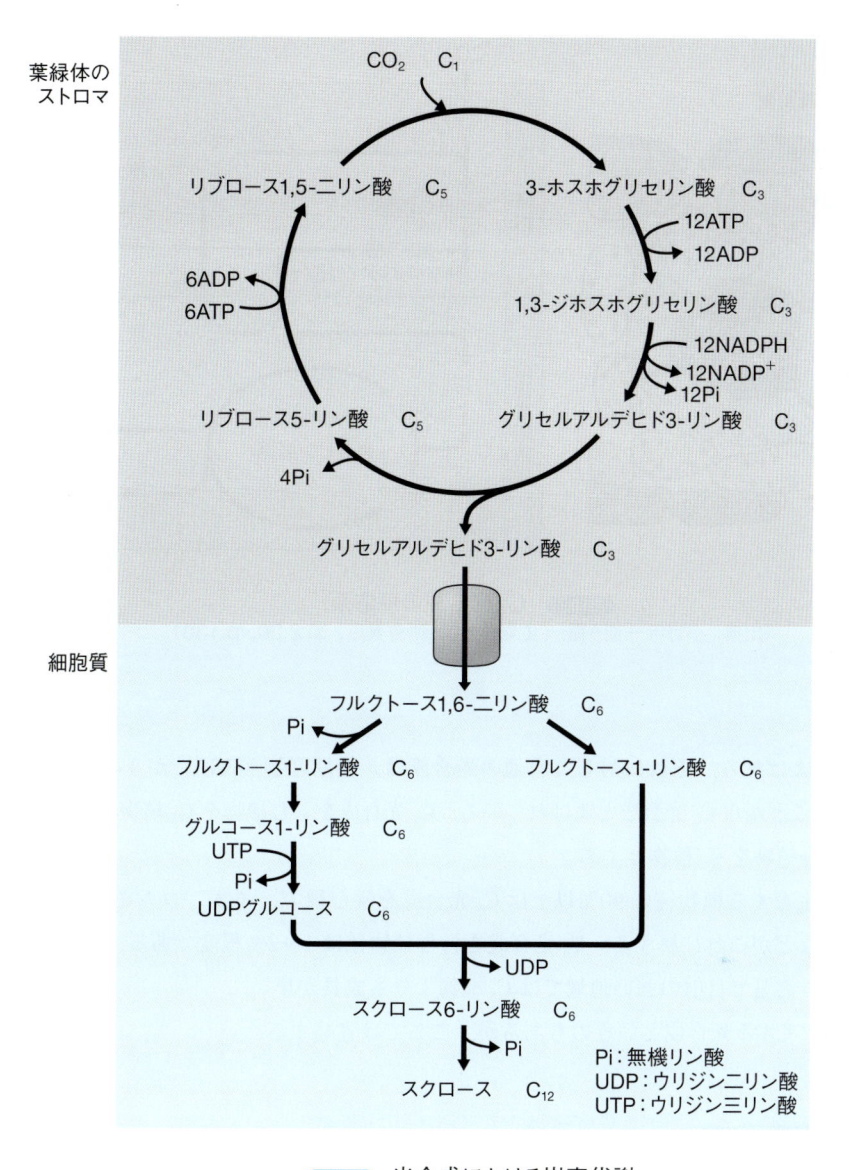

```
              CO₂    C₁
                ↓
リブロース1,5-二リン酸  C₅    3-ホスホグリセリン酸  C₃
                                    ↘ 12ATP
                                    ↙ 12ADP
   6ADP ↖                     1,3-ジホスホグリセリン酸  C₃
   6ATP                             ↘ 12NADPH
                                    ↙ 12NADP⁺
                                      12Pi
リブロース5-リン酸  C₅    グリセルアルデヒド3-リン酸  C₃
         ↖ 4Pi
              グリセルアルデヒド3-リン酸  C₃
```

細胞質

フルクトース1,6-二リン酸 C_6

Pi ↙

フルクトース1-リン酸 C_6 フルクトース1-リン酸 C_6

グルコース1-リン酸 C_6
UTP ↘
Pi ↙
UDPグルコース C_6

→ UDP

スクロース6-リン酸 C_6
→ Pi
スクロース C_{12}

Pi：無機リン酸
UDP：ウリジン二リン酸
UTP：ウリジン三リン酸

図13.6 光合成における炭素代謝

F　C_4 光合成

　熱帯系の植物であるトウモロコシ，サトウキビ，ソルガム（モロコシ）などは独自の CO_2 濃縮機構を有し，強光，高温などの熱帯性気候に適した光合成を行っている．これらの植物では，通常の植物が葉肉細胞の葉緑体を中心として光合成を行っているのに対して，葉肉細胞のみならず，維管束鞘細胞にも発達した葉緑体をもち，2種類の細胞を利用して高度な分業を行っている（図 13.7）．

　この光合成は，CO_2 固定の初期産物オキサロ酢酸が4炭素化合物（C_4）であることから

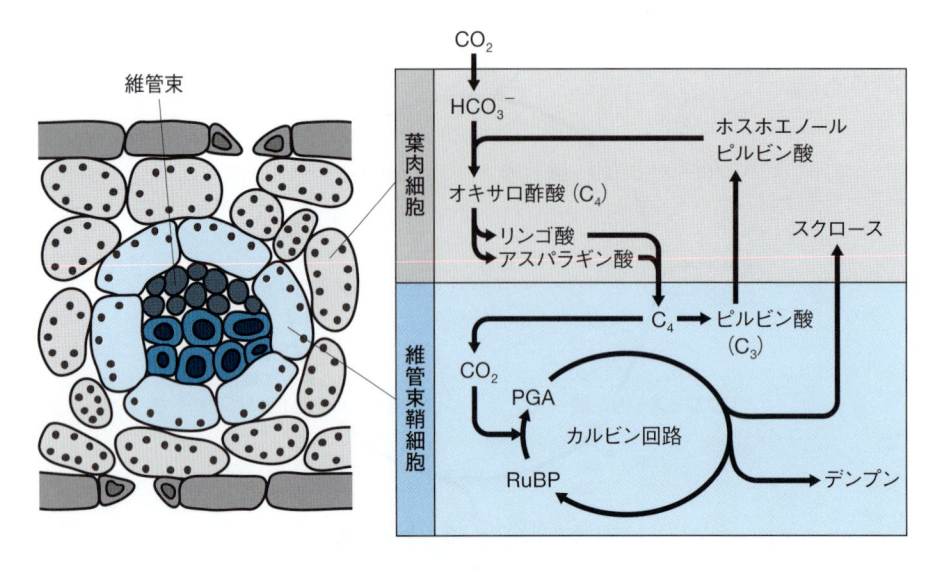

図13.7 C_4 光合成の反応系
（出典：小野寺一清ら編，『生物化学』，朝倉書店，図 2.20, p.138）

　C_4 光合成とよばれる．それに対して普通の光合成は，初期産物（PGA）が 3 炭素化合物（C_3）であることから C_3 光合成とよばれている．C_4 光合成を営む植物を C_4 植物といい，C_3 光合成を営む植物を C_3 植物とよぶ．

　地球上に生育する植物種の 90％以上は C_3 光合成を営む種で，イネ，コムギ，ダイズ，ジャガイモなどがこれに属する．C_4 光合成を営む植物種は 1〜2％程度である．C_4 植物は熱帯に多く，高温で日射の強い地域では C_3 植物よりも成長が早い．

　このほかに CAM 光合成というのもあるが，ここでは省略する．

13.2 窒素固定

　タンパク質がアミノ酸から構成されることは，第 5 章においてすでに学んだ．

　アミノ酸や核酸分子には窒素 N が含まれている．これらの窒素の供給源は，大気中窒素である．しかし窒素はきわめて反応性に乏しい気体で，NH_3（アンモニア）に還元されてはじめて代謝に利用することができる．マメ科などの植物の根に根粒（写真）を形成する細菌を根粒菌といい，根粒菌はこの根粒中で窒素をアンモニアに還元する．この過程を**窒**

写真 植物の根にできた根粒
この中に根粒菌が集まり，窒素固定を行う．

素固定という．窒素固定を行う生物は細菌（バクテリア）に限られている．根粒菌はマメ科植物と共生し，バクテロイドとよばれる特別に分化した器官で窒素固定をしている．植物は場を提供し，バクテロイドが窒素固定に必要な酵素を発現し，植物は光合成で得たエネルギーを細菌に提供する．こうして共生的窒素固定という言葉が生まれたのである．

さて，この反応はどのような生化学反応によって行われているのだろうか．化学反応式は以下のようになる．

$$N_2 + 8H^+ + 16ATP + 16H_2O + 8e^- \rightarrow 2NH_3 + H_2 + 16ADP + 16P_i \tag{1}$$

P_i は無機リン酸である．この反応でつくられた NH_3 は，グルタミン酸デヒドロゲナーゼによりグルタミン酸に取り込まれる（図13.8）．グルタミン酸合成を経てグルタミンシンテターゼによってグルタミン酸にアンモニアが取り込まれてグルタミンを生成し，グルタミン酸シンターゼによって1分子ずつのグルタミンと2-オキソグルタル酸から2分子のグルタミン酸が生成する．

マメ科植物は窒素を必要量以上に固定し，過剰分を排出して土壌を肥やす*．

式(1)において，反応が矢印の方向に進むためには多量のエネルギー（ATP）が必要であり，水を分解してe（電子）をつくり，H_2 を発生しながら NH_3 が生成される．この反応を行う酵素をニトロゲナーゼといい，以下の2種類のタンパク質の複合体である．

① Feタンパクは2個のATP結合部位をもつ．ホモ二量体である．

② MoFeタンパクはFeとMo（モリブデン）を含む $\alpha_2\beta_2$ 構造のヘテロ四量体である．

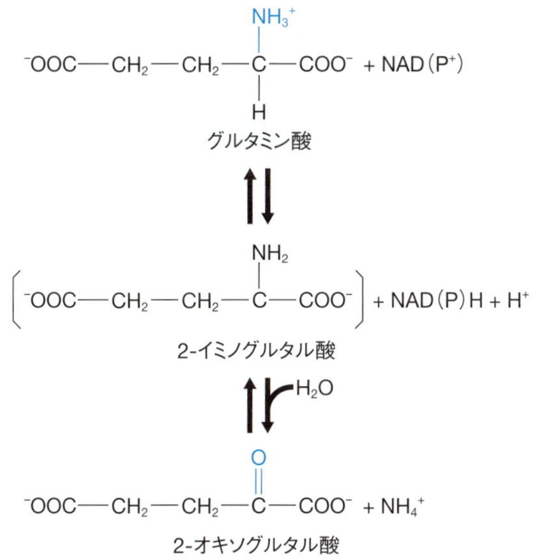

図13.8 グルタミン酸デヒドロゲナーゼによるグルタミン酸の脱アミノ

用語　畑に数年間アルファルファを植えて土壌の固定窒素を増やしてから他の作物を植える農法もある．このことに古い時代に気づいた人類の知恵には驚くべきものがある．

植物でヘモグロビンをつくるのは，マメ科植物に特有な現象である．不思議なことに，ヘム部分は根粒菌がつくり，グロビン部分は植物がつくっている．このことから，共生窒素固定ともよばれている．

21世紀の遺伝子工学の目標の1つは，マメ科以外の植物に窒素固定能を与えることである．とくに発展途上国の農業政策は，ハーバー・ボッシュ法*によるアンモニア化学工業の時代を経ることなく，自分の国土に適した植物を作り出そうとしている．20世紀には夢であったこのプロジェクトも，現代では実現可能なプロジェクトとして注目されている．

植物の窒素同化のネットワーク

窒素固定によってアンモニア（NH_3）が生成すると，植物は NH_4^+ を種々の無機窒素同化によって硝酸イオン（NO_3^-）のような化合物に変換することができる．

植物体の炭素と窒素の構成比率は10:1である．N_2 は主に NO_3^- として根から吸収され，生化学反応によってアミノ酸，核酸などの構成物として取りこまれる．硝酸イオンをアミノ酸のアミノ基（NH_2）に還元するには8当量の電子が必要である．アミノ酸から高分子のタンパク質を合成するにはさらにエネルギーが必要なので，光化学反応で生じた総エネルギーの25%が窒素の固化に利用される．C_3 植物の場合，根で吸収された NO_3^- イオンは葉の葉肉細胞に運ばれ，細胞質内で硝酸レダクターゼによって亜硝酸イオン（NO_2^-）になる（図13.9）．亜硝酸イオンは葉緑体で亜硝酸レダクターゼによって NH_4^+ に還元される．

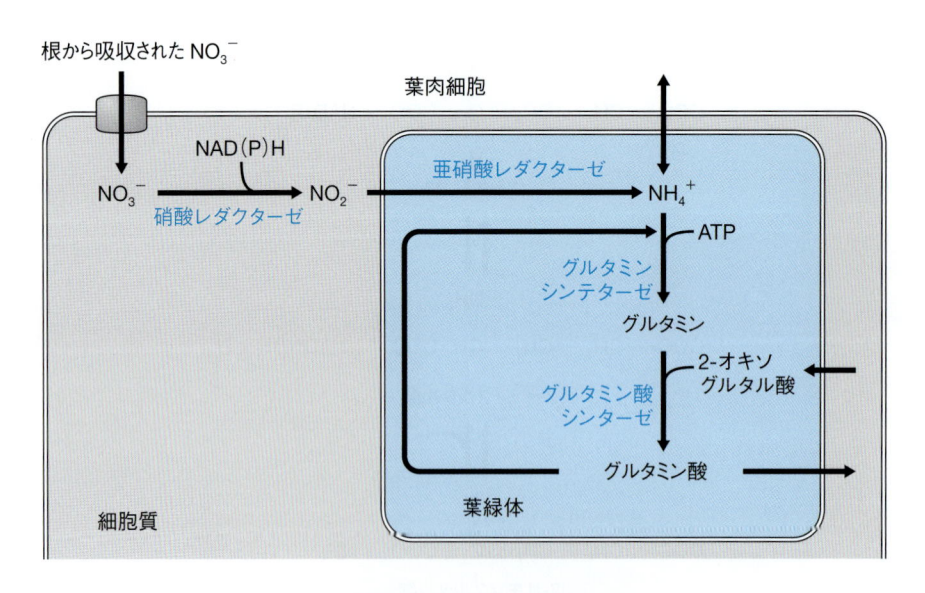

図13.9 硝酸同化の流れ

用語 ハーバー・ボッシュ法…水素（H_2）と窒素（N_2）からアンモニア（NH_3）をつくる工業化学の方法〔基本式：$N_2 + 3H_2 \rightarrow 2NH_3$〕．これにより，窒素を含む土壌肥料などの大量生産が可能となり，食糧生産が増して世界の人口が急速に増加する大きな要因となった．それと同時に，火薬・爆薬などの原料を生成することにもなり，第一次世界大戦が激化する要因にもつながった．

解糖系（12.1 参照）で学んだように，種々の酵素のはたらきによってグルタミン酸が生成する．しかし，ヒトをはじめ動物には，この硝酸同化を行うシステムはない．動物の生育に必要な窒素の大部分は，植物のもつ硝酸同化系のはたらきにより供給されているのである．年間 2×10^4 Mt の窒素がこのシステムによって有機化されているといわれている．

植物性食品中の硝酸塩含量が高いことは，人間にとって好ましいことではない．日本人の硝酸塩摂取量は，WHO で定めた 1 日最大許容量（3.7 mg/kg）の 1.5 倍であり，その 87% が野菜などの植物性食品に由来している．このように硝酸同化系のはたらきは，物質生産，環境浄化，食品の安全など，我々のくらしと密接に関わっている．

一方，呼吸における最終電子受容体として，O_2 の代わりに NO_3 をはじめとする一連の窒素酸化物を用いることを，酸素呼吸に対して硝酸呼吸という．硝酸呼吸では，〔$NO_3^- \to NO_2^- \to NO \to N_2O \to N_2$〕という経路で硝酸を還元する．

これ以上の説明は省略するが，生物の行っている諸現象のたくみさを感じることが大切である．

まとめ

❶ 植物等の葉緑体において行われる糖の合成反応システム．以下の2つの段階に分かれる．
- 明反応：太陽光を利用してATP（化学エネルギー）とNADPH（糖の合成に必要な還元力）を得る．
- 暗反応：明反応によって得られたATPとNADPHを利用して，CO_2とH_2Oよりグルコースを合成する．

❷ 光合成明反応のしくみ

　この明反応のしくみは，ミトコンドリアの電子伝達系にきわめて似ていることに留意．
①葉緑体中のチラコイド膜において，色素分子によって光エネルギーが吸収される．
②各色素分子に集められた吸収されたエネルギーが集められ，反応中心とよばれる部位で電子が放出される．
③チラコイド膜上に存在する電子伝達系に電子が流れることで，ストロマ側からチラコイド内部に向けてH^+（水素イオン）が流入する．
④チラコイド膜内外のH^+濃度を解消するべく，ストロマ側にH^+が流れる際に，ATPが合成される．
⑤反応中心において放出された電子は$NADP^+$に受け渡され，NADPHとなる．この補酵素が，暗反応に必要な還元力を供給する．
⑥反応中心から放出された電子は，水の酸化により再供給される．これに伴い，酸素が発生する．

❸ 光合成暗反応の大まかなしくみ（とても複雑なので，炭素の流れを理解すること）

①炭素5個より構成される糖リン酸である，リブロース1,5-二リン酸が出発物質である．
②リブロース1,5-二リン酸と，二酸化炭素（炭素1個分）より，2分子の三炭糖が合成される（基質の総炭素数と，生成物の炭素数の合計が一致していることに留意）．
③基本的には，①と②の反応によりつくられた三炭糖より糖新生とほぼ同じ反応が起きて，グルコースが合成される．

❹ 光合成暗反応において，リブロース1,5-二リン酸が枯渇しないしくみ

　①～③のステップで糖の合成反応が進むと，リブロース1,5-二リン酸が枯渇するため，糖の合成がそれ以上進行できなくなる．このため，実際の反応は以下のように工夫し，リブロース1,5-二リン酸が枯渇しないようにしている．
　④　①，②の反応を6回くり返し，結果として12個分の三炭糖を得る．このう

ち 2 分子を糖の合成に用いる．残りの 10 分子分は炭素数として 30 分子に相当する．この 10 分子の三炭糖の炭素骨格を組み替える反応を行うことで，6 分子のリブロース 1,5-二リン酸を再生する．結果として，6 回の炭酸固定反応（①）に利用された 6 分子の CO_2 に相当する分の炭素を用いて，新たな糖が一分子合成されたことになる．

5 窒素固定

自然界に存在する最も豊富な窒素源は大気中の窒素（N_2）であり，非常に安定な化合物で，生物が利用できる形にするには窒素固定というプロセスが必要である．

窒素固定とは，マメ科植物に共生する根粒菌により，窒素分子がアンモニアに還元される過程をいう．この後，アンモニアはアミノ酸の一種であるグルタミン酸の形で取り込まれ，アミノ酸や核酸など，生体内において窒素を含む分子に対して窒素を供給する．窒素固定によって生じたアンモニアは，硝酸イオンの形になって植物に取り込まれることもある．この場合でも硝酸イオンは，最終的にグルタミンやグルタミン酸といったアミノ酸の形に変換されて利用される．この過程を硝酸同化とよぶ．

索 引

英文索引

ACTH	100
ADP	124
AMP	174
ATP	5, 76, 124
2,3-BPG	55
cAMP	77, 103
CoA	87
CTP	76
DNA	1, 29, 73
FAD	84
FMN	84
GH	100
GLUT4	102
GMP	174
GTP	76
IMP	174
K_a	18
K_w	13
mRNA	73
NAD	86, 126, 135, 146
NADP	86, 126, 135, 146
pH	15
pK_a	18
PLP	85
PRPP	174
RNA	29, 73
rRNA	73
TPP	83
tRNA	73
UTP	76, 174

和文索引

あ行

アイソザイム	109
アクチン	46
アクチンフィラメント	3
亜硝酸イオン	190
アシル CoA	161
アスコルビン酸	88
アスパラギン	47
アスパラギン酸	47
N-アセチルグルコサミン	43
アセチル CoA	131, 164
アデニル酸	174
アデノシン三リン酸	5, 76
アトウォーターの係数	30
アドレナリン	101
アポ酵素	108
アミノ基	26, 47
アミノ酸	28, 46
アミノ酸合成系	138
アミノ酸残基	48
アミノ酸の代謝	170
アミノ末端アミノ酸	49
アミロース	40
アミロペクチン	40
アラニン	47
アルカプトン尿症	149
アルギニン	47
アルコール発酵	143
アルデヒド基	26
アルドース	34
α-アミラーゼ	110
α ヘリックス	49
暗反応	183
イオン結合	11
異化	31, 123, 143
異核共存体	68
EC 番号	109
異性化酵素	111
イソメラーゼ	111
イソロイシン	47
一次構造	49
イノシン酸	174
イミノ酸	47
インスリン	100
ウラシル三リン酸	76
ウリジル酸	174
液胞	7
S—S 結合	51
エステル結合	64
エストロゲン	101
エタノール発酵	147
N 末端アミノ酸	49
エムデン-マイヤーホフ経路	143
エラスチン	46
塩化ナトリウム	11
塩基	13, 75
塩基性アミノ酸	48
塩基対	77
エントロピー増大の法則	122
オキシドレダクターゼ	110
オリゴ糖	33, 38
オリゴペプチド	45
オルガネラ	2
オルニチン	171
オレイン酸	64

か行

解糖系	143
界面活性剤	61
核	3
核酸	29, 73
核酸代謝	172
核膜	3
下垂体	100
加水分解酵素	110
脚気	83
活性化エネルギー	105
活性化中間体	106
滑面小胞体	4
果糖	33
鎌状赤血球	56
ガラクトース	34

カリウム	93	甲状腺ホルモン	102
カルシウム	93	酵素	105
カルシフェロール	89	構造異性体	35
カルビンサイクル	183	酵素基質複合体	113
カルボキシ基	26, 47	呼吸鎖	144
カルボキシ末端アミノ酸	49	五炭糖	34
カルボニル基	26	コラーゲン	46
ガングリオシド	66	ゴルジ体	5
還元糖	37	コルチゾール	101
緩衝液	16	コレカルシフェロール	89
環状構造	36	コレステロール	66
官能基	26	コレステロール合成系	138
含硫アミノ酸	48	コロイド溶液	20
キサンチン	178	コンドロイチン硫酸	43
基質	107	根粒	188

さ行

基質特異性	108	再生経路	177
基質濃度	113	最適 pH	108
キチン	42	細胞骨格	3
拮抗阻害	116	細胞質ゾル	3
逆浸透水	23	細胞内小器官	2
鏡像異性体	35	細胞壁	1, 7
競争阻害	116	細胞膜	1
共鳴安定化	125	サブユニット	52
共有結合	10	サルベージ経路	177
極性	9	酸	13
極性アミノ酸	48	酸化還元酵素	110
金属酵素	108	酸化的リン酸化	151
グアニル酸	174	三次構造	50
グアノシン三リン酸	76	酸性アミノ酸	48
クエン酸回路	148	酸素解離曲線	54
グラナ	182	三炭糖	34
グリコーゲン	41	シアノコバラミン	85
グリコーゲン合成	136, 157	脂質	27, 61
グリコーゲンの分解	154	脂質代謝	159
グリコーゲンホスホリラーゼ	103	脂質二重層	61
グリコサミノグリカン	43	視床下部	100
グリコシド結合	33, 38	システイン	47
グリシン	47	ジスルフィド結合	50
グリセルアルデヒド	35	失活	108
グリセロリン脂質	67	質量対容量百分率	19
グルカゴン	100	質量パーセント濃度	19
グルクロン酸	43	質量百分率	19
グルコース	33, 143	シトクロム	53
グルコース 6-リン酸	136	シトシン三リン酸	76
グルコマンナン	42	ジヒドロキシアセトン	35
グルタミン	47	脂肪	61
グルタミン酸	47	脂肪酸	63
クレアチン	131	脂肪酸合成	137, 164
クレアチンリン酸	131	C 末端アミノ酸	49
クロマチン	3	硝酸イオン	190
クロロフィル	185	硝酸同化	190
結合酵素	112	脂溶性ビタミン	81, 88
血漿アルブミン	46	小胞体	4
血糖値	41	食塩	11
ケトース	34	ショ糖	33, 38
ケト原性アミノ酸	170	C_4 光合成	188
ケトン	26	真核細胞	1
ケトン体	164	親水性アミノ酸	48
ケラチン	46	浸透圧	22
原核細胞	1	水素イオン濃度	15
光学異性体	35	すい臓	100
光学活性	35		
光合成	181		

水素結合	10, 51
水溶性ビタミン	81
水和	12
スクシニル CoA	131
スクロース	33, 38, 156
ステアリン酸	64
ステロイド	66
ステロイドホルモン	99
ストロマ	6
ストロマラメラ	182
スフィンゴ脂質	64
スフィンゴミエリン	65
性腺ホルモン	101
精巣	101
生体膜	67
成長ホルモン	100
静電結合	51
セリン	47
セルロース	7, 27, 33, 42
セレブロシド	65
ゼロ次反応	114
遷移状態	106
相補的	77
阻害剤	116
側鎖	47
疎水結合	51
疎水性アミノ酸	48
疎水性相互作用	61
粗面小胞体	4

た行

代謝	31, 123, 143
体積百分率	20
脱水素反応	126
脱離酵素	111
多糖	27, 33, 39
炭酸同化	181
単純タンパク質	45
単糖	27, 33, 35
タンパク質	28, 45
タンパク質合成	73
チアミン	83
チアミンピロリン酸	83
窒素固定	188
チモーゲン	167
中間径フィラメント	3
中性アミノ酸	48
中性脂肪	27, 64
チューブリン	46
チラコイド膜	6, 184
チロキシン	102
チロシン	47
痛風	178
TCA 回路	148
デオキシリボース	75
デオキシリボ核酸	29, 73
テストステロン	101
鉄	94
テトロース	34
転移酵素	110
電解質	13
電子伝達系	5, 127
デンプン	27, 33, 40

デンプンの分解	153
電離度	15
同化	31, 123, 143
糖原性アミノ酸	170
糖質	27, 33
糖質の分解	153
糖新生	136, 163
透析	21
トコフェロール	90
トランスフェラーゼ	110
トリアシルグリセロール	64
トリオース	34
トリグリセリド	64
トリプシン	167
トリプトファン	47
トレオニン	47

な行

ナイアシン	85
ナトリウム	93
ニコチンアミド	85
ニコチンアミドアデニンジヌクレオチド	85
ニコチンアミドアデニンジヌクレオチドリン酸	85
ニコチン酸	85
二次構造	49
二重らせん構造	77
二糖	38
乳酸発酵	143, 147
乳糖	38
尿酸	178
尿素回路	170
ヌクレアーゼ	172
ヌクレオシド	74
ヌクレオチド	29, 74
ノルアドレナリン	101

は行

麦芽糖	38
白血球	7
ハーバー・ボッシュ法	190
バリン	47
パルミチン酸	64
半透膜	21
パントテン酸	87
反応速度	112
反応特異性	108
ヒアルロン酸	43
ビオチン	87
光呼吸	184
非還元糖	38
非極性アミノ酸	48
微小管	3, 46
ヒスチジン	47
ヒストン	3, 46
1,3-ビスホスホグリセリン酸	130
2,3-ビスホスホグリセリン酸	55
ビタミン	81
ビタミン A	88
ビタミン B_1	83
ビタミン B_2	84
ビタミン B_6	85
ビタミン B_{12}	85
ビタミン C	88

ビタミン D 89
ビタミン E 90
ビタミン K 91
必須アミノ酸 48, 140, 172
ヒドロキシ基 26
ヒドロラーゼ 110
非必須アミノ酸 48
ピリドキサールリン酸 85
ピリドキシン 85
ピリミジン 75
ピルビン酸 143
ピルビン酸デヒドロゲナーゼ 152
フィロキノン 91
フェニルアラニン 47
フェニルケトン尿症 149
複合脂質 61
複合タンパク質 45
副腎髄質ホルモン 101
副腎皮質刺激ホルモン 100
副腎皮質ホルモン 101
不斉炭素原子 35
ブドウ糖 33
フラビンアデニンジヌクレオチド 84
フラビンモノヌクレオチド 84
プリン 75
フルクトース 33
プロゲステロン 101
プロテアーゼ 167
プロリン 47
平衡定数 13
ヘキソキナーゼ 153
ヘキソース 34
β酸化 161
βシート 49
ヘパリン 43
ペプシン 167
ペプチド 45
ペプチド結合 48
ペプチドホルモン 99
ヘム 53
ヘモグロビン 46, 53
変性 108
ヘンダーソン・ハッセルバルヒの式 18
ペントース 34
ペントースリン酸経路 155, 173
芳香族アミノ酸 48
放射性同位元素 183
ボーア効果 55
補酵素 108
補酵素 A 87
ホスホエノールピルビン酸 129
3-ホスホグリセリン酸 183
ホスホグリセリド 67
ホスホジエステル結合 74
5-ホスホリボシル 1-ピロリン酸 174
ポリペプチド 45
ポリマー 26
ホロ酵素 108

ま行

マグネシウム 94
マトリックス 5
マルトース 38
マロニル CoA 164
マンノース 42
ミオシン 46
ミカエリス・メンテンの式 114
水 9
水のイオン積 13
ミセル 61
ミトコンドリア 5, 151
ミネラル 91
明反応 182
メチオニン 47
免疫グロブリン 46
モノマー 26
モル濃度 20

や行

有機化合物 25
ユニット数 118
葉酸 88
葉緑体 6, 182
四次構造 52
四炭糖 34

ら行

ラインウィーバー・バークの二重逆数プロット法 115
ラクトース 38
卵巣 101
リアーゼ 111
リガーゼ 112
リシン 47
リソソーム 7
リノール酸 64
リパーゼ 161
リボース 74
リボ核酸 29, 73
リボソーム 4, 61
リボフラビン 84
リポプロテイン 160
両性電解質 48
リン 93
リン脂質 27
ロイシン 47
六炭糖 34

著者紹介

小野寺一清（故人）
1967年 東京大学大学院農学研究科 農芸化学専攻博士課程修了
（農学博士）
元 NPO法人日本バイオ技術教育学会理事長
元 東京大学大学院農学研究科教授

蕪山由己人
1995年 東京大学大学院農学生命科学研究科 応用生命化学専攻博士
課程修了（農学博士）
現　在 宇都宮大学農学部 応用生命化学科生物化学研究室教授

NDC464　　207p　　26cm

新バイオテクノロジーテキストシリーズ
生化学　第2版

2014年3月17日　第1刷発行
2025年9月11日　第9刷発行

監　修	NPO法人日本バイオ技術教育学会
著　者	小野寺一清・蕪山由己人
発行者	篠木和久
発行所	株式会社　講談社
	〒112-8001　東京都文京区音羽2-12-21
	販売　(03) 5395-5817
	業務　(03) 5395-3615
編　集	株式会社　講談社サイエンティフィク
	代表　堀越俊一
	〒162-0825　東京都新宿区神楽坂2-14　ノービィビル
	編集　(03) 3235-3701
DTP	株式会社エヌ・オフィス
印刷所	株式会社平河工業社
製本所	株式会社国宝社

落丁本・乱丁本は、購入書店名を明記のうえ、講談社業務宛にお送りください。送料小社負担にてお取替えいたします。なお、この本の内容についてのお問い合わせは、講談社サイエンティフィク宛にお願いいたします。定価はカバーに表示してあります。

© Kazukiyo Onodera and Yukihito Kabuyama, 2014

本書のコピー、スキャン、デジタル化等の無断複製は著作権法上での例外を除き禁じられています。本書を代行業者等の第三者に依頼してスキャンやデジタル化することはたとえ個人や家庭内の利用でも著作権法違反です。

Printed in Japan
ISBN 978-4-06-156355-1